지금 자연을 어떻게 볼 것인가

다카기 진자부로
김원식 옮김

녹색평론사

목 차

제2부 지금 자연을 어떻게 볼 것인가

서장

지금 왜 자연인가

[본장의 요약]

글을 시작하면서, 지금 자연관을 묻는 까닭과 내 의도를 조금 정성들여 이야기하겠다. 우리의 자연관은 과학적이고 이성적인 것과, 감성적이고 신체적인 것으로 첨예하게 분열되고 말았다. 그리고 그것 때문에 우리는 자연과의 총체적인 관계를 잃어버렸다. 이러한 상태에서 우리의 정신을 해방하려는 노력을 하지 않고서는, 현대적 위기의 근원과 맞설 수 없을 것이라는 문제의식에 대해서 말한다.

무지개

하늘에 떠있는 무지개를 바라보면
내 마음 뛰노나니,
나 어려서 그러하였고
어른 된 지금도 그러하거늘
나 늙어서도 그러할지어다.
아니면 이제라도 나의 목숨 거둬 가소서.
어린이는 어른의 아버지
원하노니 내 생애의 하루하루가
천생의 경건한 마음으로 이어질진저…

— 워즈워드[1)]

어느 이른 아침에

지금 자연이라고 말할 때, 우리는 먼저 무엇을 떠올리게 되는가.

이를테면, 어느 5월의 상큼한 아침, 일찍 잠에서 깬다. 야생의 자연은 거의 흔적도 남아있지 않은 도시의 한구석에서도 맑은 새벽공기 속에는 막 솟아오르는 태양과 함께 이제 잠에서 깨어난 자연이 활동을 시작하려고 할 때의 마음, 뭐랄까, 그 어떤 기대감이 가득 차 있다. 그럴 때 누구나 과학자이기 전에 시인이 된다. 문득 《에밀》[2)]의 유명한 한구절이 떠오른다.

> 태양은 불화살을 쏘아 미리 그 출현을 예고한다. 아침노을이 펼쳐지고 동쪽하늘은 붉게 불타고 있다. 태양이 모습을 드러내려면 아직 시간이 남아있을 때부터 사람들은 가슴을 두근거리며 이젠가 이젠가 하고 기다린다. 이윽고 태양이 모습을 드러낸다. 한점 빛이 눈부신 광채로 펼쳐지는 순간, 모든 공간은 꽉 채워지고 어둠의 장막은 사라져버린다. 인간은 자기들의 보금자리를 바라보면서 대지가 온통 아름다워진 것을 깨닫는다. 푸른 들판은 밤 사이에 새로운 기운을 머금었다. 그것을 비춰주는 새로 태어난 태양, 금빛으로 물든 최초의 광선은 빛과 색채를 반사시켜서 보여준다. 새들의 합창대가 모여들어 모두 다함께 생명의 아버지에게 인사를 드린다. 이때, 입을 다물고 있는 새는 하나도 없다. 새들의 지저귀는 소리는 아직 가냘프고, 하루 중 다른 시간에 비해서 더 느리고 부드럽게 들리며, 평화로운 잠에서 막 깨어났기에 나른한 것처럼 들린다. 모든 것들이 모여들어 마음 속에 상쾌한 느낌을 안겨주면, 그것은 영혼의 깊은 데까지 스며드는 것 같다. 꿈을 꾸는 것처럼 황홀한 30분 동안, 누구든 그토록 장엄하고 아름답고 감미로운 광경에 무관심할 수는 없다.

그건 정말 그렇다. 현대에 사는 나도 그렇게 생각하지 않을 수 없다.

이렇듯 '장엄하고 아름다운' 광경에 대한 기대감, 무지개를 바라보고 두근거리는 마음은 동서고금의 역사를 통해서 서로 다르지 않다. 그래서 인간과 자연의 가장 근원적인 관계에 그 뿌리가 있다고 생각한다. 실제로 지금 이렇게 새벽공기 속에 내 마음을 들뜨게 하는 것은, 내 몸 속에 있는 자연이라고 생각한다. 오늘이라는 시대에서 우리가 자연에 대해서 생각할 때, 이러한 마음에서 시작해야 하는 것은 실로 자연스러운 일이다.

과학적인 자연상

그러나 한편 우리들 앞에는 얼핏 이성적으로 해명된 정연한 자연상(自然像)이 있다. 오늘 우리의 자연관은 오히려 그러한 것에 의해서 결정된다. 그것은, 근대 서양의 과학자들이 이론화하고 교육과정을 통해 폭넓은 지배력을 갖게 된, 합리주의적으로 파악된 자연의 모습이다.

이러한 자연상은 이를테면, 왜 태양이 동쪽에서 뜨고 서쪽으로 지는가, 그리고 날마다 뜨고 지는 시간이 변하는가, 또 어째서 태양은 저렇게 붉게 타고 있는가 하는 것을 설명해 준다. (하기는 이런 설명은 현상론적이며, 대관절 왜 태양이 거기에 존재해야 하는가와 같은 존재론적인 물음에 대한 대답은 별로 정리되어 있지 않지만.) 사실 내막을 이야기하면, 앞에서 인용한 《에밀》의 한구절은 그러한 천체의 운행을 이해하기 위한 교육의 도입부라고 할 수 있는 것이었다.

루소 식으로 말하면, 우선 강제성을 배제한 관찰에서 시작해서 천천히 아이들의 주의를 환기시킨다.

"아니, 이상한 일도 다 있구나. 태양은 이제 같은 곳에서 떠오르지 않는구나. 이쪽이 우리가 전에 본 곳인데, 지금은 저쪽에서 뜬다. (중략) 결국 여름 해가 뜨는 곳과 겨울 해가 뜨는 곳은 따로 있다. (중략) 젊은 선생님, 이게 바로 당신이 가야 할 길이다. 이러한 예증만으로도 충분히 세계를 세계로, 태양을 태양으로, 아주 명쾌하게 천체운동을 가르칠 수 있을 것이다."

근원적으로, 이치를 떠나서 자연의 달콤하고 아름다운 것에서부터 시작해서 이성적인 천체운동에 대한 교육까지, 이른바 두개의 자연상을 결부시켜가는 이것이 바로 《에밀》의 자연교육에 관한 구상이다. 그러니까 '시인'에서 시작해서 '과학자'가 된다는 것이다. 그것은 아주 그럴듯하고 이상적인 교육방식인 것 같아 보인다. 그러나 과연 그렇게 마음먹은 대로 잘 될 수 있을까. 이것만은 아무래도 루소가 생각한 대로 될 것 같지 않다.

이른 아침 들판에 나가 산자락에서 솟아오르는 해를 볼 것, —그게 지금 가능하다고 하고— 그 흥분에서 출발해서 천체운행에 대해 아이들에게 '아주 명쾌하게' 이해시키고, 마침내 오늘의 문제로, 가령 태양 내부에서 일어나는 핵융합에 대해서 이해시키는 과정은 솔직히 말해서 비약이 있다. 실제로 가르친 경험이나 배운 경험이 있는 사람이면 알 수 있는 일이지만, 감각적인 자연을 입구로 해서 현대 물리학의 세계로 들어가는 것은 그렇게 간단하지 않다. 잘 되었을 경우에도 대개 설명 어딘가에 속임수가 있다.

그보다도 핵융합을 이해시키려고 하면, 전혀 다른 데서부터, 허용된다면 수식(數式)을 이용해서 가르치지 않으면 안될 것이다. 오늘의 과학은 그렇게 되어 있다. 오늘, 시인들의 자연과 과학자들의 자연은 완전히 둘로 나누어져 있다.

두개의 자연

사실 《에밀》에서도 이미 많은 징후를 볼 수 있지만, 루소가 상상조차

할 수 없었던 '과학과 기술의 시대'를 맞이한 현재, 우리는 예리하게 나누어진 '두개의 자연' 사이에서 당혹해하고 있다. 역사가 '진보'함에 따라 자연이 인간에 의해서 사회화되고, 야성의 자연이 인간이 만들어 놓은 사회 속으로 차츰 녹아들어 하나가 되는, 이른바 인간의 자연지배의 유토피아를 일찍이 생각한 사람들도 있었다. 그러나 역사의 과정에 따라, 두개의 자연 사이의 거리가 한층더 멀어지면서 양자가 이제 화해할 수 없는 사이가 되어버린 것은 누가 보아도 명백하다.

그뿐만 아니라 오늘에 이르러 한쪽 자연상이 더더욱 우세해지면서 다른 한쪽을 압도하고, 이제 다른 한쪽은 때때로 사람들에게 위안과 즐거움의 대상이 되는 위치로 밀려나고 말았다. 사실 우리를 둘러싸고 있는 자연과 그리고 우리가 살고 있는 지구, 우주의 성립에 대한 해석을 우리는 전적으로 자연과학에 의존하고 있다. 그러한 의존은 일찍이 고대의 사람들이 신화를 믿음으로써 자연 속에서 인간의 위치를 찾았던 것처럼, 깊고 전면적이다. 그러나 신화의 시대와 달리 오늘의 자연은 전적으로 인간에 의한 해명의 대상이며, 더구나 인간의 목적에 부합하는 이용의 대상이다. 또한 우리는 이러한 자연관에 현실생활의 물질적 기반을 두고 있는 것이다. 서양의 근대과학은 흡사 마술사와 같이 교묘한 기술로 자연이라는 마술상자에서 계속해서 여러가지 물건을 꺼내 보여주었다. 이것은 천체의 핵반응까지, 인간이 교묘하게 자연의 비밀을 훔쳐다가 복사해 왔음을 의미한다. 이렇게 자연계에 군림하며 공업제품에 파묻혀 이성의 빛을 우주 끝까지 보낼 수가 있었지만, 정신을 차리고 보니 별로 만족스럽지 못하다. 자기 자신을 돌이켜보면 볼수록 마음 한가운데 커다란 구멍이 난 것 같은 생각을 하지 않을 수 없다.

우리 자신이 어디까지나 자연생물의 하나인 이상, 우리는 전체 자연과 끊을 수 없는 유대관계에 있다. 아무리 풍부하게 우리 주변을 인공의 자연으로 바꿔 놓아도, 우리는 정신적으로 만족할 수 없으며 나날이 자연이 상실되는 모습을 보게 된다. 무지개를 보면 역시 마음은 설레지만, 그것은 물론 무지개가 지닌 일곱색의 원리가 과학적으로 해명되었기 때문이 아니다.

어느 의미에서 인간은 이렇게 둘로 나누어진 상황을 교활하게 넘나들면서 두개의 자연관을 교묘하게 이용했다고 할 수 있다. 다시 말해서, 한편에서 우리는 자연의 정복자로서 날카로운 칼로 자연을 난도질하면서 동시에 다른 한편에서는 흡사 보상행위인 양 마치 자연미를 찬양하는 것 같은 문화를 발달시켜 왔다. 과학자들은 과학자로, 시인은 시인으로 각각 편리한 대로 말이다.

그러나 차츰 많은 사람들이 이와 같은 이원론(二元論)이 성립되지 않는다는 것을 알게 된 것 같다. 우리가 직면한 자연과 사회의 심각한 위기는, 이렇게 우리의 정신에서 이원적으로 분열된 자연관을 좀더 새로운 관점에서 통일적으로 재검토하는 근원적 작업이 없으면 극복할 수 없는 게 아닐까. 다소 거창하게 이야기를 한 것 같은데, 적어도 나 자신은 내부에서 둘로 분열되어 존재하는 자연상을 깨닫기 시작한 후부터[3] 그야말로 자연관의 문제를 근원으로 돌아가서 재검토하는 작업이 아무래도 필요하다고 생각하게 되었다. 이것이 바로 이 책을 시작하면서 제기한 문제의식이었다.

핵테크놀로지가 뜻하는 것

애기가 다소 앞질러 간 것 같다. 먼저 현대의 위기상황—이라고 내가 생각하는 것—의 성격부터 생각해 보고 싶다. 1984년 11월 15일, 이른 아침 도쿄의 오오이부두에 플루토늄 250㎏이 내려졌다. 그때 일어난 이상한 소동에 대해서는 아직도 많은 사람들이 기억하고 있다. 더구나 도쿄 시민들에게는, 동원된 미군과 경찰기동대의 삼엄한 경비와 완전한 정보관리 아래 전세계인을 죽일 수 있는 치사량(致死量)인 데다가 30발의 원자폭탄을 만들 수 있는 플루토늄이 도심을 통과하는 가공할 만한 상황은 쉽게 잊혀지지 않을 것이다. 사실 이러한 수송이 처음 있는 일은 아니었지만, 이렇게 가시적인 사건으로 인해 핵관리 사회의 도래라는 새로운 사태를 비로소 느끼게 된 사람들이 많았다는 것은 당연한 일이었다.

그렇다고 해도 통과경로와 수송방법에 대해서 시민이 알게 된 것은, 그런 일이 있은 후였으며 그것도 전적으로 텔레비전 뉴스를 통해서였다. 그러니까 플루토늄의 전무후무한 독성과 더불어 핵의 특성에 관한 경고 등은, 플루토늄이 통과하는 도로 근처의 시민들에게까지도 전혀 알리지 않았다. 다만 절대로 사고는 일어나지 않는다는 신앙과 같은 전제조건을 달고, 일체의 정보에서 대중을 따돌린 채 위험한 수송을 진행시켰던 것이다. 그뿐만 아니라, 문제의 플루토늄이 다른 것도 아닌 우리가 사용하는 전기의 일부분을 생산하는 일본의 원자력발전소에서 생긴 것이라는 데서 우리는 그야말로 뭔가 심상치않은 체제에 의해 꼼짝달싹할 수 없이 묶여 있다는 사실을 알게 되었던 것이다. 그리고 더욱 놀라운 것은, 이런 일이 앞으로 몇십회나, 때에 따라서는 몇백회가 될 수도 있는 수송의 시작이었다는 점이다.

원자력 문제는 주로 안전성이나 경제성의 문제로 제기되어 왔으며, 사실 나 자신도 이러한 문제를 지적하고 제시하는 데 많은 노력을 기울여 왔다. 그러나 확실히 이것으로 새로운 차원에서 문제를 생각하지 않으면 안되게 되었던 것이다.

예를 들면, 원자력 문제 중에서도 심각한 것이 방사성 폐기물 문제이다. 그것은 잘 알려진 바와 같이 죽음에 이르게 하는 엄청난 독성을 가지고 있으며, 더구나 그 중에는 수명이 몇백만년이나 되는 방사능을 포함하는 핵쓰레기도 있다. 원자력의 모든 시설은 그러한 핵쓰레기를 배출하지 않을 수 없다. 물론 이것은 안전상의 큰 문제이다. 그러나 가령 안전관리가 잘 되었다고 해도—이 일 자체가 믿을 수 없는 신기(神技)를 기대할 수밖에 없는데—이 쓰레기는 절대로 자연순환으로 회귀해서는 안 될 성질의 물건이다. 따라서, 이러한 테크놀로지의 발달은 주위 환경과 뒤섞이는 일이 절대로 허용되지 않는 폐쇄계를 지구상 여기저기에 만들어놓지 않고서는 보장될 수 없다. 그것은 플루토늄이라는 핵물질이 가지는 특수계로(特殊系路)에 따라 정보의 폐쇄계를 계속해서 만들지 않고서는 존재할 수 없다는 것과 상통한다. 그러한 의미에서 이 테크놀로지는 지구라는 생물체에 기생해서 여기저기를 잠식(蠶食)해 들어가는 외계인에 빗댈 수 있다고 생각한다.

플루토늄이든 방사성 폐기물이든, 모두가 그 원리는 인간이 자연에서 추출한 결과로 만들어낸, 이른바 '제2의 자연'이다. 그러나 이러한 '제2의 자연'은 이제 우리들의 사회와 자연을 잠식하고, 원래부터 있는 '제1의 자연'을 대신하여 차츰 인간의 정신을 억압하고 지배하고 있다. 물론, 이것은 테크놀로지를 그렇게 기능하게 하는 권력지배나 생산기구가 존재한다는 얘기인데, 안이한 낙관론자라 해도 운용방법에 따라서 이 핵(核)테크놀로지 사회가 이른바 테크노스(Technos)의 낙원으로 바뀐다는 것 등을 기대해서는 안된다. 오히려, 이러한 테크놀로지가 더욱더 경직화된 사회로 몰고 가리라는 것을 예측하지 않을 수 없다.

제2의 자연

핵테크놀로지는 인간이 자연으로부터 더 강력하고 더 거대한 힘을 얻어내려고 한, 하나의 극한에서 태어난 기술이다. 그러나 바로 이러한 강대성이 자연의 일원인 인간에 대한 억압으로 되돌아오고 있는 것이 현재의 상황이다. 비유해서 말하자면, '제2의 자연'이 '제1의 자연'을 우리 자신의 내부에서 지배하고 있는 것이다.

문제는 핵테크놀로지에 국한되지 않는다. 바이오테크놀로지(생물공학 또는 생명공학)가 발전하면서 인공적인 생식이, 따라서 인공적인 탄생이 가능하게 되었다. 그 자체가 우리가 본래 가지고 있던 생(生)과 성(性)의 개념을 변화시키고 있는데, 앞으로 얼마든지 기술이 발전할 것이라고 한다. 생(生)에 못지않게 사(死)의 개념도 바뀌고 있다. 장기(심장)는 살아있는데 뇌사로 사자(死者)가 되어 장기이식을 위해 장기가 적출되는 경우가 일본에서 현실로 나타났다.

나아가서 그러한 장기이식이나 인공장기 문제는 어디까지가 한 인간의 아이덴티티냐 하는 문제조차 발생시킨다. 가령, 이것은 완전히 가상적인 미래의 경우인데, 어떤 사람이 장기나 사지(四肢) 등을 타인(죽은 사람)으로부터 이식하거나 인공장치로 하나씩 바꾸어나갈 때 그래도 그 사람이 생명을 보존하고 있으면 대체 이 사람은 누구겠는가. 오직 뇌에만 인간의 아이덴티티가 귀속한다는 게 서양사상의 답변인지도 모른다. 그렇지만, 그것은 너무나도 뇌만을 중시한 사고방식이 아닌가.

이렇든 저렇든, 지금 문자 그대로 우리의 육체마저 제2의 자연에 의해서 바꿔치기되는 일이 진행되고 있다. 문제의 심각성은 누가 보아도 명확한데, 바이오에틱스(Bioethics, 생명윤리)라는 말이 성행하는 판국이 되고 말았다. 즉, 이것은 에틱스(윤리) 문제로 유전자공학 등을 포함해서 넓은 의미에서 생명공학을 사회적으로 문제삼아야 한다는 것이다. 그러한 일 자체는 매우 타당하지만, 윤리문제를 묻는 전제조건으로 우선 무엇이 자연스러운 삶이고 죽음인가, 우리는 어떤 삶과 죽음을 바라는가를 새롭게 문제삼지 않으면 안된다고 생각한다.

고독한 정복자

지금 핵테크놀로지나 바이오테크놀로지에 의해 제기된 문제는, 이제까지의 테크놀로지 어세스먼트(기술영향평가)로 해결되는 문제와는 확실히 차원이 다르다. 가령, 이러한 기술이 안전과 경제적인 면에서 두드러진 악영향 없이 진행되었다고 가정할 때, 다시 말해서 테크놀로지 어세스먼트의 대상이 되는 문제를 하나하나 해결하면서 발전했다 하더라도 문제의 심각성은 전혀 변하지 않는다. 아니, 그렇게 해서 기술이 발전하면 발전하는 만큼 문제는 심각해질 것이다.

그리고 이 문제는 이미 우리가 문제삼은 둘로 분열된 자연, 또는 제1·제2의 자연이라는 문제와 깊이 관련되어 있다. 서양 근대에 발달한 인간중심적인 자연관은, 그것이 기술적 달성을 이룩하면 할수록 인간을 자연계 속에서 더욱더 고독한 정복자로 만들어간다. 그뿐만 아니라, 인간이 지닌 '제1의' 자연이 정복돼야 하는 자연에 속하기 때문에, 우리의 내부에서 전술한 '둘로 분열된 상황'은 더욱 심해진다.

이제는 누구든 문제를 느끼게 된 것이다. 핵전쟁이나 환경파괴의 위기를 얘기하는 사람들은 인류의 생존 그 자체에 대해서 불안을 느끼기 시작했다. 이 불안의 기저는 앞서 쓴 문제와 완전히 하나이다. 이러한 위기와 문제를 극복하려면, 근원으로 돌아가서 우리를 지배하는 자연관을 다시 문제삼고 전환을 꾀하는 일밖에 도리가 없지 않은가, 하는 것이 나의 생각이다.

나는 지금까지 직업적 과학자로서의 생을 영위하는 과정에서 현대의 과학기술이 지닌 문제에 부딪치게 되었으며, 그 문제의 해명을 위하여 과학(기술)비판이라는 작업을 계속해 왔다. 그러나 이상과 같이 문제를 재정립하고 보니, 과학기술의 비판에서 한발 나아가서, 기본적 바탕이 되는 자연관의 문제를 문제삼지 않으면 안된다고 생각하게 되었다. 이 책은 이러한 문제를 다루게 될 것이다.

자연관의 재검토

오늘날 자연과 과학기술에 관련해서, 우리가 이제까지 몸에 익혀온 자연관의 협소함을 반성하고 현대의 위기상황을 넘어서기 위한 비판적 작업이, 이러저러하게 시작되고 있다.

이러한 비판적 작업을 전제로 할 때, 우리가 익혀온 서양적 자연관에는 몇가지 두드러진 특징이 있다. 첫째, 그것은 자연을 인간이 극복해야 하는 제약이라고 보는 것이다. 엄청난 추위와 비바람 또는 질병 같은 것뿐만 아니라 인간 자신의 육체적인 자연조건까지도 넘어서야 하는 한계라고 생각한다. 그러한 제약을 극복하고 새보다도 높고 빠르게 하늘을 날고, 호랑이보다도 잽싸게 멀리 달리기 위해서 노력해온 것이 바로 과학기술의 역사였던 것이다. (도구라는 것이 기본적으로 인간의 힘으로 인간의 삶을 더 효과적으로 영위하기 위한 보조적 수단이라면, 기술은 이미 도구의 차원을 넘어섰다.)

둘째로, 그것은 자연을 인간의 유용성에서 바라보고, 거기서부터 가능한 한 많은 부(富)와 이윤을 탐욕스럽게 추구한다. 이러한 지향이 마침내 원자핵의 벽을 깨고 에너지를 발생시키는 비지상적(非地上的)인 기술로 발전함으로써 갑자기 큰 문제를 일으키게 된 것이지만….

셋째로, 이와 같은 인간의 자연 이용은 기본적으로 자연의 사유(私有)를 전제로 한다. 이러한 사상에서 자연은 부와 이윤의 원천이기 때문에 사유는 이를테면 필연적 결과로, 토지나 그 위에 사는 식물, 또 물과 바다까지 모두 매매의 대상이 되어 상품가치를 갖게 된다. 이런 것들이 얼마나 자연을 훼손하고, 인간 자신까지 망가뜨렸는가.

그리고 마지막으로—그러나 이것이 이 책의 문제의식에서 가장 중요하다고 생각하는데—인간은 자연에 대한 인간중심적인 행동을 인간 주체성의 발현이자 자유의 확대라고 여기며, 진보와 자유라는 명분에서 정당화하고 있는 것이다. 이것이야말로 이른바 근대적 정신 그 자체라고 하겠다. 인간이 더 많이 자연을 제어·지배·활용하는 것이야말로 인간을 인간으로서 향상시키고 자유를 확대시킨다는 이른바 합리주의적인 사상이, 사실은 실리적인 자연 이용의 사상 이상으로 인간중심주의의 자연관을 배양하는 온상(溫床)이 아니었던가. 이 점에서 보면, 셋째와 같은 자연의 자본주의적 사유에 반대하는 맑스주의자도 예외가 될 수 없다.

과연 최근에 와서, 환경파괴가 진행됨에 따라 서양사상의 테두리 안에서도 일정한 반성이 있었고, '성장의 한계'가 논의되고 '환경과 경제의 조화'를 강조하기에 이르렀다. 그러나 그것은 자연 이용이 그전처럼 효율적으로 기능하지 않는 데 대한 대응으로, 자연과 화해하려는 것일 뿐, 아직 인간중심주의를 버린 것은 아니다.

에콜로지

이와 같은 자연관을 넘어서는 하나의 방향으로서 최근 에콜로지라는 말이 많이 쓰이고 있다. 큰 틀에서 나도 에콜로지즘(에콜로지주의)에 찬성하고, 이 책에 쓰려는 얘기도 그러한 생각을 배경에 두고 있다. 그러나 미리 말해 두지만, 에콜로지즘이라는 하나의 말로 확고하게 정의할 수 있는 주의가 있는 것이 아니고 오히려 이 책이 의도하는 것은, 다양한 검토를 통해서, 다시 말해서 비판적인 작업을 통해서 에콜로지즘의 가능성을 규명해보자는 데 있다.

이런 이유로, 에콜로지라는 말은 아직도 많이 애매하다. 그러나 역시 이 말을 통해 사람들이 공통적으로 추구하는 자연과 인간의 관계에 관한 사고방식이 있는 것은 확실한 것 같다. 이 사고방식을 한마디로 정리하면, "지구 생태계는, 다양한 생물이 놀라울 만큼 정교한 공존관계를 맺음으로써 이루어진다. 우리가 직면한 모든 위기는 대부분 이 공존관계를 인간이 파괴하고 있는 데서 발생하는 것이다. 이러한 위기를 극복하려면, 인간중심의 입장에서 벗어나 인간도 자연계의 일원으로, 전체의 균형을 유지하면서 살아가자"는 것이 된다. 이러한 입장을 '자연과의 공존'이라고 말하기도 하지만, 그 내용은 '환경과 경제의 조화'라는 것과 큰 거리가 있다. 그래서 좀더 적극적으로 '자연과의 공생'이라고 해야 한다는 주장도 있다.

공존을 공생으로 바꿔 말해도, 말의 문제에 국한하는 한, 아직도 애매한 데가 남는다. 공생에 담긴 의미는 인간과 자연을 대치시키고 나서 그 둘의 조화나 공존을 말하는 게 아니라, 자연의 전체 내에서 인간의 생이나 생활을 상대화하는, 오히려 이렇게 자연 속에 사는 것 자체가 인간의 주체성이라는 사상이다. 이러한 상대화가 중대한 전환점이다. 그 의미는 다음과 같은 것이다.

환경과의 조화라고 할 때에 인간은 인간의 지성에 신뢰를 두고 있다. 자연이 따르는 법칙성을 인간이 해명할 수 있다고 생각하고, 어세스먼트 등의 작업을 통해서 자연과 인간은 조화를 이룰 수 있으며, 인간의 이성에는 그처럼 자연을 완벽하게 이해할 수 있는 능력이 있다는 합리주의가 전제되어 있다. 그런데 에콜로지즘이 말하는 공생사상은, 인간의 지성 그 자체도 상대화한다. 인간은 자연의 다양한 행동을 완전히 해명할 수 있는 위치에 있지 않다는 자기인식이 있다. 자연 전체는 다양하고 정교한 생명의 활동을 하면서 자연스럽게 조화를 유지하는 하나의 법칙성을 형성하는데, 그것에 따르는 방법은, 그것을 인간 쪽으로 끌어당기는 것이 아니라, 인간이 자연의 흐름 속으로 합류하는 것이라고 생각한다.

(이에 대한 구체적인 의미는 이 책의 다음 장에서 검토하겠다.)

결국 이 사고방식은, 그야말로 인간에게 최고의 원리였던 이성보다도 더 높은 차원의 원리로서 자연의 영위라는 큰 틀에 따른다는 원리를 전제로 한다. 그렇게 함으로써 비로소 인간이 진실로 본래의 인간답게 된다고 생각하는 것이다. 극단적으로 표현하는 것 같지만, 공생의 사상을 추구해 가면 거기까지 가게 되어 있다.

물론, 이것은 단순히 지성이나 과학을 부정하는 것이 아니라, 자연이라는 전체 안에 과학을 포함한 인간의 활동을 재정립하는 일인데, 그렇다고 해도 그 의미는 이만저만 어려운 게 아니다. 자연과의 공존이라고 하면 거의 모든 사람은 찬성할 것이다. 그런 의미에서 막연하게 말하는 것은 별 문제가 없겠지만, 실은 그것만으로는 옳은 데로 갈 수 없다. 그게 아니라, 앞에서 말한 것처럼, 자연계에서 인간의 위치를 철저하게 상대화하고, 근대의 인간을 인간답게 했다고 여겨진 인간지성의 절대적 보편성(또는 다른 자연에 대한 우위)을 버리자는 것이 에콜로지즘의 본질인 것이다. 이것은 대전환이며, 이런 생각에 저항감을 갖는 사람이 많을 것이다. 에콜로지즘이 독자적 의미를 갖는 것은 바로 이 때문인데, 이것은 또 충분한 비판적 검토가 필요한 점이기도 하다.

에콜로지즘은 해방의 사상이 될 수 있는가

이와 같은 에콜로지의 사고방식에 대해서는, 현대문명이 처한 상황에 대해 똑같이 비판적 입장에 있는 사람일지라도 즉각 다음과 같은 비판을 내놓을 것 같다.

(1) 그러한 입장은 결국 그것에 의거해서 사회를 구축할 때 인간의 자연 이용을 제한함으로써 인간사회의 물질적 기반(경제적 번영이라든가 편리함, 또는 질병에 대해서 지켜지고 있는가 등)을 위협하지 않을까.

(2) 인간에게 자연적 규범에의 종속을 요구하고, 인간의 자유와 주체성을 대폭 제한하지 않을까.

(1)은 이를테면 에콜로지형 사회가 경제적으로 어디에 기초를 두고 있는가, 그 입각점에 관한 것이다. 이 문제에 대해서는 이미 많은 경제학자나 관심 있는 사람들이 에콜로지형 사회의 경제적, 사회적 가능성에 대한 검토를 시작했으며, 적지 않은 실적도 있다. 물론 논의가 막 시작되었다는 느낌도 있지만, 이 책의 관심에서 다소 벗어난 문제이기 때문에 장차의 논의를 기대하면서 더 언급하지 않겠다. 그보다 이 책의 관심에서 직접 문제가 되는 것은 (2)이다. 이미 시사한 바와 같이, 근대의 정신을 인간의 자유와 해방을 향한 위대한 진보라고 생각하는 입장에서는 에콜로지즘의 '자연주의'를 비판하는 것은 당연한 일이기도 하다. 현실을 보아도, 에콜로지운동 중에는 자연적 규범에 대한 순응을 맹세하다 못해 계율적이랄 수 있는 슬로건을 따르거나 자연에 대한 순응과 동경이 폐쇄적인 신비주의로 기우는 경우도 있다.

또 에콜로지운동이 생명과 건강, 자연환경문제에 날카로운 관심을 집중시키고 있는 만큼, 사회적 문제에 대한 관심을 희석시키고 있는 경향도 현실적으로 두드러진다. 전쟁, 침략, 차별, 성의 해방, 인권, 제3세계 등등의 문제에 에콜로지운동이 대응하지 못한다는 등 흔하게 있는 비판에는 그 나름의 근거가 있다.

첫부분에서 말한 우리들의 문제의식으로 돌아가서 말하면, '두개의 자연' 사이에서 우리의 내부가 분열된 상태에 빠지게 된 것도, 인간의 자연적 존재와 사회적 존재가 날카롭게 서로 모순되는 장(場)에 우리들이 놓여져 있기 때문이었다. 요컨대, 인간에게 사회적 측면을 잘라내고 인간을 흡사 자연적 존재로 순화시키는 것이라면 결국 인간은 해방되지 않을 것이다. 이 점은 에콜로지즘에서 급소가 될 수도 있다.

그러나 대체적인 비판과 정반대로 나는 실로 이러한 인간의 자유와 해방이라는 점에서 에콜로지즘에 커다란 가능성을 부여한다. 다시 말해서, 단순히 자연의 전체 속에 인간을 매몰시키는 것이 아니라 인간의 정신을 광대한 자연 속으로 해방시키는 형태로 인간을 상대화하는 에콜로지적인 자연과 인간의 관계를 구상하자는 것이다. 이러한 상대화는 이원화된 자연상에서 우리를 해방시키고, 근원적인 자연과 인간의 관계를 복권(復權)시켜 우리를 더욱 해방적이고 창조적인 지평에 도달할 수 있게 할 것이다.

르네상스에서 근대정신의 발흥이란, 그 자체가 자연(우주)에서 인간을 상대화하는 과정이었다. 그때 사람들은 아리스토텔레스-프톨레마이오스형의 자기중심적인 천동설 모델에서, 우주의 구석에 있는 한 존재로 자기를 상대화했다. 이러한 전환에서 신과 인간을 중심으로 그린 그림인 중세적 세계관이 소리를 내면서 허물어졌고, 지구와 인간을 넓은 우주 속에 자리매김한 우주관은, 협소한 인간중심주의에서 벗어난 것이었기 때문에 인간정신을 넓은 세계로 해방시키는 힘을 가지고 있었다.

그런데 바로 그러한 전환이야말로 동시에 인간이성의 자연에 대한 우월함의 선언이기도 했고, 여기서 시작된 새로운 인간중심주의는 차츰 비대해져 이제 막다른 골목에 들어서고 말았다. 이런 상황이기 때문에 이제 다시 한번 여기에서 인간을 자연 속에 상대화하고, 우리가 자연 속에서 차지해야 할 위치를 확실히 하지 않으면 모든 변혁과 해방은 불확실하다고 해야 할 것이다.

에콜로지즘은 해방의 사상이 될 수 있는가. 수학문제처럼, 이런 문제를 풀려고 하기보다 이원적으로 분열된 자연관을 통일적으로 파악하는 방향에서 해방의 문제를 생각해 보자는 것이 이 책의 입장이다.

이 책의 구성

자연관의 통일이라는 문제의식에서 해방의 자연관을 묻는다는 방향으로 그 구상이 어느 정도 부풀려졌다. 애당초 이렇게 커다란 테마에 전면적으로 대답한다는 것은 내 능력에 넘치는 일인데, 이 조그만 책에서 잘 해낼 수 있을 것 같지 않다. 이 책에서는 이런 문제를 제기할 때 당연히 문제가 될 사회적 측면(사회과학적 고찰이나 사회적 실천)에 대해서는 거의 다루지 않고—이에 대한 비판을 각오하고—지금 우리는 자연을 어떻게 보아야 하는가 하는 관점의 문제에만 초점을 맞춘다. 그렇게 하면 한가지 틀 안에서는 문제를 명확하게 하는 이점이 있다고 판단했기 때문이다.

이 책의 전반, 제1부 '인간은 자연을 어떻게 보아 왔는가'는 오늘의 사회가 총체로 받아들인 자연관이 어떻게 형성되었는지 그 과정에 관한 것이다. 이원론적인 자연관이 어떻게 형성되고 이때 어떠한 문제가 생겼으며 어떻게 처리되었는가, 통상적 과학사나 철학의 방법에 구애받지 않고 두세가지 특징적인 단면만을 집중적으로 다루었다. 그것도 추상적인 사상사가 되지 않도록, 될 수 있는 한 구체적으로 인간이 자연을 어떻게 보아 왔는지를 명백하게 설명하려고 했다. 그렇지만, 제1부의 각 장은 과학론에 치우친 감이 있어서 까다롭다고 생각하는 이도 많을 것 같다. 그런 이는 눈 딱 감고 그런 장들을 생략하고 제2부부터 읽어도 좋다. 그런 경우의 편의도 생각해서 각 장의 본문을 요약해서 그 장의 첫머리에 실었다. 제4장을 전환점으로 해서 이 책의 제2부 네개의 장은, 이제 우리는 자연을 어떻게 보아야 하는지에 대해서, 그리고 바람직한 통일적 자연관으로의 전환은 어떻게 가능한지에 대해서, 이것 역시 가능한 한 구체적으로 생각한 장이다. 물론 각 장은 다같이 자연관의 전환을 다루고 있지만, 제5장에서는 자연과학적 모델에 밀착해서, 제6장은 대조적으로 민중들이 본 자연상(自然像)을, 그것도 토착적인 자연상에 밀착해서 생각했다. 이러한 작업은, 당연한 일이지만, 우리를 좁은 의미의 자연관에서 넓은 의미의 자연관, 즉 자연과 노동이라든가 자연과 생활 등 우리의 사회와 삶의 방식에 직접 연관되는 문제로 이끌어간다. 이제 겨우 우리는 문제의식의 시작을 말했을 뿐인데, 결국 제7장과 종장에서 그러한 문제를 다루게 되었다.

테마의 윤곽은 너무 넓게 벌려 놓고서는 자잘한 문제밖에 다룰 수 없는 것은 필자의 힘이 모자라서라고 생각하는데, 실천을 토대로 한 과학비판을 고집해온 나에게 '자연론'은 모험이었다. 그래서 여러가지 약점이 드러나겠지만, 이제부터 뭔가 독자의 상상력을 자극할 수 있다면 필자는 만족한다. 이 책이 다소라도 그렇게 될 수 있을까, 이에 대한 판단은 독자의 몫이고, 나 자신도 이 책으로 또 새로운 것이 시작되고 있다.

선학(先學)의 가르침으로 최근 작품성에 대해서 조금 신경을 쓰고 있다. '자연론'이란 좀 어렵고 딱딱한 테마이지만, 자연을 논하는 데 걸맞는 작품성을 나름대로 신경써서 서술했다. 물론, 이에 대한 판단도 독자의 몫으로 돌릴 수밖에 없다.

제1부

인간은 자연을 어떻게 보아 왔는가

제1장

제우스와 프로메테우스

[본장의 요약]

그리스 신화에는 자연을 따라서 살려는 인간의 지향과 자연을 정복함으로써 인간답게 살려고 하는 지향, 이렇게 두가지 방향이 선명하게 그려져 있다. 그러나 후세 사람들이 칭송하는 프로메테우스적인 지(知)가 아니라, 제우스적인, 다시 말해서 있는 그대로 자연에 따르는 삶이 바로 본래의 그리스 정신이 아닌가 생각한다. 특히, '정의의 자연성'을 원리로 바람직한 사회를 구상한 헤시오도스에 대해서 생각해 보기로 한다.

인간보다 더 불가사의한 것은 없다.
파도치는 바다까지도 불어닥치는 남풍을 헤치고
건너가는 사람, 사방에서 으르렁대는
높은 파도를 타고 넘어.
신들 중에, 제일 슬기롭고 썩지 않고
굽힘을 모르는 대지까지 공격해서
해마다 해마다 쟁기로 갈아엎고
말〔馬〕들의 무리로 하여 땅을 일군다.

날갯짓도 가벼운 새의 족속들, 또 들에서 사는
짐승의 무리들, 또 대해의 조수 속에서 사는
족속들까지도, 실을 꼬아 만든 그물로 망을 치고
잡고 낚는 슬기로운 인간,
그리고 술책을 써서, 광야에 사는, 아니면
산길을 오며 가며 배회하는 들짐승을 잡아들이고
갈기를 휘날리는 말들조차도 목에 멍에를 씌워 길들이는,
지칠 줄 모르는 산에서 사는 암소들까지도.

— 소포클레스 《안티고네》[4)]

1. 프로메테우스 신화

《프로타고라스》의 프로메테우스

서양적 자연관의 검토라는 우리의 당면과제에 비춰볼 때, 그 기원이 되는 그리스의 자연관은 무엇보다도 먼저 우리의 관심사가 될 수밖에 없다. 이때, 우선 생각나는 것이 바로 프로메테우스 신화이다. 프로메테우스 신화는 인간의 기원에 대한 것으로, 자연 속에서 인간이 자기를 인간으로서 구별하는 과정을 그려낸 것에 불과하다. 뒤집어 말하면 이 신화는 신화시대나, 아니면 신화를 말로 전달한 사람들의 자연관을 선명하게 드러내고 있는 것이다.

우리에게 잘 알려진 프로메테우스 신화는 대개 플라톤의 《프로타고라스》를 벗어나지 않는다. 《프로타고라스》에 의하면, 그 옛날 신들이 처음으로 동물(죽어야 하는 종족)을 창조했을 때, 티탄족의 거신(巨神) 프로메테우스(먼저 생각하는 이)와 에피메테우스(나중에 생각하는 이)가 그것들에게 갖가지 능력을 재치있게 배분하는 일을 맡는다. 프로메테우스는 이름난 지자(智者)였지만 그 일을 아우에게 맡겼다. 에피메테우스는 배분을 하면서 "어떤 종족에게는 속도를 주지 않는 대신 강한 힘을 주었고, 한편 힘이 약한 것들에게는 속도를 갖게 했다. 또 어떤 것들에게는 무기를 주었고, 또 다른 것들에게는 나면서부터 무기를 갖지 않는 종족으로 하는 대신 신체 보전을 위해서 다른 능력을 주기로 했다."[5] 그 밖에 작은 것들에게는 날개를 달아 주거나 땅속에 서식처를 마련해 주었고, 어떤 것들에게는 몸을 크게 해주는 등, 다양한 생물들이 평등하게 살 수 있도록 갖가지 능력을 갖게 했다. "이러한 일을 하면서 그가 배려한 것은 결코 어떤 종족도 멸종하여 자취를 감추는 일이 없도록 하는 것이었다. 이렇듯 그것들을 위해서 서로서로 멸망시키는 일이 없도록 하는 수단을 주었고, 이번에는 그들이 제우스가 통괄하는 사계절에 쉽게 적응할 수 있도록, 겨울의 추위를 충분히 막을 수 있고 여름의 더위에도 몸을 지킬 수 있는 수단으로 두터운 털이라든가 가죽을 몸에 입히고 또 잠을 잘 때 그들이 몸에 갖춘 것으로 자연의 이불이 될 수 있도록 배려해 주었다." 그래서 그들이 각기 살기 위해서 몸에 마련한 것이 바로 '자연의 본성'이었던 것이다.

그러나 '나중에 생각하는 이', 에피메테우스는 그다지 현명하지 못했기 때문에 "깜박 잊고 있는 사이에 동물들에게 주어야 할 능력을 모두 사용하고 말았던 것이다. 인간이라는 종족을 아직 아무런 장비도 갖지 못한 채 남아있게 하고 말았다. … 그래서 인간만이 벌거벗은 채 신발도 없고, 깔개도 없이, 무기도 갖지 못한 채 남아있게 된 것이다."

그때 그것을 보다못한 프로메테우스가 인류를 멸망에서 구출하기 위해서 헤파이토스(쇠를 다루는 신)와 아테네로부터 "기술적인 지혜를 불과 함께 훔쳐내서 — 불이 없으면 그 누구도 기술적인 지혜를 획득하거나 유효하게 사용할 수 없기 때문이다 — 인간에게 주었다."

여기까지가 유명한 프로메테우스 신화인데, 《프로타고라스》에는 다음 이야기가 더 있다. 그것은 앞에서 말한 바와 같이 '불을 사용한다는 신성(神性)'이 부여된 인간들은 짐승들의 공격에서 몸을 지키기 위해 한데 모여 나라(Police)를 만드는데, 폴리스를 만들고 보니까 정치적인 예지를 갖지 못했기 때문에, 서로 죽이다가 분산되어 멸망하게 되었다. 그래서 제우스는 헤르메스로 하여금, 인간들에게 '계율'과 '예절'을 주었다는 얘기로 이어진다. 이런 구절은 참으로 재미가 있다.

헤르메스 : 어떻게 하면 좋겠습니까? 이것도 역시 갖가지 기술을 나누어 준 것과 같은 방법으로 분배하는 게 좋지 않을까요. 지금 다른 기술은 이렇게 분배되었습니다. 그러니까 어느 한 사람이 의술을 갖고 있으면 많은 사람을 치료할 수 있는 것처럼 다른 전문가들도 마찬가지입니다. 계율과 예절도 이런 방법으로 인간들에게 나누어 주면 어떨까요….

제우스 : 모든 인간들에게 나누어 주어 누구나 그것을 갖도록 하는 게 좋다. 그렇게 하지 않으면, 다른 기술과 마찬가지로 그들 중 소수의 인간만이 기술을 갖게 되어 폴리스(나라)는 성립할 수 없을 테니까.

이렇게 해서 비로소 인간사회가 성립되었다는 얘기다.

늦게 나타난 인간

《프로타고라스》의 프로메테우스 신화에 나오는 인간관은, 신화시대의 것이라기보다는 오히려 플라톤 시대의 것이라고 할 수 있다. 그러나 그 시대의 인간과 자연의 관계에 대한 생각을 짙게 반영하고 있기 때문에 우리의 흥미를 돋운다. 우선 첫째로, 인간은 자연계에서 제일 늦게 나타난 동물이기 때문에 인간에게 주어진 육체적 조건만으로 자연에서 살아갈 수 없어서 멸망할 수밖에 없는, 무력한 존재로 생각했던 것이다.

그러한 인간의 출생 때문에 인간에게는 불과 기술이라는 '신의 소유물', 즉 본래는 자연 밖에 있던 것이 주어져서 비로소 살아가는 방법을 갖게 되었다. (에피메테우스가 준 것은 자연적인 것으로, 그것은 프로메테우스가 준 것과 다르다.) 그러나 이것 때문에 인간은 자기 밖에 있는 자연계에서 자신을 엄격하게 구별하고, 자연과 대항해서 살아가는 존재가 되었다는 것이다. 그뿐만 아니라, 또 한가지 주목해야 할 것은 이러한 프로메테우스적인 기술지(技術知)는 인간의 사회생활에는 쓸모가 없으며 나라(폴리스)를 다스리는 데에는 제우스에게 직접 받은 예지와 윤리가 필요하다는 것이다. 그리고 기술지는 본래부터 전문가가 독점하는 성격을 지닌다는 것을, 플라톤이 예리하게 통찰하고 있었다는 것도 간과해서는 안될 것이다.

앞에서 명백히 알게 된 바와 같이, 적어도 플라톤 시대에는 인간 대 자연이라는 맥락에서 인간과 사회를 바라보았고, 인간을 본래의 자연으로부터 다른 것이 될 수밖에 없는 생물로 자기인식하고 있었다. 그러한 의미에서 오늘 우리들의 자연관의 근본은 이미 《프로타고라스》의 프로메테우스 신화 속에 모두 응축되어 있다고 해도 과언이 아니다. 《프로타고라스》(플라톤)는 프로메테우스적 지성이 인간에게 전부가 아니라는 유보조건을 달고 있지만 결코 그것을 부정적으로 바라본 것은 아니다. 오히려 벌거벗고 맨발인 데다 손톱도 없고 날지도 못하는 연약한 인간이 생존할 수 있게 해주는 것으로 불과 기술을 긍정적으로 묘사하고, 불과 기술로써 자연과 대하는 방법을 긍정하고 있었다는 것은 의심할 여지가 없다.

그러나 여기서 주목해야 할 것은, 프로메테우스 신화가 어디까지나 불과 기술을 하늘에서 훔친 것, 다시 말해 훔쳤다는 사악한 행위의 결과로 주어진 것으로 이해하고 있다는 사실이다. 즉, 불과 기술은 필요악이라는 것을 인간이 스스로 의식했으며, 결코 이것들을 단순하게 미화한 것은 아니라는 것이다. 불과 기술로써 인간이 자연에 작용할 때에는, 비록 그것이 인간의 생존을 위한 것이라 할지라도 어딘가 사악하고 또 자연에 상처를 입히지 않을 수 없다는 체험적 인식이 이미 신화에 반영되었다고밖에는 생각할 수 없다. 이러한 맥락의 연장선상에는 결코 유토피아가 있을 수 없다는 것을, 고대인들은 이미 예감하고 있었던 것은 아닐까.

불과 기술이 핵기술로까지 발전한 오늘의 인간에서 본다면, 사악한 불에서 인간문명이 시작되었다는 고대신화의 통찰력에 경탄하지 않을 수 없다.

불과 기술에 대한 이와 같은 인식은, 신화 그 자체에서 이어받은 것이겠지만, 《프로타고라스》도 갖고 있었기 때문에 단순한 프로메테우스에 대한 찬가가 되지 않았다. 불과 기술로써 자연에 맞선 데 대해서 커다란 조건을 달았다고도 할 수 있고, 기술지에는 결코 윤리적인 자세가 포함되지 않았다는 것을 경고했다고도 할 수 있다. 이것은 오늘에 와서도 많은 시사점을 던져준다고 생각한다.

프로메테우스 찬가

《프로타고라스》에서도 프로메테우스는 기본적으로 인간에게 불을 준 지자이자, 은인으로 그려져 있다. 모두 알고 있는 바와 같이, 프로메테우스는 그것 때문에 제우스로부터 큰 벌을 받아 엄청난 고통을 당하게 된다. 프로메테우스는 천상에서 신들의 불을 훔쳤기 때문에 제우스의 분노를 사서, 코카서스 바위산에 사슬로 묶이게 된다. 그곳에 독수리가 와서 그의 간을 파먹는다. 그런데 금방 다시 간이 새로 생기기 때문에 다음 날 다시 독수리가 찾아와, 고통의 날은 이어진다. 이렇게 고통을 견뎌내면서 타협하지 않는 고결한 영웅, 게다가 인류의 지혜로운 은인, 이와 같은 프로메테우스상(像)은 여기서 태어난다.

이러한 영웅상과 프로메테우스 찬가를 신화시대의 이야기라고 생각하는 사람이 많은 것 같은데, 사실은 훨씬 후대의 것이라고 보아야 할 것 같다. 그리고 후대로 오면 올수록, 인간이 기술적 지성을 긍정하고 자연에 대한 정복자로 인간을 긍정하면 할수록, 마침내 그 상징인 프로메테우스를 찬미하는 목소리는 커지게 된다. 예를 들면, 갈릴레오나 뉴턴에 의해서 자연과학이 큰 성과를 이룩하고 산업혁명으로 기술이 자연을 정복하기 시작하던 시대에 젊은 괴테는 격렬한 시를 썼다.

프로메테우스[6)]

제우스여, 그대의 하늘을
잿빛 구름의 안개로 덮어라!
엉겅퀴 꽃을 자르는
소년과 같이
떡갈나무나 산꼭대기에 덤벼보아라!
그러나 나의 이 대지는
내게만 맡겨야 한다.
그대의 힘을 빌리지 않고 세운 내 오두막
그리고 내 아궁이와
그 불을
그대는 시샘하고 있는 것이다.
(중략)
누가 거인족의 폭력으로부터
나를 구해주었는가.
누가 죽음과 노예상태로부터
나를 구해주었는가.
그 일을 한 것은 성스럽게 불타는
나의 마음이 아니었던가.
그런데도 젊고 착하기만 했던 나는
속고 있다는 사실도 알지 못하고
천상에서 게으름을 피우는 신들에게 감사했다.
(중략)
나는 여기에 앉아서

내 모습 그대로의 인간을 만든다.
나를 닮은 종족을 만드는 것이다.
괴로워하고 울고
즐거워하고 기뻐하며
그리고 그대 따위는 숭상하지 않는
나와 같은 인간을 만든다.

쉐리나 바이런도 똑같이 프로메테우스 찬가를 써서, 프로메테우스에게 벌을 준 제우스를 공격하고 있다. 서양 근대의 자연관에 대해서는 나중에 검토하겠지만, 이미 이 시의 프로메테우스 = 인간찬가 속에서 우리는 많은 것을 해독할 수 있다. 《프로타고라스》에서는 그래도 유보하거나 변명하는 뉘앙스가 많이 포함되었던 프로메테우스적 지성은, 서양의 근대 시인에게는 전면적으로, 한점의 흐림도 없이 옳은 것이 된다. 그리고 나중에 말하겠지만, 그리스 세계에서 우주의 질서를 나타내고 자연의 질서를 관장하는 존재, 따라서 자연의 상징이기도 한 제우스가 일방적으로 비판당하고 있다. 괴테가 이 시에서 어느 만큼 의식적이었든간에, 그의 시에서는 프로메테우스와 제우스에 빗대 인간과 자연의 대립이 노래되고, 자연을 극복하고 지배해야 할 인간과 인간의 이성이 찬미되고 있는 것이다. 여기서 프로메테우스는 이미 자연에 대한 인간 지배의 상징으로 높이 칭송되고 있다. 이것이야말로 바로 오늘의 인간들이, 가령 원자력을 '프로메테우스의 불'이라고 할 때의 프로메테우스상과 다를 것이 없다.

결박당한 프로메테우스

이렇게 생각하니까, 아무래도 더 오래 전의 프로메테우스관(觀)은 어떠했는지에 관심이 간다. 그런데 앞에서 본 바와 같은 프로메테우스상은 플라톤 이전의 시대로 거슬러 올라가면 모습을 감추고, 현대인이 알고 있는 것과 아주 다른 모습이 되어 떠오른다. 우선, 플라톤보다 약 1세기 전, 그리스 비극의 대가 아이스퀼로스의 《결박당한 프로메테우스》라는 유명한 작품이 있다.

이 작품은 그 제목에서부터 프로메테우스를 비극의 주인공으로 묘사했으며, 그가 희생정신으로 인간을 구원한 것을 찬미했다는 점에서, 지금까지 보아온 프로메테우스관이나 인간관에 가깝다고 할 수 있다. 이를테면 이러한 투로 말이다.[7]

> 속일 수밖에 없습니다. 저주스러운
> 당신의 운명을, 프로메테우스여,
> 상냥한 눈에서 뚝뚝 떨어지는
> 눈물의 흐름은, 솟아나는 샘물과도
> 같이 두 뺨을 적십니다.
> 그것은 모두 제우스신이 고맙지 않게
> 제 맘대로 결정한 규율로 권위를 자랑하고
> 오랜 옛날의 신들에게, 권세로 똘똘 뭉쳐진
> 교만한 압박을 가하기 위해서

이와 같이 아이스퀼로스도 제우스 = 악, 프로메테우스 = 선이라는 인상을 갖게 하지만, 후지나와 켄조(藤縄謙三)[8]가 지적한 것은 반드시 그렇지만도 않다. 《결박당한 프로메테우스》에서도 프로메테우스 스스로 "인간들에게 스스로의 종말을 미리 알지 못하게 했다"라든가 "눈에 보이지 않는 맹목적 희망을 인간들에게 심어 놓았다"는 등의 말을 하는데, 이것은 죽을 수밖에 없는 인간들에게 그의 운명을 망각하게 하고 기술문명에 대한 야심을 불어넣었다는 뜻으로, '기술문명이 출발점에서부터 지니고 있는 중대한 허위'를 아이스퀼로스가 암시하고 있다는 것이다.

후지나와의 다음과 같은 지적은 날카롭다.

"이것(《결박당한 프로메테우스》)은 3부작으로 된 작품의 하나이며, 아마도 후편 《해방된 프로메테우스》가 전해졌더라면 어느 정도 다른 인상이 주어졌으리라 생각한다. 그 외의 작품에서 볼 때 제우스의 정의(正義)를 믿는 것은 아이스퀼로스의 확고한 종교적 입장이기도 했다. 애당초 아이스퀼로스는 프로메테우스의 선물만으로 인간들이 참다운 행복을 얻을 수 있다고 믿었을까. 프로메테우스의 은혜는 현대까지 계속되었고 아이스퀼로스가 상상조차 할 수 없는 단계까지 와 있다. 그러나 우리가 이 문명에 위험이나 의혹을 느끼기 시작한 지 이미 오래되었다고 할 수 있다. 무엇인가 근본적인 결함이 있는 게 아니었는지. 그런데 그리스인은 적어도 두가지 중대한 결함을 눈치채고 그것을 신화적으로 표현했던 것이다."

두가지 결함이란, 뒤에서 얘기한 '맹목적 희망'과 《프로타고라스》에서 지적한 '정치적 예지'의 결여를 말하는 것인데, 여기서는 더이상 이 문제를 다루지 않겠다. 오히려 여기서 주목하는 것은 프로메테우스의 간교한 지혜에 대한 제우스의 정의라는 대립적 도식이며, 게다가 이것은 인간 대 자연이라는 대립구도와 겹쳐진다는 것이다.

제우스의 정의

제우스는 잘 알려진 바와 같이 그리스의 최고신이지만, 유대 = 기독교에서 말하는 유일 절대의 신은 결코 아니다. 그는 자연을 초월한 존재라기보다는 자연의 내부에 존재하는 많은 신들 가운데 하나로, 그것도 변덕스럽고 우락부락하며 호색적이기까지 한, 인간에 가까운 신이다. 그의 이미지는 우리가 내츄럴하다고 할 때의 자연에 가까운 것으로, 제우스가 자연을 맡아 관리하고 대표한다고 할 때, 그것은 있는 그대로의 자연이라고 할 수 있다. 있는 그대로의 자연은 때때로 우락부락하고 폭력적이며 변덕스럽지만 때로 더없이 상냥하고 또 한없이 믿음직스럽다. 그러한 자연의 '있는 그대로'를, '있는 그대로'가 좋아서 받아들이려는 자세가 그리스인들에게 있었다고 보아야 한다. 그렇지 않고서는 제우스와 같은 최고신도, 그리스 신화의 총체도 생겨날 수가 없다. 그래서 있는 그대로의 자연을 좋아하려는 것이 제우스의 정의(正義)가 아닌가 생각한다.

그런데 한편에서 자연을 인간에 대한 제약이라고 생각하고, 극복해야 하는 대상이라고 보는 의식이 차츰 크게 퍼져나갔다. 말하자면 이것을 대변한 것이 프로메테우스로서, 제우스와 프로메테우스의 대립은 인류에게 영원한 대립이 되었다. 이 책의 첫머리에서 두개의 자연 또는 분열된 자연이라고 말한 것은 물론 이것과 관련된다.

그러나 그리스 신화에서 제우스가 최고신이었으며 또한 제우스의 정의가 중시되었다는 의미는 크다고 해야 한다. 고대의 그리스인은, 어디까지나 '훔친 것'이라면서 불과 기술에 원죄를 부과하고 제우스의 정의에 따라 자연을 규칙으로 삼고 사는 것을 우위에 두었다. 진심으로 프로메테우스와 같아지려고 한 것은 유럽의 근대 이후였다는 것을 간과해서는 안된다.

이 문제는 우리의 작업을 다시 한발짝 내딛어 — 역사를 더욱 옛날로 소급해서 — 그리스의 가장 옛날 시인이며 사상가인 헤시오도스의 세계로 들어갈 때 더욱 명백해진다.

2. 헤시오도스의 세계

헤시오도스의 프로메테우스

헤시오도스는 기원전 8세기의 그리스 농민시인으로, 그의 시편 《신통기(神統記)》와 《노동과 나날》은 그리스 신화를 전하는 가장 오래된 문학작품이다. 이 작품은 "미개민족의 구전(口傳)신화와 달리 대단히 발달되고 완성된 형식으로 전승되고 있다는 점에서 상당히 지적으로 조작된 신화"이며, "그리고 그것은 어느 의미에서 철학자의 우주론적 체계와도 비교할 수 있을 만큼 깊은 사상적 내용을 갖고 있다"(베르낭[9])고까지 평가된다. 동시에 아이스킬로스나 플라톤보다 더 먼 옛날 그리스인이 지녔던 인간관과 자연관을 생동감 있게 반영한 작품이라고 할 수 있다.

그리고 헤시오도스의 세계로 일단 발을 들여놓으면, 이제까지 보아온 것과 같이 우리에게 친숙한 프로메테우스상과는 상당히 다른 모습이 나타나서 놀라지 않을 수 없게 된다.

헤시오도스가 전한 프로메테우스 신화에 관해서는 J. P. 베르낭과 요시다 아츠히코(吉田敦彦)의 빼어난 고찰이 있다. 우리는 그들이 해놓은 작업을 안내자로 삼아서 '헤시오도스의 프로메테우스'를 잠시 생각해 보자.

헤시오도스에 의하면, 세계가 시작될 때 신들과 인간은 단일종족을 구성하고 함께 생활하면서 같은 것을 먹었고, 양자간에는 본질적 차이가 없었다. 즉, 인류에게 노화도, 죽음도, 노동도 없었다. 그런데 어느 때, 제우스가 신들과 인간을 분리하기로 하고, 그 일을 인간의 대변자인 프로메테우스에게 맡겼다. 프로메테우스는 거대한 소 한마리를 죽여 잘게 썰어 둘로 나누었다. 한쪽은 겉으로는 맛이 있는 지방으로 보이지만 속에는 전혀 먹을 수 없는 뼈가 들어있고, 또 한쪽은 겉보기에는 맛이 없을 것 같은 위(胃) 속에 맛있는 고기와 내장을 넣어서, 제우스 앞에 내놓았다. 그리고 이렇게 말하였다. "원하옵건대, 신들의 왕에 걸맞도록 가장 맛있는 쪽을 가지시기 바랍니다"라고. 제우스는 말할 것도 없이 프로메테우스의 책략을 알고 있었지만 모르는 척 술책에 넘어가서 겉으로만 맛있게 보이는 것을 신들의 것으로 선택했다. 그리고 속을 보고는 화를 내면서 간계를 꾸민 프로메테우스에 대한 벌로 "꺼질 줄 모르는 불의 권세를 물푸레나무에 주려고 하지 않았다. 지상에 사는 죽을 수밖에 없는 운명의 인간들에게는."(신통기[10]) 그러니까 인간으로부터 불과 보리를 감추었던 것이다.

그래서 프로메테우스는 제우스를 속이기 위해 천상의 불을 '속이 빈 대회향(大茴香) 줄기에 넣어서' 훔쳐 인간에게 준 것인데, 그 불은 이미 '꺼질 줄 모르는 불'이 아니었다. 그것은 실로 인간 자신이 그렇게 된 것처럼 죽을 수밖에 없는 불이었던 것이다. 다시 말해서 '인간처럼 끊임없이 먹을 것을 주고 기르지 않으면 안되는' 불이었던 것이다.

이 이야기는 아주 인상적이고 시사적이다. 이야기를 좀더 끌고 가면 제우스는 "멀리서 보아도 불이 아주 빛나는 것을 보고" 격노하여 여인(판도라)을 인간에게 주어 '아름다운 화(禍)'를 초래했다. 게다가 "프로메테우스를 결박해 날개가 긴 독수리가 덤벼들어 괴롭히게 했다." 이런 이야기는 이제 더이상 계속할 필요가 없으리라.

이상에서 간단히 얘기한 것만으로 뚜렷한 특징이 떠오른다. 우선 첫째로, 초기의 '황금시대'에 인간은 신과 같아서, 꺼지지 않는 불을 자유로이 사용했다. 헤시오도스가 인간과 자연의 관계를 출발점에서부터 이처럼 전적으로 자유로운 것으로 보았다는 것은 극히 인상적이다. 둘째, 인간은 프로메테우스적 지혜의 결과로 불이나 보리를 얻게 된 것이 아니라, 오히려 반대로, 그의 얕은 지혜로 궁지에 빠져서 부자유가 된 것이다. 그리고 셋째로, 《프로타고라스》와는 정반대로 인간은 프로메테우스에 의해서 신성을 부여받은 게 아니라 도리어 잃은 것이다. 이것이 인간이 불과 얕은 지혜를 얻었다는 그것이며, 헤시오도스의 인간관이자 자연관이다.

여기에 우리가 예상도 하지 못했던 대역전이 있는데, 프로메테우스에 의해서 구원된 것이 아니라, 프로메테우스 때문에 인간은 제우스와 똑같이 누리던 자유로운 왕국에서 쫓겨나서 비참한 존재로 굴러떨어진 것이다. 대역전이라 했지만 시대의 흐름을 순리적으로 보면, 인간이 자연과 자유롭게 교감하고 별 부족 없이 사는 것이 본래 자연스러운 모습이었다는 얘기가 된다. 프로메테우스의 간계라는 운명적인 사건으로 인해 인간은 죽을 수밖에 없게 되었고, 죽을 수밖에 없는 불과 기술을 조작해서 항상 허기에 시달리며 자연을 탐식하는 숙명을 짊어지게 되었지만, 본래 인간은 제우스와 함께 있었다는 것이 헤시오도스의 사상일 것이다. 그리고 그의 사상은 "있는 그대로의 자연을 중시했다"고 내가 앞에서 얘기한 그리스의 자연관에 충실한 것이었다. 그러나 순박한 자연관을 사상의 차원으로 끌어올리고 시로 노래한 양치기 농민인 헤시오도스에게서, 우리는 보통이 아닌 그 무엇을 느끼지 않을 수 없다.

사실 이것도 히로가와 요이치(廣川洋一)의 빼어난 연구[11] 덕에 알게 되었는데, 그것은 기원전 8세기에 인간과 자연과 사회에 대해서 이렇게까지 깊고 광휘에 충만한, 그리고 진지한 통찰이 있을 수 있는가 하고 놀라지 않을 수 없는 세계였다. 좀더, 히로가와를 따라 헤시오도스의 사상 속으로 들어가 보겠다.

《노동과 나날》

헤시오도스의 《신통기》는 문자 그대로 신의 계보를 기록한 것으로, 역동적으로 우주의 형성과 발전을 서술하고 있다. 《신통기》는 《신통기》대로 훌륭한 세계이지만, 그보다도 헤시오도스의 역량을 제대로 보여준 것은 《노동과 나날》일 것이다.

《노동과 나날》[12]은 헤시오도스가 그의 관심을 인간과 인간사회로 옮긴 작품인데, 서로 의절했던 아우에 대해서, 일 = 농사에 대한 근면을 말하면서 농사의 방법을 설명하는 형식을 취하고 있다. 그러나 그 내용은 그야말로 헤시오도스가 지니고 있던 세계인식의 시편(詩篇)이라고 해야 할 것이다.

《노동과 나날》에는 유명한 〈5종족 시대〉라는 신화가 등장한다. 이에 따르면 신들은 우선 황금의 족속인 인간을 만들었다. 황금시대에는 사람들은 신들처럼 "걱정하지 않고 노고와 번뇌가 없으며, 비참한 노년이 찾아오지도 않고 (중략) 제사와 잔치를 즐기는데, 모든 재화(災禍)와 인연이 없었다. (중략) 그들에게는 좋은 게 모두 갖춰져 있었다. 풍요로운 땅은 풍년을 안겨주며 노력을 기울이지 않아도 스스로 풍부하고 게다가 아낌도 없었다."

이 시대 다음에 신들은 백은(白銀)의 족속을 만들었다. 그들은 훨씬 못한 족속이었고, '어리석었던 까닭에 어려운 일에 부딪혀서' 겨우 몇 사람밖에 살지 못했다. 다음에 아버지인 제우스는 세번째로 청동(青銅)의 족속을 만들었다. 물푸레나무에서 태어난 엄청나게 힘이 센 종족이었지만, '서로 싸우는 바람에 멸망해' 버렸다. 네번째로, 영웅들의 시대가 찾아왔는데 이 시대는 이전보다는 빼어난 족속들의 시대로, 그들은 반신(半神)이라 불리었고 헤시오도스의 조상이었다. 그런데 이 시대의 사람들도, 거의 모두가 끔찍한 전쟁과 살육으로 죽었다.

오호라, 이제부터 나는 더 오래 살아서는 안되는 것이었다.

라고 하는 놀라운 글이 이어진다. 실로 그 최악의 시대가 찾아왔는데, 바로 헤시오도스가 사는 철(鐵)의 시대다. 이 시대는 "고난과 걱정이 끊이지 않고, 밤에도 사람들은 '고난' 때문에 몸이 야윌 대로 야위고 그것은 멈출 줄을 모르리라"는 시대이며, 또 그러한 시대인식이었다. 이에 이르러 우리는, 헤시오도스의 시세계(詩世界)의 저변에 깔린 엄혹성, 《신통기》에도 간간이 엿보이는 엄혹성이 어디서 왔는가를 대강 짐작할 수 있다.

그런데 과연 사실은 어떠했을까.

'5시대' 중에서, 금과 백은은 공상의 산물이지만 다른 시대는 명백히 역사의 서술이라고 볼 수 있다. 기원전 14세기부터 12세기경의 청동기 시대 후기에 미케네 문화가 꽃을 피우는 활발한 시대가 펼쳐져서, 영웅들의 시대로 이어져갔다고 한다. 그러나 기원전 12세기에 도리아인의 침입 등으로 미케네 시대로부터 이어온 왕궁이나 사회는 파괴된다. 이때의 파국은 "그리스 사회를 맷돌에 간 것처럼 갈갈이 파괴했다."[13] 이렇게 해서 철기 시대가 시작된다. 문화의 힘은 쇠잔해지고, 농경을 중심으로 하는 경제는 파탄에 빠지고, 철기의 도입은 오히려 상처를 키우기까지 했다. 정신적으로도 퇴폐화했다.

진실로 그러한 시대의 한가운데서, 그 시대를 정면에서 바라보며, 농민시인이자 사상가였던 헤시오도스가 쓴 것이 《노동과 나날》이었다. 거기서는 현실이 엄혹한 만큼, '황금시대'에 대한 동경은 더했는지 모른다. 그래서 《노동과 나날》에서 프로메테우스는, 바로 황금의 나날로부터 인간들을 노동하고 죽어야 하는 것으로 내몰았다고 해서 규탄당하는 것 같다.

그러면 《노동과 나날》은, 그러한 현실을 우려하며 있지도 않았던 황금의 시대, 사람이 신들처럼 일하지 않아도 되는 시대, 그런 시대를 뒤돌아보는 회고담을 기술한 데 불과할까.

헤시오도스의 정의와 자연

아니다. 그렇지 않다. 사상가로서 헤시오도스가 지닌 뛰어난 힘은 그야말로 거기서부터 발휘되었다는 것이, 《헤시오도스 연구 서설》을 쓴 히로가와 요이치의 입장일 것이다.

《노동과 나날》을 해석하는 데 핵심이 되는 개념인 '정의(正義)', 이것은 '제우스의 정의'라는 말에서도 표현되어 있는데, 결국 이는 헤시오도스의 사회원리라고 할 수 있다.

> (제우스여) 눈과 귀로 주목하시오,
> 정의로써 선고를 진실한 것으로 하시오,
> 당신은. 나는 베르세스에게 진실을 말하게 하리라.

히로가와는 다음과 같이 해설했다. "'당신'과 '나'의 대조는 이 시의 모든 독자에게 강한 인상을 주지 않을 수 없다. 그리고 인간의 올바른 생존양식 — 인간적 질서 — 을 내용으로 하는 진리가 전 우주질서의 구현자인 제우스에 의해서 보호되고 보증되고 있다는 것, 정의와 진리가 하나로 이어졌다는 엄연한 진실을 깨닫게 할 것이다."

이러한 헤시오도스의 정의에서 '올바름'이란, 히로가와에 의하면 '적정함'과 '수순이 좋은', 다시 말하면 시간적 적정함과 양적 적정함을 의미하는데, 특히 기본적인 것은 '좋은 때를 만난다'는 것이다. 뿐만 아니라, '시간적 적정함'의 뜻은 무엇보다도 자연의 시간과 합치된다는 것, 즉 때가 되면 자연스럽게 열매가 여물고 계절과 함께 자연스럽게 꽃이 피는 것처럼 말이다. 이런 것을 히로가와는 '정의의 자연성'이라고 불렀다. 이러한 '자연'이나 '정의'는 애초에 자연이 하는 대로 하는 것이 모두 옳고 좋은 일이므로, 그러니까 새삼 황금시대로의 회귀를 꿈꾸는 것은 아니라는 것이다.

이미 황금시대로 돌아갈 수 없는 헤시오도스의 시대에는, 노동은 필연적인 것이 되어버렸다. 그보다도 자연에 순응하는 '올바른' 노동에 의해서만, 정의가 실현되고 인간은 사는 힘을 얻게 된다.

> 베르세스여, 귀하게 태어난 자여, 노동을 해야 한다. 굶주림이 너를 피해가고
> 거룩하고, 아름다운 관(冠)을 쓴 데메테르가 너를 어여삐 여겨
> 너의 창고를 양식으로 가득 채워주시는 것처럼,
> (중략)
> 그렇지만 너는 노동을 기쁨으로 받아들이도록 해야 한다.
> 계절에 맞는 양식으로 너의 창고들이 가득히 채워지도록.
> 일을 해서 사람들은 많은 양을 치게 되고, 유복해진다.

헤시오도스가 여기서 말하는 것은, 단순한 농민적인 근면의 장려가 아니다. 히로가와는 노동이 재난을 초래하기 쉽다는 것을 경계해서 헤시오도스가 '올바른' 노동을 강조한다고 지적한다. 그래서 이러한 '올바름'이란 '시의적절한' 것이기 때문에 '정의의 자연성'이란 곧 '노동의 자연성'이다. 이것은 태만을 질책할 뿐 아니라, 자연을 한없이 탐욕하는 '반자연성'까지도 부정의라고 보아야 한다는 것을 확실하게 함축하고 있다.

이것은 얼마나 놀랄 만한 사상인가. 정의는 자연에 걸맞고 자연의 시간과도 합치되지 않으면 이루어질 수 없다, 라는 이 확고한 사상은 현대

에도 명확하게 말해진 바 없다. 그러나 현대만큼 이러한 사상이 필요한 때는 없다고 할 수 있다. 헤시오도스의 '정의의 자연성'은 이렇듯 보편적인 사상이다. 또한 노동도 그 정의에 따르지 않으면 안되고, 그렇게 함으로써 노동은 기쁨으로 전환된다.

정의의 도시

그리고 이와 같은 정의의 사상에 도달함으로써, 헤시오도스는 "오호라, 이제부터 나는 더 오래 살아서는 안되는 것이었다"라고 한 절망의 늪에서 기어올라온다. 그리고 빈곤과 퇴폐와 혼란과 부정의한 현재로부터, 풍요와 평화와 정의가 실현되는 '정의의 도시'를 전망한다. 이 부분이 《노동과 나날》의 절정이라고 할 수 있다.

그러나 타향 사람에게도 동향 사람에게도 똑같이, 올바른 판정을 내리고,
정의로움에서 (길을) 벗어나지 않은 사람들에게는,
그 도시는 향기로운 꽃이 피고 백성들은 그곳에서 번영한다.
아이들을 기르는 평화는 나라 안에 가득하고, 이런 사람들에게는 결코
고통스러운 전쟁의 조짐이 다가오지 않는다. 멀리서 바라보는 제우스는,
옳고 바른 사람들에게는 결코 따라다니지 않는다. 굶주림도,
파멸도. 사람들은 잔치상을 차리고 정성들인 땅의 산물을 나누어 가진다.
사람들을 위해서 대지는 많은 양식을
가져다주고 산에서는 상수리나무 가지에
열매를 맺고 꿀벌들이 모여들게 한다.

양들은 털이 탐스럽게 덮여 무겁고,
아내는 아비와 어미를 닮은 아이들을 낳는다.
늘 그들은 모든 것이 좋은 것으로 가득하고, 배〔船〕로
(바다에) 나가지 않아도 풍성한 밭에서 곡식이 익어간다.

이러한 구절은 '정의'에 지나치게 편중된다고 생각하는 사람이 있을지도 모른다. 그렇다면 다음과 같은 에로스의 세계는 어떠한가.

이제 엉겅퀴가 꽃을 피우고, 목놓아
울어대는 매미가 나무에 앉아 상큼한 노래를
날개 밑에서 조금도 쉬지 않고 울어댈 때
피로에 지쳐버리는 가혹한 여름날에는
산양들은 살이 찌고 포도주는 잘 익는다.
여인들은 더 음란해지고 남자들은 더욱 쪼글어진다.
늑대별은 머리와 무릎을 태우고
살갗은 여름 더위로 마르기 때문이다. 실로 이 무렵에는
바라는 것은 바위 그늘과 비브리산 포도주,
젖으로 만든 과자, 젖을 뗀 암염소의 젖, 게다가
숲속에서 방목한 아직 새끼를 낳지 않은 숫소와 고기와
산양의 첫새끼 고기, 그리고 또 잘 익은 포도주를 퍼마신다.
그늘에 앉아서, 산해진미로 배를 채운 다음에는
상쾌한 서풍에 얼굴을 돌려 (바람을 맞고)
영원히 솟아나는 맑은 샘에서,
석잔의 물을 퍼마시고 네번째는 포도주를 마시는 것이다 (내가 바라는 것은).

이러한 시구를 읽으면서 우리는 기묘한 착각에 빠져든다. 제우스니 뭐

니 하는 말만 없다면 이것은, 핵(원자력)의 위기와 환경파괴의 현실을 우려하며 과밀도시의 폐색상황(閉塞狀況)에서 살아가는 우리에게 아득히 멀어진 유토피아가 아닌가. 현대의 에콜로지스트가 그리는 것보다 더한 에콜로지적인 세계가 아닌가. '정의의 도시'는 '자유의 왕국'이자 '자연의 왕국'으로 묘사되어 있는 게 아닌가.

시대상황을 생각한다면 이것은 실로 최상의 아지테이션(agitation, 선동)이라 해도 좋다. 암흑의 시대에서 다가오는 '정의의 나라'를 위한 사람들의 노력과 궐기를 촉구하는 것으로, 세키 히로노(關曠野)가 "시인 헤시오도스는 문학가가 아니라 민중의 교육자였다"고 한 것도 수긍이 간다.

여하튼, 워낙 현실은 이상(理想)과 같지 않았다고 하지만 민주제에 입각한 폴리스(나라)는 마침내 그리스에서 실현되었고, '향기로운 꽃이 피고 백성은 번영한다'고 해도 되는 도시, 적어도 헤시오도스 시대의 암흑을 극복한 도시가 문화의 꽃을 피우게 되었다. 《노동과 나날》은 그러한 꽃피는 그리스 시대를 준비한 것이었다고 해도 잘못이 아닐 것이다.

이렇게 보면, 헤시오도스의 위치가 뚜렷해진다. 그는 신화의 이야기꾼이면서, 결연히 신화 시대에 결별을 선언한 최초의 사상가가 아닌가. 더군다나 그것은 단순한 신화의 말살도 아니다. 《신통기》에서 도달한 우주의 질서 = 자연 전체 속의 인간이라는 원리를 신화, 즉 고대인의 자연 체험에서 계승하고, 한편 인간의 의식과 사회의 발전에 토대가 되는 '정의(자연에 순응하는 노동)'의 원리를 당대 사회의 부정적 현실에서 추출해서, 그 양자의 통일된 피안(彼岸)에 현실의 변혁을 전망하려고 했다. 이것이야말로 — 강인한 논법이라는 것을 전제하고 말하면 — 가장 래디컬한 에콜로지즘이 아니고 무엇이란 말인가.

자연과 인간

여기서 헤시오도스에 대해서 정리해 두자.

자연과 인간에 대해서 생각할 때, 이야기로 전승된 신화에는 고대로부터 오랫동안 인간들이 경험한 자연이 대상화되어 있다. 이를테면 사람들이 어떻게 자연에 접하고 어떻게 살아야 하는가, 다시 말해서 어떤 때 자연은 분노하고 어떤 때에 자연은 풍요로운 수확을 가져다주는가, 여러 가지 것들이 우주질서로서 상징적인 형태로 신화 속에 표현되어 있다. 신화는 오랫동안 자연과 인간이 겪은 구체적인 경험을 반영한 것이기 때문에 민중생활에서 설득력이 있는 교과서였다. K. 휴프너[14]는 신화는 인간의 정신활동이 종교나 예술, 과학으로 나눠질 때까지의 가장 전일적인 자연인식의 틀이었다고 자리매김하고, 오늘에서조차 신화가 지닌 의미를 적극적으로 평가하고자 한다.

그러나 인간은 신화에 머물러 있을 수 없다. 헤시오도스 시대의 인간에게는 자연에 대해 청동이나 철의 기술을 이용한 노동이라는 새로운 요소가 더해지고, 인간사회는 자연과 상대적으로 독립하고, 때로는 날카롭게 자연과 맞서기도 했다. 확실히 신화적 우주질서만으로 이러한 상황에 대처할 수 없었다. 신화는 아마도 부패한 위정자들에 의해서 그들의 지배적 권위를 지키는 데만 이용되었을 것이다. 따라서 변치 않는 신화에 대한 미련은 암흑시대의 사람들을 더욱 폐쇄적인 세계에 가두어두고 회고적인 의식만 키웠을 것이라고 쉽게 상상할 수 있다.

그래서 헤시오도스는 신화에서 출발하여, 그것을 이어받으면서도 동시에 신화로부터의 이탈을 선언한 게 아니었을까. 자연에 기반을 두면서도 새로운 시대에 걸맞는 원리에 따라, 자연풍토 속에서 사람들이 현명하게 노동하고 평화롭게 살아야 하는 길을 찾지 않으면 안되었던 것이다. 《노동과 나날》은 우리들의 문제의식의 맥락에서 볼 때, 노동이라는 대자연(對自然)의 행위를 받아들인 전제에서 새로운 자연관, 새로운 인간관을 수립하는 사상적 작업이었다. 뿐만 아니라 그것의 방향은, 헤시오도스에게는 프로메테우스로 상징되는 기술적 지의 방향에서가 아니라, 어디까지나 제우스적으로, 근면하면서도 에로스적 질(質)을 내포하는 '정의의 도시'로 향하고 있었다.

그리고 이것이 헤시오도스가 생각한 방향이든 아니든 간에, 헤시오도스 시대 이후, 위기를 극복한 그리스 세계는 폴리스를 형성하고 융성의 길에 오른다. 우리들에게 다소 불편한 일이지만, 철기 기술이나 화폐의 주조 등, 테크놀로지가 폴리스의 융성에서 기여했던 역할도 있었을 것이다. 그리고 그러한 역할에 대응해서, 우리가 시대를 거꾸로 돌아보았던 것처럼, 아이스퀼로스(기원전 5세기), 그리고 플라톤(기원전 4세기)으로 시대가 흐름에 따라서 프로메테우스상이 크게 부상하고, 인류의 예지의 아버지로서의 프로메테우스 찬가가 강해진다.

인류사를 꿰뚫는 제우스와 프로메테우스의 대립, 자연적 문화와 테크놀로지의 대립이라고 해야 할 것이, 이처럼 이미 그리스 세계에서 시작되어 차츰 그 농도를 짙게 해왔다는 것은 부정할 수가 없다. 이에 대해서 앞서 얘기했지만, 인류사적이라고 할 수 있는 이 대립을 신화 속으로 이미 끌어들인 그리스 신화의 문화적 질은 역시 경탄할 만하다.

그러나 그리스의 세계가 그처럼 프로메테우스적이었다는 얘기는 아니다. 프로메테우스를 그렇게 영웅으로 그리면서 제우스를 악으로 묘사한 것은 후세의 서양사회였다(때로 수난받는 프로메테우스는 그리스도에 비교되었다[15]). 그리스 세계에서는 기술이 결정적으로 큰 비중을 차지하는 문화나 자연관은 자라나지 않았다. 건축 등에서 정교한 기술을 보여주지만, 그 이상은 아니었다. "그리스인들 사이에서는 대지가 주는 은혜로움을 신뢰하는 마음이 강했다. 그리고 인간은 원래부터 자연 그대로에서도 살아갈 수 있다는 생각이 그리스인 사이에서는 강했다. (중략) 그렇기 때문에, 그리스인은 신전 건축 등에서는 그처럼 고도의 기술을 발휘하면서 생활을 위해서는 최소한의 기술밖에 실행하지 않았던 것이다."(후지나와)

그렇다면, 그리스인은 바로 헤시오도스의 자손이었다. 그것을 이어받았다면 우리도 지금 있는 것과는 전혀 다른 '정의의 도시'의 건설로 나갔을지도 모른다. 그러나 서양이 걸어간 것은 프로메테우스의 후손으로서의 길이었다. 그것은 왜일까.

제2장

로고스가 된 자연

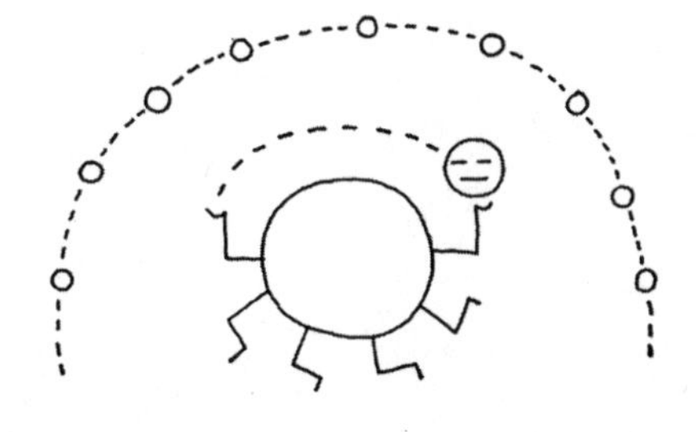

[본장의 요약]

기원전 6-7세기에 이오니아에서 자연학이 일어났다. 탈레스의 '만물은 물'이라는 주장은, 자연을 신화 세계로부터 해방하고 자율적인 것으로 이해하는, 이른바 해방선언이었다. 그러나 그리스의 자연학이 아리스토텔레스의 자연학 · 철학으로 성숙했을 때, 우주는 로고스 체계로 편입되어 생기가 넘치는 초기의 자연상을 잃어버렸다.

대체적으로 어떤 종극적 목적을 가지는 한, 인간의 행위에서 앞서 있었던 모든 일련의 행위는 종극적 목적을 위해서 이루어진다. 그리고 자연의 현실적 모습은 흡사 인간 행위의 현실적 모습과 같고, 인간에게 하나하나의 행위는 흡사 자연의 현실적 모습과 같다—방해만 없다면. 그런데 인간의 행위는 어떤 목적을 위해서 행해진다. 따라서 자연도 또한 어떤 목적을 갖는 것이 자연 본래의 현실적 모습이다.

— 아리스토텔레스[16)]

1. 우주 크기의 동물

만물은 물이다

헤시오도스 시대와 그의 장대한 생각을 앞장과 같이 파악하는 것을 허용한다면, 포스트・헤시오도스의 시대가 신화에서 해방된 시대가 될 것이라는 것은 쉽게 상상할 수 있다. 휘몰아치는 폭풍, 일식으로 생기는 암흑, 화산의 분화, 대홍수… 등 자연의 맹위는 어쩌다 신성이나 마성(魔性)과 결부되어 때로는 신비주의적인 지배의 도구가 되던 시대에서, 자연을 신화적 결박에서 해방시켰다는 것은 사회변혁에서 불가결한 일이었다.

이오니아에서 자연철학이라고 불리는 새로운 정신운동이 시작된 것은, 실로 이와 같은 시대적 배경 아래, 그리스 세계가 '민주혁명'을 향해서 움직이기 시작하던 때였다.

"이오니아에서 일어난 역사상 전례 없는 신화부정 운동은, 결코 속물근성이나 피로 때문에 회의적으로 변한 시니컬한 정신에 의해서 수행된 것은 아니었다. 그리스인을 주술적 자기애(自己愛)에서 해방하고 그들이 사는 세계에서 신화적 상징주의의 병적(病的)인 기풍을 쓸어내 후세의 모든 과학의 기초를 쌓게 한 것은, 헤시오도스의 시가 찬양한, 세계에 대한 경건한 마음에서였던 것이다."(세키 히로노[17])

우리들의 관점에서 볼 때 흥미로운 것은, 새롭게 이오니아에서 시작된 철학이 다름아닌 자연철학이었다는 사실이다. 사람들의 정신이 구시대적인 신화에서 해방을 요구하기 시작했을 때, 그것이 우선 자연에 대한 통찰이었다는 것은, 자연관이라는 것이 인간의 삶과 정신에서 물러설 수 없는 본질적 문제라는 것을 말해 준다. 동시에 이것은, 오늘을 위해서 풍부한 암시를 해준다고 할 수 있다.

이오니아 자연학의 시조는 탈레스라고 한다. '만물은 물'이라고 말한 그 탈레스인 것이다. 탈레스는 헤시오도스가 죽고 나서 약 반세기 후에 태어났고, 그로부터 아낙시만드로스, 아낙시메네스, 헤라클레이토스 등이 기원전 5세기까지 배출된다.

그들에게서 흥미로운 것은, 공통적으로 "우주의 근원물질은 무엇인가" 하는 문제에 답을 찾으려고 한 것이다. 하기는 이렇게 말하는 것은 다분히 아리스토텔레스적이지만, 탈레스는 물, 헤라클레이토스는 불, 아낙시만드로스는 '무한한 것', 또 아낙시메네스는 공기, 그들에게는 이런 것이 변하지 않는 근원의 물질이었다. 그리고 엠페도클레스는 물, 공기, 불에다 흙을 더한 4원소설(四元素說)을 제창했다. 그들이 다투기나 하듯이 우주의 근원물질을 찾았다는 것은, '최초의 철학자들'에게 우주의 근원이 되는 원리를 밝히는 것이 그들의 철학적 중심과제였다는 것을 말해 준다. 요컨대, 이것은 신 이외의 우주원리를 찾는 것으로, 신화와의 결별이라는 명확한 정신운동의 표현이었다고 할 수 있다.

이러한 것의 밑바닥에는, 자연계는 스스로에 의해서 이루어지는, 신이 개입하지 못하는 원리와 구조를 형성하고 있다는 생각이 당연하게 깔려 있다. 생각컨대, 이러한 발견(또는 계시)은 얼마나 신선하고 해방적인 것이었을까. 오늘의 과학에서 보아 그들의 '근원물질'이 타당한 것인지 아닌지는 문제가 되지 않는다. '만물은 물'이라고 한 것은, 말하자면 신화적 원리와의 결별선언이었던 것이다.

우주 크기의 동물

이 책의 방법론으로서 과학사 연구자나 철학자의 엄밀성이나 계통성에는 구애받지 않기로 하자. 우리들이 오늘을 살아가는 데 필요한, 푸릇푸릇하게 살아있는 시사점을 될 수 있는 대로 많이 끌어내자는 문제의식에서, 가능한 한 직설적으로 역사의 여러 단면에서부터 배워가고 싶다.

그런데 탈레스에 대해서는, 실은 한권의 책도 남아있지 않다. 우리는 주로 아리스토텔레스의 저작을 통해서 탈레스의 사상을 알 수 있을 뿐인데, 《형이상학》[18]에는 다음과 같이 쓰여 있다.

"(탈레스는) '물'을 그것(근원적 물질)이라고 주장한다. (중략) 모든 것의 종자가 물기를 지니므로 물이야말로 젖어있는 것이 지니는 본성의 근원이 되는 원리라고 할 수도 있을 것이다."

이것은 탈레스가 구체적인 자연계의 사물, 감지할 수 있는 사물에 의거해서 세계를 해석하려고 한 것을 보여주며, 이는 새로운 정신적 태도라고 할 수 있다. 동시에 그곳에는 이미 구체적 사물을 보편적 법칙으로 추상(抽象)하려고 한 정신의 맹아가 감지된다. 그러나 탈레스는 어디까지나 우주를 그 자체의 자율적인 생명에 따라서 살아가는 하나의 유기체로 본 것일 뿐, 만물을 무기적인 '원소'로서의 물로 환원하려고 한 것은 아니었다. 물은 이러한 생명체를 계속 살 수 있도록 하기 위해서 필요한 근원물질이었다.

"이렇게 작은 기록에서 밝혀진 것은, 탈레스의 생각이 르네상스의 자연계에 대한 개념과 전적으로 거리가 있다는 것이다. 르네상스에서 자연계란 신이라는 기사(技師)가 목적에 따라서 만든 우주 크기의 기계였다. 그런데 탈레스는 **세계를 자체의 목적에 따라서 움직이고 있는 우주 크기의 동물로 간주**하고 있었다."(콜링우드[19], 강조는 필자)

사람들은 이와 같은 고대 자연학의 관점을, 근대의 무기적 자연관에 가치를 두고서, 치졸하다고 평할지도 모른다. 그러나 실은 이렇게 우주를 유기적 일체로 보려는 자연관에, 지금 새로운 빛을 비추려는 시도가 시작되었다는 것을 우리는 이 책 후반에서 보게 될 것이다.

이러한 것은 그만두고라도, 오늘 우리들은 이오니아의 자연학을 자연과학의 서광으로 받아들여, 신화에서의 이탈을 합리주의적 정신의 배아로 보기 쉽다. 그러나 앞에서 본 바와 같이, 신화적인 폐쇄 세계에서 인간정신을 해방하는 것이야말로, 자연이 지닌 자율성의 발견이라는 자연관으로의 대전환에 담긴 중심적 주제였다. 흔히 있는 과학사의 설교처럼 이것을 놓쳐버리면 안된다.

실제로 탈레스의 머리 속에서는 눈앞에 살아 움직이는 물의 흐름이 대지를 눈뜨게 하고, 만물의 내부에서 순환하면서 생명을 주고, 동시에 스스로의 신체까지도 꿰뚫는 생명의 근원이 된다는 상념이, 홀연히 샘솟듯이 넘쳐났을 것이다. '만물은 물'이라는 부르짖음은 그러한 실감에 바탕을 두고 있는 것으로, 해방감을 수반한 것이었으리라. 그리고 이 해방감은, 아마도 폴리스의 민주제를 만들어낸 민중의 해방정신과 하나였음이 틀림없다.

로고스가 된 자연

초기에는 해방과 혁명의 원리였던 것도 성숙되어 가면서 차츰 질서와 보수의 교의(教義)가 된다. 모든 것이 그럴진대, 그리스의 자연학의 경우도 예외는 아니었을 것이다.

히로가와 요이치의 《플라톤의 학원 아카데미아》[20]에는 재미있는 에피소드가 소개되어 있다. "기원전 3세기의 에라토스테네스의 증언에는 어느 때 델로스인들이 플라톤에게 '입방체를 두배로 하는 문제'를 가지고 왔을 때, 플라톤은 그들을 동료 에우독소스와 헬리콘에게 소개했다. 에우독소스 등이 그 문제를 '기계적인 도구'를 이용해서 풀려고 했을 때,

그는 영원하고 비물질적 형상으로 답을 내려는 노력을 하지 않고 기하학을 감각적 사물로 환원시켜 기하학의 본성을 파괴한다고 비난했다고 한다."

이 에피소드는 플라톤이 지(知)나 학(學)을 어떻게 추구하고 있었는가를 잘 보여주고 있다. 《티마이오스》 등을 읽으면, 플라톤도 자연에 대해서 깊은 관심을 가지고 있었다는 것은 틀림없지만, 역시 관심의 방식이 달라지고 있다. 구체적인 물건의 형태라든가 실감(實感) 같은, 즉 이오니아 자연학의 원점이었던 것이, 거기서는 하등(下等)한 것이 되고 자연학도 순수한 사유의 학(學)으로 순화되고 있다. 실제로 아카데미아에서는 경험적인 자연학은 멸시되었다고 한다.

이러한 변화는, 사회적인 이유가 있었던 것이 아닌가 생각한다. 민중의 해방적 기분에서 지탱되었던 자연학도, 플라톤의 아카데미아 시대에는 오히려 선택된 지자들의 행위가 되고 있었다. 그리고 엘리트들의 일상적 행위가 된 자연론은, 더욱 추상의 정도를 더하는 한편에서 더욱더 생생한 자연 파악에서 멀어져갔다. 이에 대해서는 맑스주의적인 관점에서 이루어진 뛰어난 분석이 있다.

G. 톰슨은 다음과 같이 썼다.[21] "탈레스에서 아낙시만드로스나 아낙시메네스로, 이들 밀레토스에서 피타고라스나 헤라클레이토스로, 그리고 마지막에 파르메니데스로 옮겨가면서 우리들은 물질의 개념이 차츰 질적이지 않고 구체적이지 않은 것이 되어감을 알 수 있는데, 그리고 마침내 파르메니데스에 이르러 무시간적이고 절대적인 순수한 추상물에 직면하게 된다. 파르메니데스의 어떤 것은 '실체'의 개념을 정식화하려고 한 최초의 시도였다—이러한 실체의 개념, 이것은 플라톤과 아리스토텔레스에 의해서 발전되었으며, 근대에 와서 부르주아 철학자들에 의해서 비로소 성숙하게 된 것이다."

이러한 추상화의 기원은 무엇이었던가, 하고 톰슨은 묻는다. 그와 그를 이어받은 A. 존 레테르[22]에 의하면 그것은, 화폐경제의 발달에 따르는 정신노동과 육체노동의 분리에 기인한다. 당시 그리스의 화폐경제는 차츰 본격화하기 시작했다. 그 결과 물건의 가치가 실제의 사용가치로 정해지는 것이 아니라, 교환가치라는 추상적인 것으로 정해지게 되었다. 거기서 추상적 개념과 전적으로 거기 관련한 두뇌(정신)노동이 발생해 육체노동과 분리되기에 이르렀다. 그래서 전자를 담당하는 사람들은 지배층에 속하게 되었고, 그러한 생각(지배층의 이데올로기)은 실제로 이마에 땀을 흘리면서 일하는 사람들의 실감과는 먼 것이 되었다.

이러한 분석에는 설득력이 있다. 신화로부터의 해방의 계기가 된 이오니아의 자연학이 왜 추상적이고 생기를 잃은 자연철학으로 순화되어 갔는지를, 톰슨이나 존 레테르를 통해 이해해도 좋을 것 같다. 그리고 이 기원은 존 레테르가 논증한 바와 같이 서양과학의 성격을 기본적으로 결정하는 것이 되었다. 이러한 기원을 갖는 자연관을 우리는 '지(知)의 자연관'이라고 부르자. 여기서 주의해야 할 것은, 만약 이와 같이 파악해도 좋다면 이극분해(二極分解)된 한편에 민중의 손노동이나 생활과 맺어진 민중적인 자연관이, 이를테면 '손의 자연관'이 있었을 것이라는 점이다. 앞장에서 서술한 헤시오도스의 《노동과 나날》의 경우, 명백하게 농업노동의 실제에서 얻어진 '손의 자연관'에 기초한 지적 인식이 대상화되는, 이원화되지 않은 자연관이 보여진다. 그리고 '손의 자연관'은 그 이후의 역사무대에 등장하지 않고 또 기술되지 않았지만, 민중의 문화로 계승되고 역사의 저류에서 그것을 움직이는 힘이 되었던 것이다. 우리는 당분간 그리스 철학 → 서양의 기독교 사회라는 흐름 속에서, 이를테면 엘리트들의 '지의 자연관'을 문제삼겠지만, 어차피 민중의 자연관이 지닌 중요성으로 되돌아오게 된다(제6장).

이러한 민중적인 자연관을 잘라버린 데 관해서, 아리스토텔레스도 확실하게 다음과 같이 말하고 있다.

"뭔가 지각만을 가진 사람들보다 경험을 갖는 사람에게, 또 그러한 경험자보다도 기술자에게, 또 손일을 하는 기술자보다 그 위에서 지도하고 감독하는 기술자에게, 또 제작적인 지(知)보다 관상적(이론적) 지에 더욱 '지혜'가 있다고 생각된다."[23]

이렇게 실용성에 따르면서 또한 감성적인 헤시오도스적인 '손의 자연관'의 계보는 깨끗하게 씻겨지고, 자연은 감각의 자연에서 사유의 자연으로 바뀌었다. 헤시오도스에서 탈레스에 이르는 흐름 속에서, 이 선인들은 자연을 신화로부터 해방시키는 데 크게 공헌했다. 해방된 자연은 전체로서 하나의 자율적인 생물로 파악될 수 있는 자연이었고, 물론 인간도 거기에 속해 있었다. 결국은, 그로 인해서 인간도 신화의 세계에서 해방되었다. 사회가 그것을 촉진시켰다고 할 수도 있지만, 이러한 자연관의 변혁, 인간의 자율화는 '민주혁명'을 촉진시키는 커다란 힘이 되기도 했다.

그런데 그후 자연학이 성숙하면서 철학자들이 한 일은, 이번에는 인간을 자연에서 떼어놓으려고 했다는 것이다. 이것 때문에 차츰 인간의 이성은, 자연을 통일적으로 파악할 수 있는 초월적인 존재로 스스로를 의식하게 되었다. 그러나 생물로서의 인간은, 전과 다름없이 자연의 열악한 구성원으로서 결코 초월적인 존재가 아니었다. 인간 존재의 이원적 분해가, 여기서부터 시작되는 것이다.

2. 아리스토텔레스의 우주

아리스토텔레스의 우주 구조

로고스가 된 자연이란 어떠한 것이었는가. 우리는 이에 대한 하나의 도달점을 아리스토텔레스에게서 찾아볼 수 있다. 아리스토텔레스의 자연관은, 이를테면 그리스의 자연관을 집약한 형태가 되었을 뿐만 아니라, 중세 기독교 사회에 대해서도 지배적 영향력을 행사했으며, 오늘의 자연관이 형성되는 데에도 무시할 수 없는 영향을 미쳤다. 우선 우리는 철학론적인 논의를 그만두고, 단도직입적으로 아리스토텔레스의 우주를 살펴보자.

아리스토텔레스적 우주의 중심에는, 무게의 중심으로서의 지구가 있었다. 이 지구는, 우리는 아리스토텔레스가 살았던 시대에서 막연히 평판(平板)을 떠올리는데, 구형(球形)이었다. 우주의 전체상도 그런대로 풍부한 이미지를 가지고 있었고, 지구를 심(芯)으로 한 구형의 광대한 기하학적 우주가 펼쳐져 있었다. 그리고 이러한 우주는 기본적으로, 지구를 양파의 껍질처럼 둘러싼 9개의 동심구(同心球)로 이루어져 있었다. 다시 말해서 지구에서 가까운 순서로 달, 수성, 금성, 태양, 화성, 목성, 토성, 항성(恒星), 그리고 최상층에 신이 존재하는 구(球)가 있었다. 이 최상층에는 모든 운동의 기초가 되는 원동천(原動天, 제9천)을 매개로 '부동(不動)의 동자(動者)'인 신이 존재하는 하늘이 있다고 표현하고 있다.

그리고 전 우주는, 그야말로 아리스토텔레스적으로, 서로 다른 원리를 갖는 두개의 레벨로 나누어져 있었다. 하나는 달보다 밑에 있는 지상

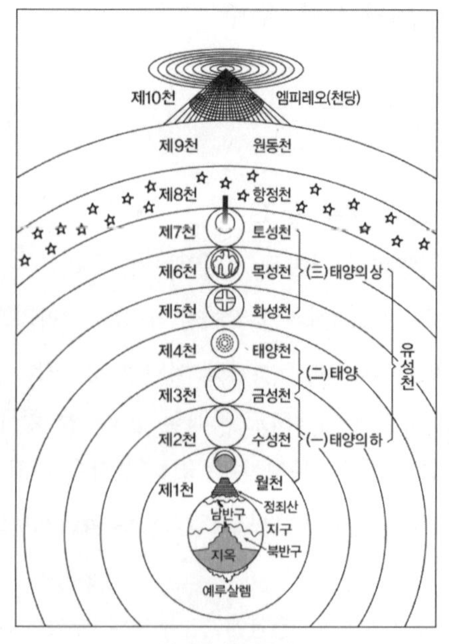

단테의 우주구조

적인 세계, 즉 월하계(月下界)로, 거기서는 만물은 태어나고 소멸한다. 달보다 위에 있는 월상계(月上界)에서는, 이와 달리 만물은 영원하고 불멸이다. 단테의 《신곡(神曲)》에 그려져 있는 십천(十天)의 구조를 그림으로 제시해 둔다.

물론, 이 정도의 천체모델로는 관측되는 천체의 운동을 설명할(현상을 살려낼) 수 없다는 것은 당시에도 명백했다. 예를 들면 화성과 같은 혹성의 운동을 관측하면, 지구를 도는 단순한 원운동으로는 설명할 수 없는 역행 현상(혹성이 어느 점에서 유턴하는 현상)에 부딪히게 된다. 이 현상을 설명하기 위해서 에우독소스나 칼립포스는, 똑같이 지구를 중심으로 하지만 각각 회전축이나 크기가 다른 몇십개의 구체(球体)를 가져다가 설명했다. 아리스토텔레스는 마침내 그러한 구를 55개로 함으로써 천체의 운동을 설명했다고 믿었다.

사람들은 아리스토텔레스의 자연관이나 우주론에 대해, 《자연학》, 《천체론》, 《드 아니마》, 《형이상학》 등의 저작을 통해서, 형상, 질료, 작용인(作用因), 목적인(目的因) … 이라는 아리스토텔레스의 철학용어를 내세워 설명한다. 그러나 그런 것보다 그가 그린 천체상이 그의 우주관을 아는 데 더 도움이 된다. 누구나 느끼는 일이지만, 그의 우주상이 지니는 뚜렷한 특징은, 특유의 '구조' 개념이 핵심이라는 것이다. 요컨대, 아리스토텔레스의 천체는 우주공간을 자유롭게 운동하고 있는 운동체가 아니다. 우주공간은 양파껍질처럼 서로 겹쳐져 있는 많은 구체로 이루어져 있어서, 움직이는 것은 구체 자체이고, 천체는 그냥 그러한 구에 편승하고 있는 데 불과하다. 아리스토텔레스의 운동론에서, 운동을 일으키는 원인은 물체의 외부에 있었다. 혹성의 운행은, 그러한 구조의 운동이 지닌 상관관계로 설명된다. 운동이 표층의 현상이라면, 그 내부에 있는 것은 우주공간의 구조적 배치이다.

운동과 한쌍을 이루는 물질계의 성립도, 이와 같은 구조에 의해서 질서가 잡혀 있다. 월상계나 월하계라는 공간적인 상하의 구별이 그냥 그대로 물질계의 구별이 되는 게 재미있다. 월상계는 불변의 물질, 즉 다섯번째 원소 에테르로 꽉 차 있다. 월하계는 유명한 4원소로 이루어져 있다. 4원소란 흙, 물, 공기, 불이고, 이것들은 건(乾), 냉(冷), 습(濕), 열(熱)이라는 네가지 기본적 성질의 조합으로 맺어져 있다. 여기서 흥미로운 것은, 이 4원소가 오늘날 우리가 생각하는 원소와 기본적으로 다르며 운동을 통해서 공간적인 구조와 연계되어

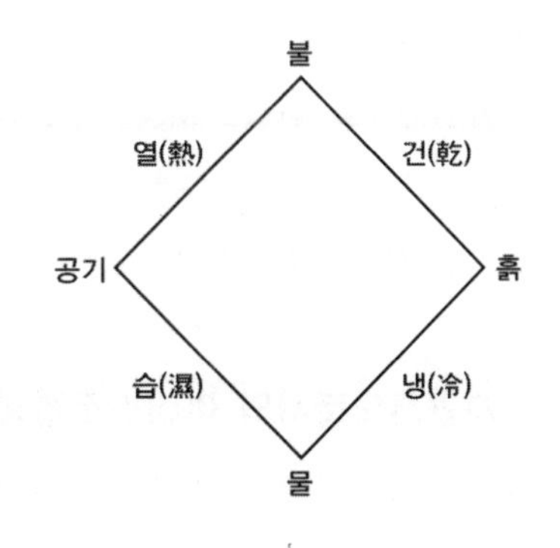

있다는 점이다. 다시 말해서, 불은 가벼운 물체라서 달의 천체를 향해서 상승하고, 흙은 무거운 물체라서 지구의 중심을 향해서 낙하한다. 공기와 물은 그 중간에서 오히려 수평적 움직임을 맡고 있는 것이다.

이와 같이 아리스토텔레스의 우주는, 보통 철학자들이 한 대로 한 것이 아니라, 계층 구조라는 핵심개념을 도입함으로써 전혀 모순이 없는 것으로 이해할 수 있다. 그리고 그것은 그것 나름대로 참으로 훌륭한 세계가 아니었겠는가. 그것은 물질계의 구성에서 운동의 원리, 천체의 운행과 우주의 질서까지, 전체를 여하튼 하나의 무모순적인 것으로 묘사했다. 오늘날 말하는 통일이론이 된 것이다.

그러나 여기서 우리가 감탄할 수밖에 없는 완벽성, 무모순성, 통일성이란, 도대체 무엇이겠는가. 그것은 확실히 헤시오도스나 탈레스에게서 감동을 느끼는 것과는 다른 완벽성이다. 말하자면 아리스토텔레스의 우주론의 세계는, 예를 들면 $(a+b)^3 = a^3+3a^2b+3ab^2+b^3$이라는 공식 속에(어떠한 공식을 예로 들어도 좋다. 왜냐하면 공식 그 자체의 내용을 묻는 게 아니기 때문에) 우주가 몽땅 제자리를 찾아들어간 것처럼 완벽하다. 다시 말해서 제1항에는 지구가 놓이고 제2항에는 달을 태운 구체가 오고 … 하는 식으로, 천체 구조는 서열적인 위계 구조에 의해서 위치가 정해지고, 이러한 자연계를 움직이는 것으로서 최상층에는 신이 위치한다.

요컨대 이러한 완벽성은, 수식의 전개와도 같은 논리정합성의 완벽함으로, 아리스토텔레스에 의해서 우주 = 자연은, 비로소 하나의 논리 = 로고스가 되었던 것이다.

자연론으로서의 아리스토텔레스의 우주

이 경우, 로고스의 의미에 대해서 좀더 생각해 보자. 앞에서 얘기한 에피소드에서와 같이, 플라톤에게 피시스(자연)에 대한 로고스(이성)의 우위는 명백하며, 현상으로 나타나고 감각적으로 감지되는 자연은 사물의 본질이 아니다. "피시스를 로고스에 담아내서, 로고스라는 영원 속에서 변하기 쉬운 피시스를 구해낸다"(이마미치[24])는 얘기다. 따라서 플라톤의 경우, 자연세계는 어떤 의미에서는 손대지 않은 독자적인 것으로 방치된 감이 있다.

이에 대해 아리스토텔레스의 경우는 확실히 다르다. 아리스토텔레스의 《자연학》은 다음과 같이 시작된다.[25]

"무릇, 어떠한 학문적 연구의 경우에도 연구 대상을 인식해서 학문적 지식을 얻는다는 것은, 그 대상을 있게 해주는 원리・원인・구성요소가 되는 것을 알아야 비로소 이루어진다. (중략)

그러나 그렇게 하려면 우리에게 비교적 알기 쉽고 명확한 것에서부터 출발해서, 사항의 본성에서 좀더 알 수 있는 것, 좀더 명확한 것으로 나가는 것이 자연 본래의 길이라고 해야 한다. (중략)

그런데 우리에게 처음으로 우선 명백하고 명확한 것이라면, 그것은 오히려 뒤죽박죽 복잡한 것이다. 그리고 나중에 그것을 분석할 때, 그 중에서 요소가 되는 것, 원리가 되는 것을 알게 되는 것이다. 따라서 일반적인 것으로부터 개별적인 것으로 나가지 않으면 안된다는 것이다."

이처럼, 아리스토텔레스는 이성을 자연이라는 대상 속에 분석적으로 깊이 침투시키려고 한다. 이것은 전에는 없었던 새로운 태도라고 해도 좋다. 이마미치는 이에 대해서 "(플라톤적으로) 피시스를 로고스 쪽으로 끌어들임으로써 로고스를 피시스화하는 관념화라기보다는 오히려 피시스의 밑바닥까지 로고스를 집어넣음으로써 로고스를 피시스화하는, 자연화의 방향이다"라고 말했다. 그러나 거기서 우리는 '자연화'라기보다, 자연의 밑바닥까지 들어가서 로고스를 관철시킨 근대의 선도자라고 할 수 있는 정신을 보게 된다. 그것은, 위에서 말한 55개의 동심구의 도입과 같은 예를 보아도 명백한데, 아리스토텔레스는 단순히 자연에 충실하려는 수준에 머무르고 있지 않기 때문이다. 55개의 동심구를 도입한 것은 천체의 '불규칙한' (것처럼 보이는) 운행을 로고스의 체계로 끌어넣기 위한 것이었다. 아리스토텔레스가 천체가 아니라, 천체 구조(천체를 올려놓은 구체)의 운동을 다룬 것, 그 자체가 구조의 논리학에서 우주를 로고스화하고 싶었던 것의 표현이다.

게다가 아리스토텔레스는, 자신의 학설을 결코 천체 해석상의 형식적인 것이라고 생각하지 않았다. 다시 말해 설명의 필요상, 가령 55개의 천구를 가정한다고 생각한 게 아니라, 설명을 위해 아무래도 55개의 천구가 필요하다면 그거야말로 우주의 '역학적 실체'라고 생각했던 것이다. 그가 그렇게 생각한 배경에는 "자연은 본래 합목적적인 것이다"라는 강한 전제가 있다. 이 주장을, 나는 그것이 설득력이 강한 논거로 명백하게 논증되었다고 생각하지 않지만, 아리스토텔레스는 대단히 강하게 주장하고 있다. 이러한 합목적성이라는 것에, 그야말로 자연이 로고스를 따르게 되는 필연성이 있다는 것이다. 그리고 이렇게 인간이 이성적으로 파악하는 자연 그 자체가 자연의 실체라는 태도야말로, 다가오는 자연과학을 예감하게 하는 정신이자 자연관이었던 게 아닌지.

이렇게, 아리스토텔레스에 의해서 자연학은 논리학이 되었다. 그것이 근대의 자연과학과 크나큰 단절을 보일지라도, 아리스토텔레스에까지 이르면 자연과학적 자연관의 탄생은 앞으로 한 발자국만 더 가면 되는 것이었는지도 모른다.

'신'의 투입

아리스토텔레스가 자연의 질서와 운동을 로고스로 설명하려고 할 때,

이러한 계층질서의 최상층에 있는 것으로서 '신'을 도입하지 않을 수 없었다. 신은 이성의 최고형태로, 아리스토텔레스 자신의 말로 표현하면 '순수형상'이었다. 우리는 이오니아의 자연학의 계기를 '신화로부터의 이탈·해방'이라고 보았고, 자연과 신과의 단절이라고 보았다. 그러나 아리스토텔레스에 의해서 신은 다시 자연론의 내부로 도입된 것이다.

하기는 여기서 나오는 신은, 신화적인 신이 아니라 오히려 인간의 이성(내지는 지성)에 연계되어 있다.

"그리고 이러한 지성의 현실 활동 = 테오리아(지적 관조)는 최고의 기쁨이자 최고의 선(善)이다. 여기서 만약에 신은 항상 이렇게 좋은 상태에 — 우리에게는 우연한 어떤 때밖에 없는 상태에 — 있다면, 그것은 놀랄 만한 일이다. 게다가 더욱더 좋은 상태에 있다고 한다면, 더 놀랄 만한 일이다. 그런데 신은 사실 그런 것이다."[26]

콜링우드는 "(아리스토텔레스의) '신'은 세계를 사랑하지는 않는다. 오히려 세계가 신을 사랑한다"[27]고 말했다. 이 뜻은, 기독교적 신의 사랑이, 우월한 자가 열등한 자에게 느끼는 하향적인, 또는 은혜로운 사랑인 데 대해서, 아리스토텔레스에게 사랑은 이와 반대로 불완전한 자가 그 자신의 완전성을 추구하는 동경심, 말하자면 상향적 지향을 갖는 사랑이라는 것이다.

그러한 상향 지향이 집약되는 곳이야말로, 아리스토텔레스가 말한 우주의 신이라고 할 수 있을 것이다. 이쯤 되면 벌써, 자연관이라는 우리의 문제를 떠난 것처럼 보이지만, 그렇지 않다. 그것이 지닌 사상성이나 방법에 대한 평가는 놔두고, 아리스토텔레스는 그 나름대로의 방법으로 실로 교묘하게 자연계의 질서와 운동을 그 대극(對極)에 있음직한 사랑이나 지성에 결부시키고 있는 것이다. 그러니까 공간적인 상방(上方), 즉 하늘을 이성이나 사랑이 향해야 할 곳으로서의 상방에 겹쳐 놓았다.

단순하다면 그뿐이지만, 정교한 이론이 그러한 단순성을 살려냈다고 할 수도 있다.

단테의 《신곡》은 지옥, 정화천(淨火天), 천당이라는 천국에 이르는 상하구조를 그대로 정신이 끝까지 올라가는 방향으로 묘사해, 큰 효과를 거두고 있다. 신을 향한 공간적 근접이, 그대로 정신적 의미에서의 신성함과 결부되어 있으며, 그것이 또 이 시(詩)가 진행하는 방향이 되기도 한다. 그리고 그 전체가 우주의 질서가 되는데, 이것이 바로 아리스토텔레스적 세계이다.

> 무릇 세상에 존재하는 모든 물건은 모두 서로간에 질서를 갖는다. 그래서 이것이 우주를 신과 같게 하는 형식인 것이다.
>
> 갖가지 거룩하게 만들어진 물건, 영원한 권능(이것을 목적으로 이러한 법은 만들어졌다)의 흔적을 그 속에서 발견한다.
>
> 내가 말하는 질서 안에 자연은 모두 따르지만 그만큼 서로 달라서 나의 근원에 아주 가까운 것도 있고 그렇지 않은 것도 있다.
>
> — 단테 《신곡》[28)]

이렇게 살펴보면, 정신적인 세계와 물질적인 우주를 일원적인 질서 아래 파악하기 위해서, 아리스토텔레스는 그 최고원리로 '신'을 투입했다고 할 수 있다. 아리스토텔레스는 정신(이성)과 물체(자연)의 일원화를 꾀하고, 그것이야말로 우주라고 부르고 싶었을 것이다. 이러한 일원화는 로고스(논리)의 테두리 안에서 하나의 완성을 이루었다. 그러나 그렇게 함으로써 아리스토텔레스의 우주는 하나의 커다란 모순을 끌어안게 되었다.

우주 속의 인간

하나의 자연론이나 우주론의 대계(大系)가 모순을 일으켜 붕괴하기 시작할 때에는, 반드시 그 근저에 인간이 그의 우주(자연) 속에서 스스로를 모순된 존재로 느끼기 시작하는 상황이 있다. 헤시오도스나 탈레스가 한 걸음을 떼기 시작했을 때에도, 이제 더이상은 신화의 세계에만 갇혀 있을 수 없게 된 인간의식의 발전이 있었다.

현대에 와서 우리가 지금 자연관의 변혁을 묻는 것도, 확실히 이제까지 지배적이었던 자연관이 이 자연, 이 우주에서 우리의 위치와 생존방식의 문제에 적극적으로 대답해 주지 않음은 물론, 그러한 자연관에 몸을 내맡기고 있다가는 우리 자신의 존재가 위험해진다고 생각지 않을 수 없는 상황이 있기 때문이다. 그렇게 자기 자신에 관해서 불가피한 상황을 생각하지 않고서는 커다란 자연관의 전환 같은 것은 좀처럼 일어날 것 같지 않다.

그러한 의미에서, 토마스 쿤의 패러다임론은 아니지만, 자연학 내부에 있었던 논의나 대립만으로는 여간해서 결정적인 전환은 일어나지 않았을 것이다. 오히려 외적 조건이 성숙했을 때, 지배적이었던 자연관이 지니고 있던 큰 모순의 상처가 졸지에 입을 벌리고 새로운 것에 의해서 바뀌게 되는 것이리라. 현대가 그러한 시기에 해당하는지의 여부는 순서에 따라서 이 책의 후반에서 생각할 문제이지만, 16-17세기를 오랫동안 지배했던 아리스토텔레스-프톨레마이오스형 우주모델이 허물어졌다는 것은 확실히 앞에서 말한 것과 같은 전환이었다고 생각한다.

그리고 모순이라는 것에서 보자면, 일견 아주 멋지고 정합적인 아리스토텔레스의 우주도 대단히 큰 모순을 갖고 있었다고 생각한다. 철학자들은 그러한 해설을 해주지 않지만, 아리스토텔레스를 솔직하게 읽으면, 누구라도 그런 모순을 느끼게 되는 것이다. 그것은, 그의 우주에서 인간과 지구의 위치가 흡사 허공에 매달린 것같이 보인다는 점이다.

아리스토텔레스에게 자연은 목적론적으로 구성되어 있기 때문에, 최고의 목적은 신이다. 인간은 목적을 의식하고 이해할 수 있는 이성을 갖춘 존재로서, 다른 모든 생물의 우위에 위치하는, 신에 가까운 존재인 것이다. 그리고 그러한 인간의 '영혼' 중에서도 가장 중요한 것이 이성이며, 이성의 최고형태가 바로 신이다.

신은 천계의 최상위에 위치하는데, 인간과 그들이 사는 지구는 제일 밑의 월하계에 있어, 우주에서 가장 신과 먼 존재인 것이다.

그러면서도 지구는 우주의 무게의 중심이기 때문에 부동의 존재이다. 이것 역시 인간중심적인 우주모델이라고 해도 좋다. 인간중심적으로 지구를 우주의 부동적 중심에 갖다놓은 것인데, 그렇게 함으로써 신으로부터 공간적으로 가장 먼 존재가 되어버렸다. 인간의 이성은 끝까지 올라가면 '천당'에 있는 신의 아래로 가는데, 이렇게 된다면 진실로 《신곡》의 내용대로 신에게 가까이 갈 수 있지만, 인간의 육체는 전혀 움직이지 않는 무게의 중심에 결박당한 채 있는 것이다. 좀더 이론적으로 말하면, 공간적인 상향〔上方〕과 중력적 중심의 방향은 일치하지 않기 때문에, 정신과 신체가 상하로 찢겨져 버리는 것이다. 아리스토텔레스는 그렇게 생각하지 않았는지도 모르지만, 이것은 인간 자신에게는 이렇게 할 수도 없고 저렇게 할 수도 없는 모순이었다.

그리고 아리스토텔레스의 우주가 붕괴된 것도, 진실로 이 지구(따라서 인간)의 중심성과 부동성에 대한 의문과 비판 때문이었다. 이에 대해서는 다음 장에서 서술하겠지만, 주의해 두고 싶은 것은, 이러한 모순이 문제가 되는 것은 아리스토텔레스의 시대로부터 1800년이나 지나서였다는 사실이다. 밖에 있는 조건이 성숙되지 않아서였다고 할 수 있다. 인간의 이성 자체가 아직 어중간한 성숙을 보인 데 지나지 않았다는 것이리라. 다시 말해, 근대와 같이 인간의 이성이 모든 것을 조율하는 법칙이 될 수 있을 정도로 발달하지 않았고, 또 자연에 대한 지배성을 발휘할 수 있을 만큼 강렬한 기계기술도 갖지 못했다. 신이라는 초월적인 원리의 힘을 빌리지 않고서는, 인간의 이성은 우주에 군림할 수 없었다.

바꿔 말하자면, 인간은 자연 속에서 자율할 수 있는 존재가 되지 못하고, 아직도 거대한 자연, 거대한 우주에 종속된 존재였다. 이러한 것이 아리스토텔레스의 우주모델에 반영되었고, 또 같은 이유로 그 모순을 비판하는 정신도 성숙하지 못했던 것이다. 그러한 비판정신의 성숙은 사회 전반에 대한 역사적 대전환(르네상스)에서 비로소 가능해진다.

중세 기독교 사회와 아리스토텔레스

앞절에서 말한 것 같은 상황이 있었기는 하지만, 아리스토텔레스적 우주모델이 기원전의 세계에서 16세기까지라는 긴 세월을 살아남아서, 아리스토텔레스의 자연학이나 운동학이 중세 유럽을 기본적으로 지배할 수 있었다는 것은, 우리에게 역시 놀랄 만한 일이다.

아리스토텔레스가 죽은 후에, 아리스토텔레스의 우주 구조는 프톨레마이오스의 《알마게스트》에 의해서 다시 수정되고 정밀화되었다. 프톨레마이오스는 드디어, 실로 80가지나 되는 가정적인 원(圓)을 우주에 그려서, 관측되는 천체의 운행을 설명했다. 아리스토텔레스의 설명으로도 아직 관측과 일치되지 않던 곤란한 문제를, 주전원(周轉圓), 편심(偏心), 의심(擬心)이라는 보조적인 기하학적 방법을 도입해서 극복하려 했고, 그 자신도 정력적인 관측을 시도했다(일부 자료의 날조가 있었다고 최근 지적되었다). 몇가지 곤란한 점이 남기는 했지만, 아리스토텔레스의 형이상학적 취지가 강한 우주가, 프톨레마이오스에 의해서 그런대로 천문학적 체제를 갖추게 되었다.

그러나 아리스토텔레스까지 포함해서 그리스의 문화적 유산이 서유럽 세계에 알려지게 된 것은 10세기 이후의 일이었다. 그보다 먼저 아랍인들은, 그들이 손에 넣은 그리스의 문헌을 아랍어로 번역해 그리스의 과학이나 기술에서 많은 것을 배웠다. 서유럽에는 그러한 아랍어를 다시 번역하는 방식으로 그리스의 학문이 알려졌던 것이다.

그리스의 학문, 특히 아리스토텔레스의 자연학과 형이상학은 중세 기독교 세계와 그리 쉽게 상용(相容)할 수 없는 점을 가지고 있었고, 실제로 양자간에는 커다란 대립이 일어났다. 그런데도 아랍 세계에서는 결코 그것 때문에 중요시되지 않았던 아리스토텔레스의 지(知)와 학(學)이, 중세 기독교가 지배하는 지적·정신적 세계에 지배적인 힘을 갖게 된 것은 역시 주목하는 게 좋을 것이다.

아랍 세계에서는 정력적인 그리스 과학의 흡수가 있었고, 특히 천문학이나 기하학(측량술), 의학 등 실용적인 가치와 끊을 수 없는 학술이나 지식이 크게 활용되었고, 또 새롭게 발전했다. 그러나 그 이상은 아니었다. 그들의 종교와 세계관·자연관은 그 자체가 그리스의 것과 달랐고, 그들은 결코 아리스토텔레스와 같이 우주를 로고스로 파악하려고 하지 않았다. '손의 자연관'과도 또 다른 세계관의 세계가 있었던 것이 아니었는지.

> 우주의 진리는 불가지(不可知)한데, 그렇잖아!
> 그런데 그렇게 마음고생을 해서 무슨 보람이 있겠는가.
> 몸을 천명에 내맡겨 마음고생은 버려라.
> 내게 맡겨진 붓놀림은 어차피 피할 수 없지만.
>
> —《루바이야트》[29)]

이 시를 쓴 오마르 카이얌(1040-1123)이 탁월한 천문학자·수학자였다는 것을 생각하면, 그의 과학의 세계가 얼마나 서양적인 것과 다른 것인지 대충 알 수 있다.

서유럽 세계의 경우는, 그것과 전혀 달랐다. "이렇게 방대한 (그리스의) 과학과 학문 중에서, 아리스토텔레스의 자연학적, 철학적 저작은 기본적인 것이었다. 그것은, 이런 저작에 포괄적이고 비교할 수 없는 과학적인 세계관이 포함되어 있었고, 이처럼 서구인에게 완전히 다른 새로운 우주관은, 학자들의 정신을 때로는 빛으로 비춰 주었으며 때로는 혼란에 빠뜨리면서, 항상 그들의 정신을 지배했기 때문이다."(그란트[30])

그러나 본래 아리스토텔레스의 자연학, 우주관과 기독교의 교의는 그리 쉽게 상용할 수 없었을 것이다. 그란트는 아리스토텔레스의 사상과 기독교에 대한 근본적인 대립점을 다음과 같이 지적하고 있다.

1. 세계는 영원하다(기독교의 '신에 의한 창조'를 부정).
2. 사물의 특성은 질료적 실체와 분리시킬 수 없다(성체비적(聖體秘蹟)의 교의에 저촉된다).
3. 자연의 발전 과정은 규칙적이며, 불변적이다(기적을 부정).
4. 영혼은 육체와 함께 사멸한다(영혼의 불멸성 부정).

이처럼 근본적이랄 수 있는 대립에도 불구하고, 실제 아리스토텔레스의 철학은 교회에 의해서 '단죄'되었는데도 그것은 서유럽 세계에 받아들여졌다. 후에 코페르니쿠스의 지동설이 문제가 되었을 때, 종교개혁파도 반개혁파도 '아리스토텔레스의 자연학과 우주론을 전보다도 철저하고 단호하게 지키게' 되었던 것이다.

또 여기서 과학사풍의 논의는 하지 않겠지만, 아리스토텔레스의 운동학도 중세의 스콜라 철학자들 사이에서는 꽤나 비판의 대상이 되었다. 그런데도 르네상스라는 전혀 다른 바람을 타게 될 때까지는, 아리스토텔레스의 철학과 자연학의 기본적 구조는 조금도 흔들리지 않았다.

그것은 결국, 로고스로서의 우주라는 개념, 합목적적 질서 아래 있는 자연이라는 사고방식이, 유럽의 기독교 세계에 기본적으로 훌륭하게 합치되었던 게 아니었을까. 나아가서, 자연과 인간을 명확하게 구분한다는 이원적 사상, 이성을 중시하고 이성의 우월성을 주장하는 가치관에 기초를 둔, 이를테면 '지의 자연관'이라는 전체의 큰 흐름이, 실로 기독교 사회에 훌륭하게 들어맞았기 때문이 아니었을까. 그러한 의미에서 근대 유럽이 커다랗게 벌려놓은 인간과 자연 사이의 간격도 아리스토텔레스에서 시작되었는지도 모른다.

제3장

기계로서의 자연

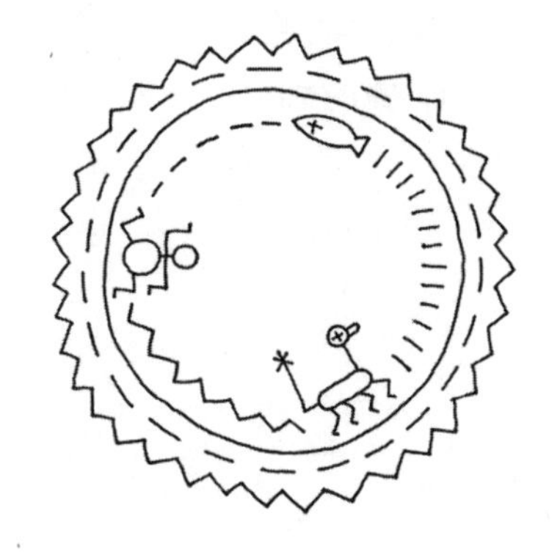

[본장의 요약]

우주관의 코페르니쿠스적 전환에 의해서 인간중심주의가 극복되고, 인간의 관점은 넓은 우주 속에서 상대화되었다. 이러한 상대화야말로 인간을 더욱 광대하고 풍요로운 자연과 만나게 해주는 해방의 과정으로, 자연은 혁명의 원리가 되었다.

그러나 이러한 변혁은 차츰 근대과학으로 정립되어 가면서, 인간은 자연을 초월한 것으로서 자신을 의식하고, 자연을 마치 이용과 조작의 대상으로 보는 듯한 '기계로서의 자연' 관이 침투해 들어갔다.

'자연'과 '자연'의 제법칙은 밤의 장막에 갇혀 있었다.
신이 "뉴턴 있으라" 하고 말씀하시자, 모든 것은 빛이 되었다

— 포프[31)]

1. 해방의 시대

혁명과 보수화

천동설에서 지동설로의 전환—이른바 코페르니쿠스 혁명은, 과학의 혁명이라기보다 먼저, 우주관의 혁명이자 사람들이 새로운 세계를 향해서 해방되어 가는 과정이었다. 앞장에서 본 그리스의 정신세계에서 일어난 전환이 이오니아의 자연학에서 시작된 것처럼, 근대를 향한 걸음도 우주관·자연관의 일대전환을 중심으로 해서 진전된 것이었다. 자연은 다시 혁명의 원리로 소생했다.

"이러한 '진리의 고귀한 폭발'—이것으로 이 세기가 이제 편견과 오랜 관행을 극복하게 된 그러한 폭발—에서 '자연'의 개념만큼 중요한 역할을 해낸 것은 달리 없으며, (중략) '자연'은 옛 고전 시대부터 한결같이 서구사상에서 지배적 관념이었는데, 르네상스부터 18세기 말에 이르는 동안만큼 널리 힘을 떨친 예는 결코 없었다."(윌리[32])

르네상스는 인간부흥의 과정이었다. 고리타분한 교의를 벗어던지고, 인간이 인간으로서의 주체성을 확립해 가는 운동이었다. 그러나 중심이 되었던 전환은, 지구·인간중심적인 우주파악으로부터의 전환, 말하자면 지구와 인간이 우주에서 점하는 위치의 상대화였다. 이와 같이 인간중심주의가 극복되고 인간이 스스로의 위치를 작게 하는 관점을 획득하는, 그러한 전환을 통해서만, 인간은 완전히 새로운 자연을 발견하고 더욱 넓은 세계로 스스로를 해방시킬 수 있다. 이것은 역사적으로 되풀이된 일이다.

하기는, 이러한 전환의 과정이 혁명과 해방이란 이름에 걸맞는 격동의 시대로 있었던 기간은 의외로 짧았는지도 모른다. 과학사가(科學史家) 버터필드가 '과학혁명'이라고 불렀던 그 혁명이 달성될 무렵에, 새로운 자연관은 자연을 향한 정신의 해방이라기보다, 오히려 인간이성의 자연에 대한 승리의 선언이란 의미를 가졌던 것이다. 휴머니즘 = 인문주의는, 휴먼주의 = 인간중심주의에 다름이 아니었다. 오늘 우리의 자연관에 커다란 영향을 주고 있는 서양 근대의 자연관은 이때 확립되었고, 그 후 세계의 지도원리가 되었다.

윌리가 다소 다른 맥락에서 워즈워드와 관련해서 했던 표현을 그대로 빌린다면, 그때 이후 "'자연'은 혁명적 원리에서, 보수적 원리로 이행"하였다. 그리고 그것은 고스란히, 오늘의 자연의 위기로 이어진다. 이러한 혁명과 보수화의 의미는 무엇이었던가. 여기서도 과학사적인 계통성에 구애받지 않는 홀가분한 입장을 유지하면서, 근대의 우주관에 대해서 생각해 보기로 하자.

코페르니쿠스

콜링우드[33]는, 코페르니쿠스의 천문학상의 발견이 갖는 참된 의미는 "세계의 중심을 지구에서 태양으로 옮겨놓은 데 있는 것이 아니라, 오히려 원래 세계가 중심을 갖고 있다는 것을 사실상 부정한 데 있었다"고 말하고 있다. 역사적 사실에 충실하게 따르자면, 코페르니쿠스에 대한 이러한 지적은 맞지 않다. 코페르니쿠스의 역사적인 책《천체의 회전에 관하여》에서 전개된 것은 명확히 태양중심설이며, 그가 의도한 것은 우리가 쉽게 상상하는 것과 같이 래디컬한 것은 결코 아니었다. 예를 들어 다음의 문장을 보면 알 수 있다.

"그래서 한가운데 태양이 정지하고 있다. 이렇게 아름다운 전당 안에서, 그토록 빛나는 것을, 사방이 비춰지는 장소 이외에 어디에다가 둘 수 있겠는가. 어떤 사람들은 이것을 우주의 눈동자라고 부르고, 다른 사람들은 우주의 마음이라 하고, 또 다른 사람들은 우주의 지배자라고 한 것은 결코 부적당한 것이 아니다. 토리스메기스토스는 보이는 신이라고 불렀다. 소포클레스의 엘렉트라는 모든 것을 보는 것이라고 불렀다. 태양은 임금의 의자에 앉아서 자기를 둘러싸고 있는 천체의 부하를 지배하는 것과 같은 것이다."[34] (《천체의 회전에 관하여》)

버터필드는 "코페르니쿠스가 태양의 위용과 중심적 위치를 묘사할 때 지녔던 감정의 고양과, 숭경(崇敬)이라고 할 정도의 태도"[35]라고 표현하고 있다. 여하튼 이것은 혁명파의 감성이라고 할 수 없다.

또 이미 많이 얘기되고 있는 일이지만, 코페르니쿠스가 프톨레마이오스 체계에 의문을 갖게 된 것은, 프톨레마이오스가 관측을 설명하려고 만든 복잡한 이론이, 끝내 천체의 원운동에서 벗어났음을 시사한 데 있었다고 한다. 플라톤이나 아리스토텔레스의 원운동을 신성시하는 사상에 심취한 코페르니쿠스에게는, 이러한 원운동에서 벗어나는 것은 용납할 수 없는 일이었다. 따라서, 코페르니쿠스의 의도는 오히려 아리스토텔레스에 충실하기 위한 것이었는지도 모른다.

그러나 일단 시대를 향해서 떠난 화살은 사수의 의도를 훨씬 넘어서 날아갔다. 어떻게 해서 '코페르니쿠스적 전환'은 가능하게 되었는가. 하나의 가설로서의 지동설이라고 하면, 예를 들어 사모아의 아리스타르코스는 훨씬 전에 지동설을 주장했고, 그의 주장은 유럽 세계에도 알려져 있었다. 어째서 지금, 16세기 중반에 와서, 코페르니쿠스는 이 문제를 제기하고 교회의 맹렬한 압박에도 불구하고 그의 주장이 최종적인 승리를 거두게 되었는가.

이 문제를 나는, 이 지동설이라는 새로운 우주관이 갖는 충격력과 최종적으로 그것을 과학적 세계관으로 정착시킨 합리주의의 지배력이라는 두가지 측면에서 생각하려고 한다. 이러한 우주관의 전환과정은, 상대적으로 독립된 두개의 과정으로 일단 나누어서 생각할 수 있다. 즉, 아리스토텔레스의 우주관이 붕괴되어 낡은 가치가 허물어지는 시대와, 근대과학이 그 자체로 힘을 갖게 되는 시대 사이에는 명백하게 거리가 있고, 각 단계에는 명백하게 각각 다른 힘이 작용하고 있다. 그리고 그러한 각 과정을 파악함으로써, 거기서 일어난 자연관의 전환이 지닌 의미가 보이게 될 것이다.

우주관의 해방

15-16세기에는 문화의 모든 영역에서 문예부흥운동이 진전되고, 한편에서 기술의 발달과 상업의 확대가 대항해시대를 열고 있었다. 대항해에 의해서 새로운 세계가 알려지게 되어, 자연관・우주관에 대해서도 당연히 더 넓은 우주와 새로운 지적 자극이 요구되었다.

그러한 와중에, 오랫동안 계속된 아리스토텔레스적 우주관의 지배력은 마침내 쇠퇴하기 시작했다. 아리스토텔레스-프톨레마이오스형 우주는, 최상부의 제1동자(動者) 신의 천구에 의해서 한정되어 있었으며, 그 이상 발전할 수 없는 폐쇄성을 보여주고 있었다. 다양한 천체현상을 설명하기 위해서 제시된 천구는 프톨레마이오스에 이르러서는, 80개나 되었다. 그래도 아직 모든 현상을 설명하기에는 충분하지 않아서, 편심(偏心)이니 의심(擬心)이니 하는 개념이 도입되었다.

그밖에도 아리스토텔레스의 우주는, 월하계와 월상계, 그리고 월하계의 4원소와 불멸의 제5원소와 같은 형이상학적인 개념이나 구분으로 꽉 차 있었다. 그러한 우주상은 번잡했으며, 그 체계를 모순 없이 정연하게 설명할 수 있는 사람은 국한되어 있었다. '지의 세속화'[36]가 이 시대의 변혁을 특징지우는 것이라면, 그러한 시대상황에서 아리스토텔레스적 우주상은 아무래도 걸맞지 않았을 것이다. 그리고 아리스토텔레스의 운동학은, 물체의 운동을 외적인 기동자(起動者)에게만 귀속시키고, 내적인 힘을 인정하려 하지 않았다. 이것도 그 세계의 정적(靜的)인 질서 지향을 보여주는 것으로, 해방과 운동을 추구하는 시대정신에 부응하지 못하는 것이었다.

이러한 때에 코페르니쿠스의 지동설이 제기되었던 것이다. 코페르니쿠스의 지동설은, 그 당시 충분한 설득력을 가졌다고 할 수 없지만, 그의 수학적 간결함은 시대정신에 걸맞는 매력을 가지고 있었다. 태양중심설에서는, 이제 몇십가지나 되는 복잡한 천구의 운동을 가정할 필요가 없었다.

코페르니쿠스의 태양중심형 지동설은, 그 자체가 하나의 완성된 학설로 기능했다기보다는—코페르니쿠스설에는 관측 사실과의 대응에 적잖은 난점이 있었다—아리스토텔레스와 스콜라 철학의 침체되고 폐쇄적인 우주관에 바람구멍을 내는 데 큰 힘을 발휘했다. 그것은, 전환으로 나가는 방아쇠가 되었던 것이다. 이후에 이어지는 시대는, 혁명의 격동기로, 기성가치가 붕괴되어 갖가지 자연관이—낡은 신비주의의 부활도 포함해서—쏟아져 나왔다. 이 당시에는 결코 '코페르니쿠스적 대계(大系)'라고 할 만한 것이 확립되지 않았고, 격동이 하나의 정돈된 것으로 수습되는 데에는 보통 막연하게 알고 있는 것보다 훨씬 오랜 시간이 필요했다. 그리고 그것은 로마교회에 의한 이단심문만이 원인이 된 것은 아니었다.

"아리스토텔레스의 자연학은 명백히 붕괴되고 있었고, 프톨레마이오스의 체계는 두개로 쪼개지고 말았다. 그러나 이것들을 대체할 수 있는 체계는, 뉴턴의 시대가 올 때까지 나타나지 않았다. (중략) 1672년에도 아직 천문학자는 네개의 체계 중에서 어느 하나를 선택했다고 쓰는 학자가 있었고, 일곱 종류의 체계에 대해서 말하는 사람까지 있었던 것이다."[37]

조르다노 브루노

해방시대의 래디컬한 정신을 가장 잘 반영한 사람이 조르다노 브루노가 아닌가 생각한다. 사람들은 브루노를 신비주의이거나 무절제이거나 '과학자라기보다는 시인'이라는 등, 이상한 것으로 말하려고 하지만, 그것은 그를 이단시하는 사상의 영향을 받아서 그렇게 본 것이 아닐까.

브루노는 1548년, 이탈리아의 노라라는 마을에서 태어나서 도미니크회의 수도사가 되었지만, 그의 이단적인 사상 때문에 쫓기는 몸이 되어 유럽 각지를 전전한 후에, 1593년 이단심문소에 체포되어 1600년에는 화형에 처해졌다.

브루노는 이렇게 썼다.[38]

"철학자라고 할 만한 사람 가운데, 아리스토텔레스의 논의에서 보이는 만큼 거짓을 날조해서 어리석은 반론을 시도하고 장황하게 말을 늘어놓는 사람은, 다른 데서는 찾아볼 수 없다. 그런데 그가 말하는 것은 장소가 물체에 고유하다는 것으로, 고극(高極)과 저극(低極) 중간부에 의해서 한정되고 있는 듯한 이런 말을, 그는 대체 무슨 말을 반박하려고 하고 있는 걸까. 무한의 물체와 무한의 크기를 인정하는 자에게 극한이나 중심을 주장하는 사람은 아무도 없는데 말이다. 게다가 무한한 공허, 공무(空無), 에테르계를 주장하는 자는, 무거움도, 가벼움도, 운동도, 상부도, 하부도, 중심도 귀속시키지 않는다. 그리고 이 공간 속에, 이 지구와 흡사한 그외의 지구나 태양과 같은 무수한 물체가 존재하고 있다는 것을 인정하고, 그런 것이 모두 무한공간 속에 한정된 유한공간을 통해서 서로서로의 중심의 주위를 돌고 있다고 주장한다."

이렇게 브루노는 아리스토텔레스의 우주에서 나타나는 상하, 중심과 변두리, 4원소와 제5원소 등의 불필요한 개념이나 구분을 모두 제거하고, 중심도 없이 무한하게 전개되는 우주라는 생각에 도달하고 있다. 이 우주는 이르는 곳마다 평등하여, 무수히 평등한 태양, 평등한 지구, 평등한 세계로 이루어져 있다.

이만큼 해방적인 우주가 일찍이 있었던가. 때마침 치코 부라에가 신성(1571년)과 혜성(1577년)을 발견하여, 월상계에서의 물질의 불변성이라는 아리스토텔레스의 이론이 통렬한 타격을 받게 되었다. 우주의 유한성을 부정하고 세계의 유일성도 부정한 것은, 지동설 이상으로 권력과 권위에 대한 용서할 수 없는 이단사상이며, 아리스토텔레스를 향한 것보다 더한 칼날을 교회에 겨누는 것이었다. 지동설이라기보다도, 오히려 이 점에서 브루노의 사상은 위험사상이 되어, 그것 때문에 그는 화형에 처해진 게 아닌가 생각한다.

확실히 브루노는 르네상스의 아들로서 기성의 가치, 학문, 권위의 사슬에서 인간정신을 해방하는 데 정열을 불태웠다. "그렇기 때문에 또 나는, 자유로우면서 노예가 되고, 쾌락 중에 고통을 느끼며, 부자이면서 가난한, 살아있으면서 죽은 자들에게 아무런 선망도 느끼지 않는다. 그들은 자기 몸 속에 자기를 묶는 사슬을, 정신 속에 이런 것들을 침몰시키는 지옥을, 영혼 속에 이런 것을 좀먹는 질병을, 마음 속에 이런 것을 죽음에 이르게 하는 혼수상태를 감추고 있다. 뿐만 아니라, 사슬을 풀어헤칠 용기도, 살아날 만큼의 인내력도, 한번으로 쓸어버리는 광휘도, 소생시켜야 할 지식도 가지고 있지 않다. 그렇기 때문에 나는, 피로에 지쳐 험난한 길에서 발걸음을 돌리지도 않고, 나태한 사람처럼 현혹되어 신성한 목표에서 눈을 돌리거나 하지 않는 것이다." (이것은 현대의 혁명가의 말이라고 해도 통용되지 않을까!)

또, 이렇게도 말한다.

부르치오 : 아리스토텔레스의 《자연학》이나 《천체론》을 땀흘려 연구한 노력을 몽땅 헛수고로 돌릴 작정인가. 그것을 위해서 많은 빼어난 주석자, 해석자, 편찬자, 번역자, 질의자, 이론가들이 머리를 짜냈는데도 말이다. 학식이 깊고, 예리하고, 빛나고, 위대하고, 흔들리지 않고, 온갖 천사들과 신과 함께 찬양해야 할 학자들이 거기에 기초를 두었던 토대를 전부 버리라는 말인가.

프라카스토리오 : 돌을 부수는 자, 바위를 파내는 자, 석수장이나 나귀들이여, 잘 있거라. 그리고 학자나 선생님이나 주석병 환자나 아첨하는 박사나 유아독존 거사나 별박사나 천상(天上)박사나 귀찮게 구는 사람도, 모두 안녕이다.

자연에 내재하는 원리

앞에서 본 바와 같이, 브루노의 근저에는 격렬한 지성비판이 있고, 이러한 비판의 중추는 자연관과 우주관이었다. 그리고 그가 추구하는 새로운 이성은, 자연 그 자체의 내부에서 발견되어야 하는 것이었다. (실로 자연은 '혁명적 원리'였다.) 여기서 우리는 바로 이오니아의 자연학과의 각별한 유사점을 찾아볼 수 있다.

"당신이 찾고 있는 해결을 이해하기 위해서는, 우선 첫째로, 우주는 무한하고 움직이지 않는 것이기 때문에 그것을 움직이는 자를 찾을 필요가 없다는 것을 알아야 한다. 둘째로, 무수히 존재하는 모든 세계에는 흙이나 불이나 그외에 별이라고 하는 물체를 구성하고 있는 갖가지 종이 포함되어 있고, 그것들은 모두 내재원리에 의해서 스스로 움직이고 있다. 여기서 내재라고 한 것은, 내가 다른 곳에서 밝힌 바와 같은 영혼 그 자체인 것이다."

"요컨대, 자연이란 이렇게 무차별한 것으로 천권(天圈) 같은 것은 공상의 산물이다. 각각의 천체를 움직이고 있는 것은, 거기에 내재하는 자연본성인 '움직이게 하는 영혼'이고, 우주라는 광대한 공간은 어느 곳이나 무차별하며, 그 주변이나 외양을 생각하는 것은 이치에 어긋나는 것이다."

이 경우 브루노의 '영혼'은 단순한 애니미즘으로 환원될 수 없고, 우리가 오늘의 말로 하자면 '자연의 원리'와 가까운 생각이다. 자연은 스스로의 원리에 따라서 운동하고, 질서를 형성한다. 그러한 근원적 원리를 '영혼'이라고 했으며, 그것은 어디까지나 물체에 내재하는 것으로 신과 같은 초월적인 원리는 아니었다.

과학사가들은 이러한 브루노를 근대로 전환하는 과도성(過渡性)으로서, 범신론이나 애니미즘과 결부시켜서 이해한다. 그가 자연 전체를 하나의 유기체로 이해한 것은 과학사가에게는 확실히 하나의 전근대성의 표현으로 보였을 것이다. "유기체로서의 자연이라는 구상을 버리고, 기계로서의 자연이라는 구상을 전개하는 (근대로의) 결정적인 일보를 내딛는"[39] 것은 아니었기 때문에.

그러나 오늘 우리의 시각에서 볼 때, 해방의 자연관을 추구한 브루노를 '기계로서의 자연'이라는 방향으로 나가기 직전에서 쓰러진 과도성으로만 평가해서는 안되는 게 아닐까. 오히려 명백하게 그것과 다른 방향을 지향했다고 생각해도 좋을 것이다.

그의 사상은, 자연 그 자체가 자율적인 운동을 하기 때문에 자연이 하나의 유기체(생물)로 일체성을 갖는다는 것이다. 따라서, 이성도 자연에 의해서만 그 근거가 주어지고, 인간의 이성에 의해서 자연의 모든 것을 이해할 수 있다든가 하는 식으로 인간이 자연에 대해서 지배적인 것이라고 생각하지 않았던 것이다. 그것은 다음과 같은 짧지만 명백한 표현에서 읽을 수 있다.

부르치오 : 그럼 당신은 유명한 제(諸)원소의 구별을 부정한다는 것인가요.

프라카스토리오 : 구별을 부정하지는 않는다. 자연물은 각자가 좋아하는 대로 구별하면 된다.

또, 다음과 같이 얘기하기도 한다. "모든 인간이 일개의 인간이고 모든 생물이 일개의 생물이라면, 그 이상 선이라든가 문명이라든가, 여러가지 세계와의 교류라든가 하는 것은, 필요하지 않다. 이 세계의 생물에게 더욱 좋은 것은, 자연이 바다나 산으로써 갖가지 종족을 구별했다는 것인데 나는 이것을 경험에서 배워서 알고 있다."

오늘 우리는 브루노의 이러한 사상을 '기계로서의 자연'으로 결코 나갈 수 없는 풍부한 가능성으로 재평가할 수 있지 않을까. 그는 자연계의 다양성과 인간의 비지배성을 믿었던, 진짜 자연주의자(에콜로지스트)였는지도 모른다. E. 블로흐[40]는 브루노를 해방의 기수로 찬미하고 있다. "그렇지만 브루노의 견해만큼 아름답고 무엇보다도 우선 대규모인 것은 없다. 그것은 마침내 다시 초기 이오니아의 사상가의 견해와 같이, 물질적이고 내재적인 견지에 서려고 한 것인데(브루노는 그것을 의식하고 자랑했다), 그의 경우 거기에는 먼 곳을 내다보는 시각이 있었다. 갖가지 발견과 코페르니쿠스적 전환의 시대에 눈에 보이는 일상적인 것은 너무나 편협하게 되는데, 브루노는 이렇게 말하고 있다. '우리가 알고 있는 생물, 우리가 알고 있는 의미나 이해 이외에, 기타 생물, 다른 의미, 다른 이해는 존재하지 않는다는 것은 역시 명백히 어리석은 얘기다'라고."

결국, 지동설 때문에 그가 처형되었다는 것은 타당하지 않다고 해야 할 것이다.

2. 근대적 자연관으로

기계로서의 자연

브루노에 대한 가설적 견해는 그만두고, 16세기 중반에서 17세기 후반까지 (예를 들면 1543년 코페르니쿠스의 《천구의 회전》에서, 1687년 뉴턴의 《프린키피아》까지) 약 1세기 반은, 갖가지 자연관이 뒤섞인 시대였다. 오늘의 편견이나 예단을 버리고 생각하면, 사람들이 자연과 교감하는 방식에 따라서 여러가지 자연관을 갖는 것은 극히 자연스러운 일이고, 자연관이 몇개 있어도 이상하지 않다. 고유의 풍토에 뿌리를 둔 고유의 자연관이 각지에 풍부한 문화를 만들었다는 것은, 오늘날 잘 알려져 있다.

그러나 17세기 말에 가까워지면서 자연관의 혁명 시대는 차츰 수습기에 접어들고, 하나의 확실한 자연관이 지배력을 갖게 된다. 이러한 자연관을 여기서는 콜링우드의 말을 빌려서 '기계로서의 자연'이라고 부르기로 하자. 내가 의미하는 것은 합리주의적인, 또는 근대과학적인 자연관과 거의 같은데, '기계로서의 자연'이라고 하는 게 알기 쉽다.

우리는 이러한 과정을 코페르니쿠스 이래의 필연으로 단순하게 생각하기 쉬운데, 그것은 타당하지 않다. 확실히 이러한 자연관을 받쳐주는, 사회적이고 경제적인 요인이 많이 있었다는 것은 부정할 수 없다. 상공업의 발달과 기계기술의 진보, 그리고 그것들의 뒷받침으로 이루어진 부르주아지의 사회적 승리는, 이러한 근대적 자연관의 원천이자 강력한 추진력이었다. 그러나 '기계로서의 자연'이나 합리주의적 · 과학적 자연관이라는 것은, 아주 강력한 이데올로기이다. 근대과학은 진리의 유일성을 주장하는 점에서, 극히 배타적인 — 혁명(내지는 반혁명)이 승리하는 과정들은 모름지기 반대하는 사상을 쓰러뜨리지 않고서는 배기지 못하는 것과 같이 — 시스템, 또는 문화적인 강제력이 강한 시스템이다. 일단 그러한 틀이 사회에 큰 힘을 차지하게 되면, '비과학'은 악으로 배제되고 자연관은 '과학'으로 평준화된다. 그러한 사상・가치의 시스템이 승리한 것은, 단순히 필연이라는 말로는 설명할 수 없는, 과학・사상의 위인들 — 갈릴레오, 케플러, 데카르트, 베이컨, 뉴턴 등 — 의 격렬한 격투가 있었던 것이다. 이것을 우선 염두에 둘 필요가 있다.

'기계로서의 자연'이라 할 때, 우리는 우선 레오나르도 다빈치를 떠올린다. 인체해부도에서 기계로 조작하는 새(비행기)의 설계도까지, 그가 그리는 정교한 선은 '기계로서의 자연' 사상을 웅변으로 말해 주었다. 콜링우드는 말한다.[41]

"16세기경부터, 산업혁명은 진전되었다. 인쇄기나 수차(水車), 지렛대, 펌프, 도르레, 시계, 수동차 등, 그리고 광부나 기술자들이 사용하는 수많은 기계류는, 일상생활에서 흔하게 볼 수 있었다. **누구든 자연을 기계로서 이해했다.**(강조는 필자)"

이 마지막 말은, 착오는 아니지만 좀 주석을 달 필요가 있을 것 같다. 기계와 기술의 발달이라는 점에서는, 같은 시대에 오히려 중국이 훨씬 많은 것을 만들고 있었다. 인쇄술, 화약, 자기(磁氣), 시계장치 …, 이것들은 유럽보다 중국이 훨씬 빠르다. 그러나 중국에서는, 그 누구도 자연을 기계로 이해하지 않았다. 그리스-유럽 세계가 이오니아에서 시작하여 정신문화를 자연학으로 발전시켰을 때, 중국인은 윤리적・도덕적인 문화로 나아가고 있었다. 그들의 문화는 자연을 모방하는 데서 많은 기술을 얻었지만, 인간은 유기적 일체성을 갖는 우주의 일부에 속한다는 테두리를 넘지 못했다. 자연은 정복의 대상일 수는 없었다. 기계는 어디까지나 '손의 노동'과 결부되어 있었고, 따라서 자연관은 장인〔職人〕적인 '손의 자연관'이거나, 아니면 더욱 정신적이며 윤리적인 의미를 갖는 우주관(Cosmology)이었다.

이에 대해서 유럽에서는 똑같이 손노동과 결부된 기계장치에서 출발하면서도 기계는 차츰 규모가 큰 '장치'가 되었고, 자연관은 '지의 자연관'의 의미를 갖는 '기계로서의 자연'이라는 생각으로 발전했다. 이것은 확실히 유럽의 사회적 · 문화적 · 종교적 전통과 관련되어 있다고 할 수 있다. 특히 기독교의 영향은 결정적이다.

"기독교는 세계에서 가장 인간중심주의적인 종교이다…. (중략) 이교적 애니미즘을 분쇄함으로써 기독교는, 자연은 사물의 감정과는 아무런 관계가 없다는 생각에서 자연 착취를 가능하게 했다. 그 무엇에 의해서도 어지럽힐 수 없는 자연이 준 혜택이라는 생각에서 광산 · 도로 · 산업을 금기시한 중국의 '풍수'—이것은 또 하나의 극한이지만—와 어쩌면 이렇게도 대조적일까." (J. 니담[42])

우리는 기독교와 근대과학에 대해서는, 나중에 다시 생각한다.

정신과 육체

니담은 서양 근대의 자연관과 뚜렷한 대비를 이루는 특징의 하나로, 중국에서는 "인간 이외의 피조물에 대해서 인간이 마음대로 할 수 있는 권한은 주어져 있지 않았다"는 것을 들었다. 그리고 같은 글에서, 정신과 물질의 '극단적인 분리'라는 사상은 비중국적인 것이라고 했다. 아마도 이 두개의 특징은 밀접한 관계가 있으며, '기계로서의 자연'이라는 생각이 중국에서 일어나지 않았던 것을 설명해 준다고 할 수 있다.

거꾸로 말하면, '기계로서의 자연'이라는 의식이 확립되려면 자연을 자기에게서 완전히 대상화시켜 자기와는 별개인 하나의 세계로 떼어놓고 생각할 수 있는 의식과 태도의 성숙이 불가결했다. 그러나 인간은 자신의 신체라는 형태로 자연을 자기 내부에 가지고 있다. 이렇게 자기의 육체까지도 정신과 분리시켜, 역으로, 육체와 독립한 것으로 정신을 파악하는 근대적 의식의 성숙이 '기계로서의 자연'을 결정지었다.

이러한 이원론을 추진시킨 것은 물론, 데카르트였다. 그러나 그의 이원론은, 정신과 물체(육체)를 분리시켰을 뿐 아니라, 정신 = 이성을 물체에 초월하는 존재로서 위치지으려고 했다. "나는 생각한다. 따라서 나는 존재한다"는 제1원리에 인간의 이성을 두고 자연은 그러한 이성에 의해서 끝까지 추구되어야 하는 존재라는 사상을 포함하고 있다.

여기서 다시 우리는 다빈치가 그린 기계 하나를 생각해 보자. 그것은 바로 설계도이고 인간이 구상한 것이다. 그러한 장치는, 외재하는 설계자·조립자를 필요로 하고 전적으로 자기 외부에 존재하는 동력을 필요로 한다. 기계란 그런 것이다. '기계로서의 자연'이라는 생각이 성립되려면, 제일의 창조주로서의 신과, 그것을 구상·설계하고 조립하는 것으로서의 인간의 정신 = 이성에 대한 전폭적인 신뢰가 있어야 한다. 데카르트는 이성주의의 강력한 이데올로그였다.

이것은 물론, 이미 제1장에서 존 레테르가 지적한 '정신노동과 육체노동의 분리'라는 문제로도 파악하지 않으면 안된다. 니담은 서양적인 의미에서의 정신노동과 육체노동의 분리는 중국에서 뚜렷하지 않았고, 중국의 자연관이 이원론적이지 않은 것은 이것과 관련되어 있다는 것을 시사하고 있다. 부르주아 혁명에 의해서 더욱 뚜렷해진 정신노동과 육체노동의 구분 — 계급적인 분기 — 은 이원론적 자연관을 촉진시키고, 흡사 정신노동자가 된 지식계급은 완전히 정신의 우위에서 자연을 파악하는 관점을 갖게 될 것이다.

수학의 도입

데카르트는 또 수학적 방법의 중요성을 대변한 사람인데, 이것은 도리어 갈릴레오라는 선구자 덕택이었다. "자연이라는 책은 수학의 말로 씌어져 있다"고 말한 갈릴레오는, 수학적 방법을 근대과학의 중요한 기둥으로 도입했다. 이것은 실험에 의한 실증적 방법이라는 또 하나의 기둥 이상으로, 근대과학의 승리를 결정지었는지도 모른다.

수학도 또한 '기계로서의 자연'에 밀접하게 결부되어 있다. 수차의 설계에 앞서서, 물의 양, 낙차, 필요한 동력의 크기 등 수량화된 지식이 없으면 안된다. 그것을 토대로 설계하면, 날개의 수, 두께 등 모든 것이 수량화된 정보로 설계도에 기록되어야 한다. '기계로서의 자연'은 아리스토텔레스적인 형이상학적 논리에 의해서가 아니라, 수학이라는 논리에 의해서 기술되지 않으면 안되었다.

그렇지만 수학이라는 것이 갈릴레오에 의해서, 이어 케플러에 의해서, 자연의 학문에 본격적으로 도입되면서 그것은 단순한 유용성이라는 차원을 훨씬 넘는 의미를 갖게 되었다. 그것을 도입한 당사자들도 생각하지 못했던 결정적인 영향을 후세에 주게 된 것이다.

수학이란 수량의 논리이다. 자연을 논리의 형식으로 설명하는 것은 아리스토텔레스의 구상이었지만, 그는 '삼단논법' 이외에 자연을 논리의 틀 속에 끌어들이는 유효한 방법을 가지고 있지는 않았다. 지금 수학이라는 방법에 의해서 비로소, 참으로 새롭게 자연을 끌어들이는 방법이 가능해졌다. 물론, 수학으로 자연을 다루기 위해서는, 우선 자연을 수량적 형태로 나타내지 않으면 안된다(그리고 그렇게 하기 위해서 실험이라는 또 하나의 방법이 불가결해진다). 자연의 수량화라는 것은, 근대의 과학적 방법이 지닌 최대의 특징이면서 동시에 문제점이기도 한데, 그 문제는 일단 놔두기로 하자. 우선, 여기서는 수량화라는 형태로 경험을 추상화하는 곳에 인간이 와 있었다는 상황에 주목하고 싶다.

수학이라는 것은, 일정한 공리적 전제를 승인하는 한에서는 자기 완결적인 세계이다. 논리를 전개할 때 외부에서 다른 원리를 도입할 필요가 없다. '왜'와 '무엇을 위해서'라는 물음을 제쳐두고, 논리를 한없이 쌓아 올릴 수 있다. 그러한 의미에서는, 어디까지나 그러한 한에서는 대단한 생산성을 갖는다.

실로 그렇기 때문에, 근대 합리주의의 시조라는 데카르트는 수학을 제창하고, 숫자에 의한 연역을 주창했다. (데카르트의 공리주의(公理主義)라는 것은 바로 이러한 것으로, 공리를 세우고서 대담하게 연역을 전개한다.) 그러나 그것의 대극에 있던, F. 베이컨의 이름과 결부된, 귀납적 방법도 수학과 분리시킬 수 없다. 수학에 의해서 비로소 구체적 사상(事象)—즉, 수량—에서 일반적인 법칙을 추상(귀납)할 수 있으며, 또 반대로 일반명제에서 구체적 사상을 예견(연역)할 수도 있다. 이러한 추상은 순전히 일상에서 경험하는 자연에 대해서 해석하는 학문이었던 자연학을 자연의 예견과, 따라서 계획적 개조를 가능하게 하는 과학으로 전환시켰던 것이다.

이렇게 인간은 실험이나 관측방법의 발달로, 그때까지와는 차원이 전혀 다른 방법으로 자연에 속속들이 들어가서 무자비한 방법으로 자연을 난도질하는 수법을 손에 넣게 된 것이다.

실험적 방법도 '기계로서의 자연'과 결부된다. 그것은 단순한 관측과 다르다. 인간의 손으로 자연을 (목적에 맞게) 만든다. 자연에 도전하는 것이다. 자연의 일부를 인간의 손으로 잘라내어서, 제어된 조건에서 관측한다는 성격을 갖는다. 그것은 이러한 실험적 방법을 열렬하게 주창한 베이컨의 주장—예를 들면 "자연의 비밀은, 사람의 손에 의해서 가혹하게 다루어져야 그 정체를 밝혀내기 쉽다"든가, 또 "자연을 정복하려면 자연의 법칙을 알지 않으면 안된다" 등 — 이 보여주는 바, 많든 적든 인간측의 자연에 대한 지배자적인 태도가 필요하다. 거기서는 자연이라는 기계를 움직이는 오퍼레이터로 자연과 마주하고 있다. 실험적 방법의 확립은, 이렇게 자연 대 인간의 위치관계가 이제 완전히 인간의 우위로 기울어진 증거이기도 하며, 또 원인이기도 했을 것이다.

이와 같이 여러 조건이 차츰 하나의 자연관으로 수렴되었을 때, 근대의 자연관을 가장 선명하게 그린 인물이 나타난다. 바로 뉴턴에 의해서 일체가 명확해진다.

3. 뉴턴이 가져온 것

사과와 달

사과가 떨어지는 것을 보고 뉴턴이 만유인력의 법칙을 발견했다는 에피소드는 사실이 아니라고 한다. 그러나 엄밀한 의미에서, 사실이야 어떻든지 간에, 그것은 뉴턴에 대한 진실을 정확하게 갈파한 것이 아닌가 생각한다.

뉴턴이 역학의 3법칙과 만유인력에 대한 구상을 마음 속에 간직하게 된 것은, 1665년 런던에 페스트가 창궐해서 대학을 떠나 고향 울소프의 집에 돌아와 있을 때였다. 뉴턴의 나이 22세에서 24세 때이다. 그의 고향집에는 실제로 사과나무가 있었다고 한다. 아무래도 좋은 얘기지만 여하튼 뉴턴에게서 가장 뉴턴다운 것은, 사과나무의 열매가 떨어지는 것이나 달이 지구를 일정한 궤도를 따라 회전하는 것이 전적으로 같은 하나의 물리법칙에 의해서 이루어지는 게 틀림없다는 아주 강한 신념이었다. 미리 있었던 실측적 사실이, 사과의 운동과 달의 운동의 동등성을 뒷받침하고 있었다는 것은 아니다. 케플러가 발견한 혹성의 운행에 관한 수학적인 법칙성이 그의 머리 속에 있었다는 것은 틀림없겠지만, 그 자신은 경험적인 법칙성을 표현한 것이었지, 운동의 본질에 관해서 뭔가를 말한 것은 아니었다. 그 자신의 손으로 만든 미적분학이라는 강력한 무기에서 도출된 결론이었던 것도 아니다. 미적분학은 그의 신념을 수의 논리로 바꿔놓기 위해서 창출된 것이었으니까, 얘기가 뒤바뀐다.

"뉴턴의 중력은, 물리사상이 수학사상에 앞선 최후의 역사적인 예이

다." (J. 샤론[43])

다시 말해서, 그의 신념은 귀납적으로 이루어진 것도 아니고, 연역적으로 이루어진 것도 아니다. 전 우주를 하나의 법칙성에서 파악하고, 지상의 티끌인 사과든 인간이든 나아가서 달이든 태양이든, 모든 자연을 하나의 법칙성이 지배한다는 생각—이것은, 마침내 성숙을 보여준 서양 근대의 합리주의적 사상이 뉴턴이라는 천재를 통해서 비로소 대담하게 표현될 수 있었던, 강렬한 자연 이데올로기였다. 뉴턴을 천재라고 한다면, 우선 이 점을 말해야 한다. (후술하겠지만, 뉴턴이 근대의 합리주의적 생활신조를 지니고 있었는지의 여부는 또 별개의 문제이다.)

최초에 법칙이 있었다

좀더 자세하게 살펴보면, 뉴턴이 만유인력이라는 구상에 도달한 것은 달의 운동에 관한 고찰을 통해서였다. 갈릴레오를 이어받아서 관성의 법칙을 스스로 정식화했던 뉴턴은, 자연스러운 운동으로서 직선운동을 해야 할 달이 궤도를 벗어나지 못하는 것은 달이 지구로 떨어지기 때문이라고 보았다. 직선운동과 중력에 의한 낙하가 균형을 이룸으로써 회전운동은 유지된다. 그러니까, 사과를 낙하시키는 지구의 중력이 훨씬 거리가 먼 달까지 미친다는 것이 뉴턴의 기본적인 구상이었다.

물질이라는 매체를 통해서가 아니라, 아무것도 없는 공허한 공간을 사이에 두고 인력이 작용한다는 뉴턴의 구상은 실로 하나의 획기적인 것이었다. 아리스토텔레스의 천체론은, 이미 얘기한 바와 같이, '하나의 질서'에 의해서 우주를 해석하려고 한 점에서는 근대의 선구자로서의 의미가 있었다. 그러나 아리스토텔레스는 우주공간을 물질적인 위계구상으로 나누고, 그 구조(천구) 자체가 몽땅 운동한다는 식으로만 생각했다. 게다가 아리스토텔레스는 지상의 먼지에서 천상의 별까지 모두 같은 하나의 물질계에 속한다고 생각하지 않았다. 월하계와 월상계에서는 별개의 원리에 속하는 물질이 존재했다. 요컨대, 아리스토텔레스가 말하는 자연의 원리라든가 질서는 어디까지나 물질과 그 물질로 채워진 공간구조가 엮어 짜내는 것과 다르지 않고, 그것들이 합목적적으로 하나의 질서를 따른다는 것이 그의 세계였다. 다시 말해서, 물질 = 우주이며, 그러한 결과로서 법칙이 있었다. 질서라는 말 자체가, 그러한 자연관을 제시하고 있다.

코페르니쿠스도 이와 같은 사상을 넘어서지 못했다. 코페르니쿠스의 지동설에 가해진 유력한 비판 가운데 하나는, 만일 지구가 서쪽에서 동쪽으로 자전한다면, 수직상공으로 던진 돌은 틀림없이 조금은 서쪽으로 기울어져서 낙하할 것이다, 지상에서는 계속 동쪽에서 서쪽으로 바람이 불어야 할 것이 아닌가 하는 따위였다. 이에 대해서, 코페르니쿠스는 충분한 설득력을 갖고 대답하지 못한다. 그의 답은, 지상에 있는 것은 모두 지구에 올라타서 함께 운동하고 있다는 것이었다. 결국 코페르니쿠스는 태양을 중심으로 하는 각 구체에 올라타서 혹성이 운동한다는 생각을 떠날 수 없었다. 그러한 의미에서는 대단히 아리스토텔레스적이었다.

갈릴레오도, 데카르트조차도, 그러한 생각의 영향을 적잖게 받았다. 그런데 뉴턴은, 그러한 아리스토텔레스적이고 중세적인 자연관을 180도 뒤집어버리고 말았다. 그에게는 물질이든 천체구조든, 그런 것은 말하자면 결과적인 것이며, 필요없는 것이었다. 우선 그는, 그러한 필요없는 것을 모두 치워버리고, 법칙이야말로 그러한 모든 것에 앞서는 것이며, 그 결과로 우주와 자연계가 존재한다고 생각했다. 물리학에서 쓰는 말로 말하면, 그는 '물질이 없는 관성계(慣性系) 공간'이라는 것을 생각한 셈인데, 이 점에 관해서는 물리학자 사토 후미타카(佐藤文隆)[44]의 정확한 지적이 있다.

"이러한 뉴턴적 공간론으로의 비약은, 실로 엄청난 것이었다. 실제로, 이 우주에는 별이 있고 지구가 있다. 결코 텅 빈 공간이 아니다. 그러한 현실적 우주의 모습을 떠나서, 있지도 않은 '물질이 없는 공간'을 상정해서 법칙을 정식화한다는 것은, 방법론적으로도 새로운 태도였다. 그 배경에 있는 사고방식은, 현재의 천체 배치나 물질 분포 등에는 본질적이고 절대적인 것은 아무것도 없으며, 그러한 것은 일단 쓸어버리고 본질적인 단계에서 법칙을 세우고, 현재의 구조를 우연적이고 특수한 하나의 표현에 불과하다고 보는 것이다. 이러한 사고방식은 오늘날에는 당연한 것이 되었지만, 주어진 우주의 모습에 압도되었던 시대에는 생각할 수도 없는 것이었다. 뉴턴의 역학은 단순히 근대 물리학의 출발점이었을 뿐만 아니라, 그것의 보급은 차츰차츰 사람들의 우주에 대한 생각을 그렇게 변화시켜 가는 이데올로기가 되었다."

"나는 가설을 만들지 않는다"

뉴턴에 의해서, 자연의 이론이라는 것이 지녔던 의미가 결정적으로 변했다. 이렇게 말하면, 뉴턴에 앞서는 코페르니쿠스, 케플러, 갈릴레오, 데카르트 등의 업적을 무시하는 것이 되기 때문에 과학사가들의 질책을 들을 것이다. 그러나 나는 과학사를 재현하려는 것이 아니다. 여기서 말하는 '뉴턴'은 뉴턴이라는 개인에게 집약된 수많은 철학자, 과학자들의 대명사라고 생각해 주면 좋겠다.

이 전환은, 그것에 의해서 근대의 과학적 자연관이 결정지어졌다는 성격을 갖는 것이었다. 그 첫째 특징을 단적으로 말하면 '왜'라는 질문을 자연학에서 봉쇄한 것이었다.

예를 들면, 우리가 지금 막 지려는 해를 바라보면서 해안에 서있다고 하자. 태양은, 평상시와 달리 붉고 크게 보인다. 일렁거리는 빨간 노을은 기분이 나쁠 만큼 크게 일렁거린다. 시시각각 태양은 몸을 가라앉히고, 정확하게 2분이라는 시간이 지나면, 벌써 수평선 밑으로 사라진다. 이때 우리는, 수많은 '왜' 때문에 고민한다. 아이들이 함께 있으면, 틀림없이 다음과 같은 질문을 퍼붓는다. "왜 태양은 가라앉는가요?" "왜 태양은 저렇게 커졌죠?" "왜 태양은 일렁거리나요?"…

이러한 질문에 우리는 대충 대답할 수 있다. 그러나 우리의 대답은 사실은 '왜'에 대한 대답이 되지 않는다. 이를테면, 태양이 가라앉는 데 대해서 지동설을 내세우며 지구의 자전으로 대답할 수 있을 것이다. 그러나 그것은 사실은 '왜'에 대한 대답은 아니다. 현상은 설명할 수 있지만, 왜 지구는 자전하는가, 도대체 지구가 왜 여기 있으며, 우리가 왜 존재하는가 등등의 '왜'에는 대답하지 않았다. 우리가 대답하고 있는 것은 사실은, '어떻게'라는 질문에 대한 대답에 불과하다. (대개의 경우 아이들은 납득하지 못하고, '왜'라는 말을 계속하게 되는데, 대개의 경우 어른들은 '어떻게'의 설명으로 얼버무리고 만다. 이러한 문답은, 아이들에 대한 훌륭한 과학교육이 된다.)

철학이나 신학에서는 '왜'를 분리시킬 수 없다. 아리스토텔레스의 《자연학》이 오늘, 우리에게 당연히 형이상학적인 낡은 인상을 주는 것은, 실로 그 때문이다. 거기서는 '왜'와 '어떻게'가 하나로 설명되어야 하기 때문에 천체의 운동에서 제1동자(動者)인 신이 투입되거나 4원소(불, 공기, 흙, 물)가 열, 건, 습, 냉 등의 성질과 결부되기도 한다. 그러한 것이 아니면, 자연학은 설득력을 갖지 못하는 세계였다고 할 수 있을지도 모른다. 그러나 실로 이러한 것이야말로 자연학을 천년 이상이나 쓸모없는 것으로 만든 이유였던 것이다. '왜'라는 본질적이기는 하지만, 불모의 문제를 다루고 있는 한, 더 앞으로 나가려고 해도 나갈 수가 없었던 것이다.

'왜'와 '어떻게'의 분리, '왜'의 지양, 이것이야말로 근대과학이 성립되는 요건이었다고 할 수 있을 것이다. 이러한 비약을 우리는 갈릴레오[45]에게서 우선 찾아볼 수 있다.

"지금 여기서 자연운동에서 가속의 원인이 무엇인가에 대해서 연구하는 것은 적당치 않다고 생각한다. 이에 대해서는 여러가지 학자가 갖가지 의견을 내놓았으며, (중략) 이러한 모든 관념은, 그 외의 것과 함께 검토돼야 하겠지만, 그것으로 얻는 것은 적을 수밖에 없다. 그러나 현재 우리들의 저자가 요구하고 있는 것은 그 **원인이야 무엇이든지** 가속운동의 몇가지 **본성**을 연구하고 **설명**하는 데 있다."

여기에는 '원인'을 지양한 '어떻게' 속에 운동의 본성이 있다는 생각이 들어있다. 갈릴레오 자신도 '왜'에 미련을 가졌다는 것을 알 수 있지만, 이러한 갈릴레오의 입장을 철저하게 한 것이 바로 뉴턴이었다. 뉴턴의 "나는 가설을 만들지 않는다"라는 말은 유명한데, 그것은 바로 이와 같은 의미에서였다. 뉴턴 자신이 명확하게 말했다.[46]

"그러나 나는 지금까지 중력의 이러한 여러가지 성질의 원인을, 실제의 여러 현상에서 발견할 수 없었다. 그리고 나는 가설을 만들지 않는다. 왜냐하면 그것은 실제의 현상에서 도출되지 않는 것은 모두 가설이라고 불러야 하기 때문이다. 그리고 가설은, 그것이 형이상학적인 것이든, 형이하학적이든, 또 신비적 성질의 것이든, 역학적인 것이든, 실험철학에서는 아무런 위치도 차지하지 못하기 때문이다. 이 철학에서는, 특수한 명제가 실제적 제현상에서 추론되고 나중에 가서 귀납에 의해서 일반화되는 것이다. 이렇게 해서 물체의 불가입성(不可入性), 가동성(可動性)이나 충격력, 또 운동의 법칙이나 중력의 법칙이 발견되었던 것이다. 그리고 우리에게는 중력이 실제로 존재하고, 우리가 이제까지 설명해 온 제법칙에 따라서 작용하고, 또 천체와 우리의(지구상의) 바다의 모든 운동을 설명하는 데 크게 이바지할 수 있다면, 그것으로 충분하다."

여기서 말한, 실험철학 = 자연과학의 성립은 실로 이렇게 해서 가능해졌으며, 이것이야말로 근대의 과학적 자연관의 저변에 있는 것이다. ('어떻게'를 중시하는 것은, 이 시대의 주인이 되고 있었던 상공업자들의 실무가적인 활동력의 증대와 멋지게 대응하는 것이겠지만, 지금은 이 점에 깊이 들어가지 않겠다.) 그리고 이러한 '어떻게'의 세계를 가능하게 한 것은, 이미 말한 바와 같이 수학적 방법의 확립이었다. 수학, 이것이야말로 순화된 '어떻게'의 세계라고 할 수 있을 것이다.

자연은 단순함을 좋아한다

그렇지만, 이러한 '왜'의 분리가, 단순히 기능주의적인 발상에서 비롯된 것은 아니었다. '왜'를 지양하고 '어떻게'로써 세계를 풀이할 수 있다는 것은, '어떻게'를 나타내는 것, 즉, 자연법칙은 절대적인 보편성을 갖는다는 데 대한 확신이 뒷받침되지 않으면 안되었다. 자연을 지배하는 물리법칙은 절대 보편적인 것이고, 모든 것을 초월해서 적용된다. 이러한 사상은, 이를테면 뉴턴의 공리적 출발점이자 자연관이다. "가설을 만들지 않는다"고 말했지만, 이 사상은 말하자면 순전히 선험적으로 도입되고 있다. 《프린키피아》 제3편에는 이러한 뉴턴의 사상을 잘 반영한, 유명한 '철학에서 추리의 규칙'이 나온다.

규칙 I 자연 사물의 원인으로서는, 그러한 여러 현상을 참으로, 또 충분하게 설명하는 이외의 것은 아무것도 인정할 필요가 없다.

규칙 II 따라서, 같은 자연의 결과에 대해서는 될 수 있는 한 같은 원인을 갖다 맞추지 않으면 안된다.

규칙 III 물체의 여러 성질 중에서 증강되거나 경감되거나 하는 것이 허용되지 않고 또 우리의 실험범위 안에서 모든 물체에 속하는 것으로 알려지게 되는 것은, 모든 물체의 보편적인 성질로 간주되어야 한다.

규칙 IV (생략)

이런 것은 모두 근대과학의 사상과 방법을 멋지게 표현하는 것이어서, 뉴턴이 이러한 면에서도 뛰어난 재능을 갖고 있었다는 인상을 준다. 이 규칙에 붙어있는 보충적 해설이 더욱 명확하게 그의 자연관을 나타내고 있다.

규칙 I 에서는 "자연은 단순함을 좋아하고, 필요없는 원인으로 장식되는 것을 좋아하지 않는다"고 했다. 또 다른 곳에서는 "자연은 항상 단순하고, 또 항상 자신과 조화를 유지한다"고 했다. 규칙 II에서는 '같은 결과에 같은 원인'이라는 것은 "이를테면, 인간의 호흡과 짐승류의 호흡, 아궁이의 불빛과 태양의 불빛, 지구에서 빛의 반사와 여러 혹성 간에서 빛의 반사와 같이"라고 말했다. 달도 사과도, 이 같은 생각의 근원이다.

그러니까, "자연은 최종적으로는 단순한 법칙성으로 환원되며, 그러한 법칙의 보편성은 이를테면 아궁이의 불이나 태양의 빛에도 일관된 우주적인 유일성을 갖는다"는 강렬한 자연관이다. 뿐만 아니라, 그러한 법칙은 '우리의 실험'을 통해서 인식되고 정식화된다(규칙 III). 그렇다면 이것은, 법칙의 보편성이라는 이름으로 인간이성의 보편성을 자기주장한 것과 같다. 이성에 의해서 얻을 수 있는 것으로서의 자연과 혹은 자연에 대한 과학적 이성은 그렇게 행동해야 한다는 것을 의미하는 입장의 표명이라 해도 좋을 것이다.

이제 뉴턴에 의해서 자연은 물리법칙의 결과로 파악할 수 있게 되었다. 이것은 자연관을 변화시켰을 뿐 아니라 자연법칙이라는 것의 의미를 근본적으로 변화시키고 말았다. 이제까지 관측된 현상을 경험적으로 집약해 표현한 것이었던 법칙은, 이제 그것에 따라서 우주가 존재하고 운동하는 원리가 되었다.

이 사상에 따라서, "아궁이의 불빛에 대해 A＝B가 성립된다면, 태양의 빛에 대해서도 A＝B가 성립된다"고 할 경우, A＝B는 A는 B라는 경험적 사실을 의미하는 것만이 아니다. 그것은 A는 B가 아니면 안된다는 우주관을 내포하고 있다. 다시 말해서, 독일어의 '졸렌(sollen)', 당위의 형태로서의 자연인식을 밑바닥에 깔고 있는 것이다. 따라서 법칙을 정식화한다는 것은, 하나의 우주관을 정식화하는 것과 같다. 이것은 자연에 대해서, 특별하게 능동적이고 공격적이기조차 한 자연관이었다. 여기서부터 많은 것이 시작된다. 그러나 이에 대한 것은 뒷장에 언급하겠다.

생각해 보면, 이러한 우주관·자연관은 '기계로서의 자연'이라는 사고방식의 필연적 귀결이었다. 기계는 그것이 존재하기 이전에 이미 동작원리와 구조가 설계자인 인간에게 알려져 있다. 말하자면 처음에 법칙이 있었고, 결과로서 기계가 있다. 진실로 그러한 것으로 이제, 자연이 존재하고 있는 것이었다.

기독교와 과학

그런데 보류되었던 '왜'는 대체 어디로 간 것인가. 모든 우주론에서 중심과제여야 할 이 물음은, 회피한다고 해서 해결되는 것이 아니다. 이 물음은 없어진 것이 아니라 과학에서 일시적으로 보류되었던 것이다. 바꿔 말하면, '왜'의 물음을 신학이나 철학으로 쫓아버림으로써 과학은 비로소 과학으로 성립하게 된 것이다.

뉴턴 자신은, "이러한 실로 장려한 체계는 예지와 힘이 충만한 신의 심려와 지배에서 생겨나지 않을 도리가 없다"라고 한 말에서 볼 수 있지만, '제1원인'으로 신의 존재를 열렬하게 믿고 '왜'를 신에게 맡겼다. 그리고 일단 '왜' = 신, '어떻게' = 과학이라는 이원론의 틀을 승인하면, 일찍이 그처럼 화해하기 어려우리라고 생각되던 근대적 우주론과 기독교는, 사실은 대단히 잘 들어맞는 것이었다. 유대의 신은 유일 절대적인 우주의 지배자이며 "태초에 신이 있었다." 이것은 그야말로 그러한 것으로서 법칙이라는 것을 생각하는 뉴턴적 근대자연관과 잘 들어맞는다. 아니지, 실로 뉴턴의 발상 그 자체가 기독교적 자연관의 철학적 정식화에 다르지 않았다고 말하면 지나치게 난폭하다고 하겠는가.

구약성서에는 "태초에 하느님께서 하늘과 땅을 창조하셨다"고 되어 있는데, 따라서 신은 처음부터 자연에 초월한 존재로, 인간도 또한 자연의 일부라기보다는 다른 자연과 구별되는 존재로서 '신의 모습'으로 창조되었다. 그리스 세계와 달리 신・사람・자연의 구분이 확연했다. 게다가 이 세계는 이성이 지배하는 세계였다.

"태초에 이미 말씀(로고스)이 계셨다. 말씀은 하느님과 함께 계셨다. 말씀은 신이었다. 말씀은 태초에 천지가 창조되기 전부터 하느님과 함께 계셨다. 모든 것은 말씀을 통해서 생겨났고, 말씀 없이 생겨난 것은 하나도 없었다. 생겨난 모든 것은 그에게서 생명을 얻었으며, 그 생명은 사람의 빛이었다. 이 빛은 언제나 어둠 속에서 빛나고 있다. 그러나 어둠의 이 세상 사람들은 이것을 이해해 본 적이 없다."[47] 뉴턴은 말씀 = 로고스를 발견했다. 그렇기 때문에, "신이 '뉴턴 있으라' 하시니까, 모든 것은 빛이 되었다"는 것이다.

이토 슌타로(伊東俊太郎)는, 중세 기독교가 근대적 자연관의 교량으로서 큰 역할을 했다고 말한다. 그는 다음과 같은 베르자예프의 말을 인용했다.[48]

"고대 세계의 종말과 기독교 세계의 시작은, 자연의 내적 생명이 인간에게 어떤 이질적인 깊이로 분리되어 갔던 것과 관련이 있다. 이제 자연과 인간 사이에는 하나의 깊은 골이 입을 열었다. 기독교는 말하자면, 자연을 죽였다. 이것이 기독교에 의해서 초래된 인간정신의 자유화라는 위대한 작업의 또 하나의 측면이다. (중략) 이렇게 자연이 인간으로부터 괴리되고 인간은 자연의 내적 생명에 대한 열쇠를 상실하는 것이야말로, 기독교 시대를 그 이전의 시대와 구별하는 최대의 특징이다. 여기서 비롯되는 귀결은 일견해서 극히 역설적이다. 왜냐하면, 기독교 시대의 귀결이 자연의 기계론화였기 때문이다. (중략) 그러나 아무리 역설적으로 보일지라도, 기독교만이 (근대의) 실증과학과 기술을 가능하게 했던 것이다."

직업으로서의 과학

앞에서 본 대로라면, '기계로서의 자연'은 서양에서 사회적인 발달에 의해서 뒷받침되었으며, 자연을 인간과 분리해서 파악한 기독교와 잘 어울릴 수 있는 자연관이었다고 할 수 있다.[49] 그러나 그렇다고 해도 실제로 우리 눈앞에 있는 살아있는 자연을, 브루노적이 아니라 완전히 합리성의 틀 속에서, 혹은 뉴턴적 법칙성의 틀 속에서 파악할 수 있게 되는 전환은 현실적으로 어떻게 가능했던 것일까.

이론가에게는 잘 들어맞고 일견 문제가 없어 보이는 이러한 것이, 나와 같은 운동권의 인간에게는 대단히 마음에 걸린다. 인간의 사상이나 행동의 전환에는 상당한 물질적인 근거가 필요하고, 또 생활스타일이라는 것과도 밀접하게 관련된 것처럼 생각하기 때문이다. 뉴턴의 물리학에서 생각하는 한, 뉴턴의 시대에는 약간 무미건조하다고 할까, 합리성이 관철된 것 같은—이것을 근대적이라고 해야 할지—자연에 대한 태도와 생활신조를 갖춘 인격의 성숙이 있었다고 생각하고 싶다. 그렇지만, 사실 그러했을까.

사실은 코페르니쿠스나 케플러, 뉴턴도 신비주의라든가 연금술적이라고 할 만한 측면을 다분히 가지고 있는 인물이었다고 알려져 있다. 코페르니쿠스는 갖가지 '기묘한 약'을, 사슴의 심장가루, 바퀴벌레, 서각(犀角), 붉은 산호 등으로 조제했다. 케플러는 자신의 일을 '세계의 화성학(和聲學)'이라는, 엄청나게 '비과학적'인 관점에서 행동하였고, 신비주의적인 저술도 적지 않다. 뉴턴도 연금술에 푹 빠져 있었다. 이러한 것은, 확실히 무라카 요이치로(村上陽一郎)가 지적한 대로[50] "그렇게 뛰어난 뉴턴이었지만 연금술에 푹 빠지는 어리석은 일면도 가지고 있었다"라고 생각하면 안된다.

그러나 그렇다면 이렇게 일견 모순된 상황을 어떻게 설명해야 하는가. 아마도 이것은 과학이 철학이나 신학과 그 당시 거의 확실하게 분리된 것과 같이, 직업적 과학자라는 존재가 확실하게 성립되어 가는 것으로 설명되지 않을까. 코페르니쿠스는 성직자였고, '연구'는 말하자면 여가선용이었다. 갈릴레오는 이미 대학교수로 전문적인 수학자・물리학자로서 행동했지만, 아직은 메디치가문의 커다란 사적인 영향하에 있었다. 그런데 뉴턴은 틀림없는 대학교수로, 그의 시대에는 연구에 전념함으로써 생계를 해결하는 직업적 과학자라는 존재가 성립해 있었다. (그와 동시대의 과학자는 대개 같은 상황이었을 것이다.) 이러한 변화에 따라서, 과학은 차츰 그 사람의 생과 생활에서 틀림없이 분리된 것이 되었을 것이다. 우리는 코페르니쿠스, 갈릴레오, 뉴턴을 비교해 읽어보면, 그들의 '과학'에 대한 글이 차츰 재미없게 되는 것을 느낄 수 있다.

근대과학의 성립은, 아마도 과학자와 생활자로 인격의 이원화를 동반했거나, 아니면 적어도 가능하게 했던 것이다. 뉴턴 자신이 이것을 어디까지 의식했는지는 의문이지만, 그는 그의 생활의 전체, 거기서 생겨나는 자연관(그것은 아무래도 신비주의적이다)과 자연과학자로서의 직업적 삶을 틀림없이 분리했을 것이다.

이 점은, 직업적 과학자로서의 나의 체험에 입각해서 생각하는 것이다. 많은 자연과학자가 그의 전문영역에서는 그런대로 '과학적'이고 합리주의적인 것 같으면서도, 전문영역을 벗어난 문제나 생활상의 문제에서는 의외로 비합리적이고 비과학적이어서 부적 같은 것에 운명을 맡기는 등의 생활신조를 가지는 예는, 현재에 와서도 하나하나 지적할 수 없을 만큼 많다. 도리어 이러한 전인격의 이원화야말로 '근대적' 또는 '합리적'이라고 해야 할지 모른다.

얘기가 좀 옆길로 들어갔는데, 이 책의 서장 첫머리에서 내가 말한 "자연관이 한 인간의 내부에서 분열된다"는 것과 관련해서 생각할 때, 이 점이야말로 근대적 자연관이 성립하는 데에 중요한 점이라고 생각한다. 요컨대, 근대로의 전환이 일어났을 때 자연관이 과학적 자연관 일색으로 칠해진 것이 아니라, 과학적 자연관과 그렇지 않은 것으로 이원화가 일어났던 것이다.

그리고 그 전자의 자연관, 직업적 과학자들의 자연관이야말로 자연을 흡사 인간 외적인 연구나 이용의 대상, 차디찬 피가 통하지 않는 '물(物)'로 전환시켜, 자연을 착취하고 상품화하는 방향으로 길을 열었다. 그 입장에서는 당연했다고 할 수 있는데, 자본주의사회의 발전과 결부되는 것으로, 이 자연관은 지배자들의 이데올로기가 되었다.

이때, 버려진 또 하나의 자연관은 어떻게 되었는가. 그것은 생활하는 사람에게 친근한 것이었지만, 과학과 분리되어 흡사 '정서'와 같은 세계로 밀려나게 되었다. 18세기에 자연을 찬미하는 낭만주의 문학이 성황을 이룬 것은, 실로 이와 같은 배경에서였다는 것을 이해할 수 있을 것이다. 그렇기 때문에 대개의 경우 우리는 18세기적 자연 찬미의 밑바닥에, 이미 그 한편에 자연 수탈의 그림자가 서글프게 반영되어 있다는 것을 간과할 수 없다.

자연시인 중에서도 뛰어난 자연시인이랄 수 있는 워즈워드의 시에 다음과 같은 구절이 있다.[51]

애처로운 수잔의 몽상

(생략)
그녀가 가끔 우유통을 가지고 내려왔다.
푸른 목장이 골짜기 한가운데 보이고,
비둘기집 같은 조그만 한채의 오두막집이 보이고,
그것은 그가 좋아하는 이 세상에서 오직 하나의 집.
그것을 바라보는 동안 그의 마음은 천국에 있다.
그러나 금방 안개도 시내도, 언덕도 나무 그늘도 사라지고,
개울은 흐르지 않고, 언덕은 솟아 있지 않고,
갖가지 색깔은 모두 그의 눈에서 사라져갔다.

워즈워드가 이 시를 읊은 것은 1797년이었는데, 이때 이미 영국은 산업혁명이 한창 진행중이었다. '사라져가는' 자연을 벌써 충분히 의식하면서 워즈워드는 자연 찬미를 계속할 수밖에 없었는지도 모른다.

제4장

우주는 해명되었는가

[본장의 요약]

현대의 물리학은 우주를 수학적 질서로 해명하려고 했고, 큰 성공을 거둔 것처럼 보였다. 그러나 그것은, 근대의 기계론적이고 인간중심주의적인 우주관을 더욱더 추상화한 데 불과하다. 그 우주에서 인간과 생물의 주체적인 삶의 장을 발견할 수가 없고, 자연은 거기서 죽어가고 있다. 지금, 우리 자신이 살아가야 할 장소를 명확히 밝혀내기 위해서 자연관 · 우주관의 래디컬한 전환이 요구된다.

누가 올바르게 알고 있는가. 누가 여기서 선언할 수 있는가. 이러한 창조는 어디에서 일어났고, 어디에서 왔는가. 신들은 이러한 창조보다 후의 일이다. 그렇다면 창조가 어디서 일어났는지를 아는 것은 누구란 말인가?

이러한 창조는 어디에서 일어났는가. 누가 창조했는가, 아니면 창조하지 않았는가. 최고천(最高天)에 있으면서 이 세계를 감시하는 자만이 이것을 잘 알고 있다. 아니면 그도 이것을 모른다.

— 리그 베다[52)]

1. 수학적 우주

수학적 자연

갈릴레오에서 시작해 뉴턴에 의해서 하나의 완성을 이루게 된 근대 물리학은, 앞에서 본 바와 같이 수학의 도움을 받아서 자연현상을 보편적인 법칙성이라는 형태로 이해하는 방법을 발전시켰다. 거기서 자연의 이해란, 기본적으로 수학적인 것이다. 갈릴레오는 《천문대화(天文對話)》[53]에서 다음과 같이 말하고 있다.

"이해한다는 것은 내포적인가 외연적인가, 두가지 어느 쪽의 의미로나 생각할 수 있다. 외연적, 즉 무한하게 많이 있는 알아야 할 문제에 관해서는, 인간의 이해력은, 가령 천가지 명제를 이해했다고 해도 무(無)이다. 그것은 천도 무한에 대해서는 0이니까. 그러나 이해력이라는 것을 내포적으로 생각하면, 내포적이라는 말이 어떤 명제를 내포적, 즉 완전히 이해한다는 것을 의미하는 한, 인간의 지성은 어떤 명제를 완전히 — 자연 그 자체가 이해하는 만큼 — 이해하고, 그것에 대해서 절대적 확실성 — 자연 그 자체가 갖는 만큼 — 을 갖는다는 것이 된다. 그러한 것은 순수한 수학적 과학이다. 다시 말해서, 기하학과 산술이다. 이것에 대해서도 신의 예지는 확실히 더더욱 무한의 명제를 알고 있다. 왜냐하면, 신은 전지(全智)이니까. 그러나 인간의 지성이 이해한 소수의 것에 대해서는, 그 인식의 객관적 확실성은 신의 인식과 같은 것이리라. 그것은 인간의 지성이 그에 대해서 가장 확실하다고 생각되는 필연성을 이해할 수 있으니까."

여기에 갈릴레오가 생각한 수학적 자연 이해의 의미가 간결한 말로 확실하게 서술되어 있으며, 과연 갈릴레오구나 하는 생각을 갖게 한다. '외연적'이라든가 '신은 전지'라는 점에 관해서는, 그 앞 단계에서, 미켈란젤로의 재능은 탁월한 것이지만 그가 만든 조각상도 근육, 힘줄, 신경, 뼈, 오감, 영혼의 힘은 '최후의 이해력'에서 살아있는 인간에게는 도저히 미치지 못한다는 취지의 글이 있다. 다시 말해서, 여기에서 '외연적'이란 자연 전체의 구성일 것이다. 갈릴레오의 수학은 결코 그 전체(totality)를 다루는 것은 아니지만, 어느 하나의 절단면에 관해서 해석하고 이해한다는 기능에서는 객관적이고 절대 확실한 것이라고 말한다. 후술하는 것과 관계되지만, 수학적 연역의 성격과 밀접하게 결부되는 것으로서, 필연성의 이해라는 말이 쓰이고 있다는 것도 주목해 두자.

위로부터의 수학

이와 같이, 물리학에 의한 수학적 자연 이해에 대한 인식방법은, 현재 우리가 과학에 대해서 갖고 있는 이해와 어느 면에서는 잘 겹쳐져 있다. 바로 그 연장선상에 오늘의 물리학에 의한, 고도의 수학을 구사한 자연 이해가 있는 것처럼 생각된다. 그러나 과연 그럴까. 만일 오늘 물리학의 달성이 갈릴레오 시대와 비교해서, "하나의 명제에 대한 내포적 이해"가 좀더 철저하다든가, 명제의 수가 천에서 만이 되었다는 것이라면, 그것은 틀림없이 갈릴레오의 이해방법의 연장선상에 있을 것이다. 그러나 사실 오늘의 물리학에서 수학은 전혀 다른 역할을 맡고 있지 않은가.

'레일리-진즈의 복사식'으로 잘 알려진 영국의 물리학자 진즈는, 스스로 수학을 구사한 사람이었는데, 대담하게 자기 생각을 말하는 사람이기도 했던 것 같다. 갈릴레오의 시대로부터 300년 이상이나 지나서, 상대성이론이나 양자론에 의해서 현대 물리학이 혁혁한 성과를 올리고 있

던 때의 일이지만, 진즈는 다음과 같이 말했다.[54)]

"우리의 먼 조상은 그들이 만든 의인론적(擬人論的)인 자연개념으로 자연을 해석하려고 했으나 잘 되지 않았다. 가까운 조상은 기계적 자연 모델을 가지고 해석하려 했지만, 이것도 부적당했다. 이에 대해서, 순수 수학의 개념으로 자연을 해석하려는 우리의 노력은 적어도 이제까지는 훌륭한 성과를 올리고 있다."

그리고 진즈는 물리학은 자연에 대한 궁극적인 사실을 밝혀낸 것이 아니라 어디까지나 자연의 '그림자'를 보여준 데 불과하다고 하면서도, 자연에 대한 수학적 이해의 성공은, 우리가 '수학'이라는 색안경을 쓰고 있다기보다 오히려 우주 자신이 수학적인 구조를 갖고 있다는 것을 암시한다고 했다. 그것은 "자연이라는 책은 수학의 말로 씌어져 있다"고 한 갈릴레오의 말을 상기시킨다. 그러나—이것이 중요한 것인데—갈릴레오의 의미와도, 19세기의 기계적 물리학과도, "칸트가 생각한, 또는 생각할 수 있었던 어떠한 의미와도 다른 방법을 가지고 우주는 수학적인" 것이라고 진즈는 말했다.

"요컨대, 수학은 우주를 밑에서부터가 아니라 위로부터 들어간다. … in brief, the mathematics enters the universe from above instead of from below."

진즈 식으로 말하면, 신은 최대이며 전능한 수학자이며, 우주 그 자체가 총체적 의미에서 수학적으로 만들어졌다고밖에는 생각할 수 없다.

상대성이라는 절대주의

진즈는 극단적인 형태로 말하고 있다고 할 수 있을 것이다. 그러나 그렇기 때문에, 그는 20세기 물리학자들의 자연관을 잘 대표하고 있다. 물론, 진즈가 '위로부터의 수학'이라고 했을 때 맨먼저 염두에 두고 있던 사람은 아인슈타인이었을 것이다.

이 책을 과학론으로 하지 않겠다는 의도를 재확인하면서, 상대성이론이나 양자론에 대한 과학론적 비판은 하지 않겠지만, 한가지만 언급해두는 게 앞으로 논의하는 데 좋을 듯하다. 그것은 상대성이라는 말의 의미에 관한 것이다. 갈릴레오에서 시작해 뉴턴에 의해서 정식화된 상대성(론)이라는 사고는, 등속(等速)으로 움직이는 물체의 계(관성계라고 한다)는 어느 것이나 동등하고, 그러한 계에서 운동이나 정지는 상대적인 것이라는 인식에 기초를 두고 있다. 말할 것도 없이, 이러한 사고방식은 하늘과 땅의 운동의 상대성이라는 데 이어져서, 지동설로 전환하는 데 큰 공헌을 했다.

그러나 상대성이라는 사고방식의 사상적 핵심은, 단순히 두 운동의 상대성 같은 것이 아니다. 외관상으로 보이는 다양성 뒤에는, 사실은 불변의 단일한 법칙에 의해서 표현되는 물체나 운동의 본질이 숨어있다는 사상이 상대성이다. 따라서, 운동을 '상대화한다'는 것은, 그러한 외관상의 다양성을 쓸어버리고 불변성(보편성)을 탐색하는 것을 의미하고 있다. 수학적·물리학적으로 말하면, 계(좌표계)의 설정(좌표변환이라고 한다)에 의해서 불변하는 것 같은 운동법칙의 표현을 얻는다는 사고방식 내지는 절차이다.

뉴턴이 정식화한 관성계에서 역학의 불변성은 그러한 것이었다. 그러한 뉴턴의 역학은, 알려진 바와 같이, 아인슈타인에 의해서 획기적인 형태로 다시 씌어져서 보편화되고 확대되었다. '특수상대성이론'은 전자기(電磁氣)의 법칙까지 포함한 물리법칙 일반이 관성계에서 어떠한 좌표의 변환에 대해서도 변하지 않게 되는, 시공간의 구조를 밝혀냈다. 게다가, 아인슈타인은 중력이 작용하는 비관성계에까지 물리법칙의 불변성이라는 생각을 확대하는 데 성공했다. 그것이 '일반상대성이론'이다.

상대성이론이라고 하면, 관점의 상대성이나 시공의 상대성이 금방 생각나는데, 그것이 왕왕 '진리의 상대성'의 주장이라고 오해되기도 한다. 그러나 그러한 의미에서는, 아인슈타인의 사상은 단호한 절대주의이며, 진리에 대한 유일성의 주장이다. 흔히들 말하는 바와 같이, '자연은 단순하다'는 것이 아인슈타인의 신념이고, 그의 자연에 대한 미의식이기도 했다. 이 경우 '단순'의 의미는, 난해한 수학을 구사하기는 했지만, 결국 자연법칙은 외관상 현상의 개별성을 넘어서 단일한 통일적인 법칙(정식)으로 귀결된다는 것이다. 아니, 신은 처음부터 자연을 그렇게 만들었던 것이다—그러한 자연관이었다.

상대성이론, 특히 일반상대성이론은 어떤 구체적인 관측결과를 해결하기 위해서보다는 오히려 앞에서 말한 바와 같이, "자연은 이렇지 않으면 안된다(sollen)"는 사고방식—굳이 말하자면 이데올로기—을 수학으로 표현한 것이었다. 이미 우리는 뉴턴에게서도 같은 맹아를 보았지만, 뉴턴의 경우에는 그래도 많은 것을 현상에서 출발하고 있다. 게다가, 수학 자체를 현상을 취급할 때의 필요에 따라서 만들어냈다. 그러한 의미에서 수학은 수단이다. 아인슈타인의 경우에는 리만기하학 등 수학자들이 독자적으로 발전시킨 수학을 도입함으로써, 중력의 이론을 이끌어내고, 공간이라는 것의 기하학적 성질을 밝혀냈다. 그리고 그러한 수학적 우주 구조야말로 본질이라고 말한다. 그러한 의미에서, 틀림없이 수학은 '위로부터 우주로 들어간 것'이었다.

물리적 의미는 뒤따라온다

진즈가 말한 것은 그러한 의미이다. 그리고 아인슈타인과 같은 자연관이 그 이후 이론물리학자들의 공통적 모티브가 되었다. 거기에는 모든 변환에 보편적 법칙성이라든가 현상의 개별성을 넘은 통일성이라는 것이 우선 지도원리로 있고, 그 정식화에서 수학적 표현을 이끌어내며, 물리적 의미의 해석은 뒤따라오는 느낌이다.

이 점에 관해서 상대성이론 연구자로서 저명한 우치야마 타츠오(內山龍雄)[55]는 재미있는 그 자신의 에피소드를 썼다. 좀 길지만, 현대의 이론물리학자가 어떠한 자연관을 가지고 있는지에 대한 적절한 예가 될 것 같아서 소개한다. 우치야마가 그의 '게이지이론'을 처음으로 발표한 당시와 관련된다. 게이지 변환이니 게이지 불변성이니, 듣지 못했던 말이 나오지만, 쉽게 말하면 잣대(게이지), 척도의 변환에서도 물리법칙이 변하지 않고 유지된다는, 그러한 불변성에 관련된 것이라는 정도로 여기서는 이해해두면 된다.

"그때, 어떤 사람이 나의 이론에 대해서 다음과 같이 반론한 것을 지금도 잘 기억하고 있다. '전자장의 경우, 처음에 우선 장의 움직임을 규정하는 법칙이 발견되었고, 그것을 자세하게 조사하다가 그 법칙에서 게이지 변환에 대한 불변성을 도출할 수 있다는 것을 알게 되었다. 그런데 우치야마는, 게이지 불변성을 출발점으로 해서, 거기서 거꾸로 장의 법칙을 이끌어 내려고 한 것이다. 우치야마의 생각은, 전자장의 이론이 성립되는 역사의 방향에 역행하는 것이라서, 틀렸다.'

이러한 반론을 들었을 때, 그에게는 나의 생각이 전혀 이해되지 않았다는 것을 알았다. 그가 주장하는 것과 같이, 상식이 되어 있는 정통파의 사고방식을 역행시켰기 때문에 새로운 진로가 열린 것이지, 정통파의 생각을 추종한다는 것은 옳을지는 모르지만 거기서 새로운 관점은 생기지 않는다."

오히려, 오늘 우치야마의 생각이 완전히 지배적으로 되어 있는 게 아닌지. 되풀이할 것까지도 없겠지만, 여기서 대립적인 입장으로서 문제가 되는 것은, 물리현상에서 출발해서 그것을 추상화해서 법칙성에 도달하려는, 전에는 오소독스(orthodox, 정설·정통)였던 입장과, 추상적인 원리—가령, 변환에 대한 불변성 내지는 장, 그 자체의 수학적 성질—에서 출발해서 이를테면 구체성으로서의 법칙성에 도달하려고 한 우치야마적인 입장이다.

후자는 말하자면 '위로부터의 수학'의 전형적인 예이다. 물리학자들에게 말하게 하면, 그들은 수학적인 자연해석을 하고 있는 게 아니라, 자연 그 자체가 수학적으로 되어 있다고 할 것이다. 그러나 그것은 역시 하나의 자연이데올로기 이상은 될 수 없을 것이다.

우주원리

현대 물리학에 의한 수학적 자연 이해의 성격에 대해서 일단은 대강 이해된 것으로 보고, 본장의 테마인 현대우주론 얘기로 들어가기로 하자. 본장의 의도는, 현대과학이 가장 현대적인 관점에서 우주나 자연을 어떻게 보고 있는가를 되도록 구체적으로 알아보려는 데 있다. 상대성이론이나 양자역학을 직접 다루지는 않지만, 현대우주론이 성황을 이루게 된 것은 상대성이론과 양자역학이 각각 발전함으로써 가능해진 것이므로, 우주론에 대해서 생각한다는 것은, 그런 것에 대해서 생각하는 것이기도 하다. 물론 내 입장에서 그런 것에 대해서 생각한다는 것은, 그 문제점을 끄집어내 보고 싶은 의도를 담고 있다.

이미 말한 상대화에 의한 보편화의 방법이라는 것은 확실히 대단히 유효한데, 그것에 의해서 우리는 지구에 있으면서 우주로 확대된 시점을 보편화할 수 있었다. 이것은 놀랄 만한 일로서, 물리학자들이 이성의 승리를 선언하는 것도 무리가 아닌 면이 있다. 그러나 이 마술에는 숨겨놓은 장치가 있다고 한다면 물리학자들은 이에 반론을 펼까.

우리가 이 지구에 있으면서 우주를 관측하고 논의할 때, 아리스토텔레스-프톨레마이오스는 자신들이 있는 지구라는 장이 우주의 중심이라고 생각했다. 이것은 인간이 있는 지구가 우연히도 우주의 중심이라고 제 마음대로 생각한 우주관인데, 이때 우주의 중력은 중심을 지구에 두고 있었다. 코페르니쿠스혁명은 이와 같은 자기중심적 우주관을 상대화하고, 인간과 지구는 이 우주에서 조금도 특별한 위치를 차지하고 있지 않는다는 것을 보여주었다. 그러나 지금 아리스토텔레스와는 반대의 의미에서의 독선이 작용하고 있는 것은 아닌가.

다시 말해서, 현대의 모든 우주관은 우리가 우주에서 결코 특수한 위치에 있지 않다는 것을 전제로 하고 있다. 중심도 아닌, 대신에 아주 특수한 장소, 이를테면 우물 속에서 개구리가 하늘을 쳐다보고 있는 것이 아니라는 것을 모두가 거의 아프리오리(a priori, 선험적)하게 가정하고 있다. 우리가 보고 있는 우주가, 우주의 다른 장소에 가더라도 기본적으로 똑같이 보인다는 것을 전제로 하고 있는 것인데, 만약에 이러한 전제를 없애버리면 우주론은 성립하지 않는다.

우주는 이처럼 어디서 보아도 똑같은 것이며, 이렇게 꽉 같은 구조의 우주가 이어져 있다는 전제를 우주원리라고 부른다. 물리학의 용어로 말하면, 우주는 모두 하나같고 등방(等方)이라는 얘기가 된다. 이 경우 물론 부분적인 물질분포의 농담(濃淡)은 있겠지만, 대국적으로 보면, 끝도 없으며 중심도 없고, 또 물질의 분포도 하나같이 똑같다. 그러한 보편성을 거의 선험적으로 전제한다. 이러한 전제가 있기 때문에, 예를 들면, 지구상의 우리들이 우주 내에서 차지하는 위치는 극히 보편적인 것이 된다. 우주의 중심에 있다는 등의 독선이 아닌 대신에, 우리는 우물 속의 개구리가 아닌 보편적인 존재라는 주장이다. 이것을 그럴듯한 합리주의적인 자기중심이라고는 말할 수 없을까. 내가 감춰놓은 장치가 있다고 말한 것은 이것 때문이다.

이러한 가정은 아무리 해도 입증할 수 없기 때문에 선험적이라고밖에 할 수 없다. 그런 식으로 생각하는 것이 가장 합리적이라는 우주관이다. 아인슈타인이 일반상대성이론에 기초를 두고 우주방정식을 세웠을 때도 이러한 우주원리를 전제로 했다. 하나같고 등방이라는 것을 가정하지 않으면 방정식은 풀어지지 않는데, 아인슈타인에게 말하라고 한다면, 그것이 가장 단순하고 아름다운 자연의 모습이다라고 할 것이다.

K. 휴프너는 《과학적 이성비판》[56]에서 이 점에 대해서 이렇게 썼다. "그러한 포괄적 원리를 도입하여, 물질적 일체로서의 우주상이 비로소 가능해진다. (앞에서 말한) 가정과 원리(= 우주원리)는, 우주의 단순함과 일양성(一樣性, 하나같음)이라는 사고방식에 의해서 설득력을 얻고 있다."

완전우주원리

앞에서 전제한 입장을 다시 한발짝 밀고 나가면, 완전우주원리라는 생각에 도달한다. 이것은 우리가 공간적으로 특수한 위치에 있지 않을 뿐만 아니라, 시간적으로도 특수한 위치에 있지 않다는 것을 주장한다. 물리학의 언어로 얘기하면, 공간적으로 하나같고 등방이며 동시에 시간적으로는 정상(定常)이라는 사고방식이다. 이렇게 생각하면, 물리법칙은 우주의 어떤 장소, 어떤 시간에도 보편적인 것으로, 우리가 지금 여기서 경험하고 있는 우주와 우주법칙은 모든 시공을 꿰뚫는 보편적인 것이라는 의미가 된다. 이것은 우주론을 가능하게 하는 가장 강력한 지도원리라 하겠다.

이미 말한 것으로 알 수 있겠지만, 완전우주원리는 대단히 합리주의적인 가설이다. 이것은 단순한 자기중심주의가 아니라, 일단 지구나 인간을 우주 안에서 상대화하고 나서, 그러한 조그만 보잘것없는 하나의 존재로서 지구상의 인간을—정확히 말하면 그러한 관점, 다시 말해서 그러한 이성을—절대적으로 보편화하고 있다. 이렇게 인간의 물리적 존재(신체)는 한없이 상대화되지만, 인간의 이성 그 자체는 절대화된다. 여기서 새로운 인간중심주의가 시작된다. 그리고 그 근저에 아프리오리즘이 있다는 것은 피할 수 없다. 그것이 내포하는 문제는 머지않아 생각하게 될 것이다.

빅뱅우주론

실제로는 완전우주원리는 거의 성립하지 않는다고 여겨졌다. 1965년 펜지아스와 윌슨이 우주를 채우고 있는 3K의 복사(輻射)를 발견함으로써, 우리가 사는 우주는 어떤 고유한 시초를 갖는 시간의 흐름 속에 존재한다고 생각하게 되었기 때문이다. 3K의 복사란, 온도 3K의 흑체(黑體)에서 방사되는 파장분포를 갖는 전자파인데, 지상의 관측에 의하면 완전히 등방향적으로 존재하고 있다. 다시 말해서, 어딘가 고유한 근원에서 오는 게 아니라 보편적으로 우주를 채우고 있다고 생각된다는 것이다. 그리고 이러한 복사는, 우주초기의 화구(火球, 불덩어리)상태에서 우주가 팽창·냉각될 때의 흔적으로 3K라는 온도까지 식은 것이 현재라는 것으로만 설명할 수 있다고 생각된다.

이것과 잘 겹쳐지는 또 하나의 관측사실이, 우주의 후퇴라는 것이다. 이것은 이미 1929년 허블에 의해서 발견되고 경험칙화(經驗則化)된 것인데, 은하(성운)는 서로 후퇴하고 있으며, 거리가 멀수록 후퇴속도가 빨라진다는 것이다. 이것으로도 우주가 각 방향으로 똑같이 팽창하는 것 같다는 생각에 도달한다.

현재 관측할 수 있는 이러한 두가지 사실—3K의 복사와 은하의 후퇴—에서, 시계바늘을 거꾸로 돌려서, 현재의 물리학이론의 필연성을 추구하면, 어쩔 수 없이 우주초기의 고온·고압의 화구에 가 닿는다. 이것이 빅뱅(대폭발)이다.

현재의 우주가 탄생한 것은 대략 100억-200억년 전이라고 여겨지고 있다. 그때까지의 팽창우주를 거슬러 올라가면 우주 전체의 직경이 1센티미터보다 작았을 때까지 쉽게 올라갈 수 있다고 한다. 우주의 온도는 10^{29}K에 가깝고, 현재 보는 것과 같은 여러가지 물질의 분기도 없고, 우주는 일양등방(一様等方)의 화구였다. 이것은 우주개벽으로부터 10^{-36}초, 또는 그전의 일인데, 그보다 더 우주개벽을 타임제로에 가까이 하면, 무엇이 일어났는지 여간해서 밝혀지지 않는다. 그러나 우주개벽의 불덩어리는 수학적으로 말하면 특이점이었다는 것을 피할 수 없는 것 같다.

특이점은 무엇인가라는 질문이 나오는데, 그것은 통상적 물리학이 정의할 수 없는 점으로, 시공은 정의될 수 없고 밀도는 무한대, 중력의 강도도 무한대가 된다. 우리의 우주초기로 물리학을 거꾸로 소급했을 때, 물리학이 정의되지 않는 밀도 무한대의 화구에 이른다는 것은 보기에 따라서는 엄청난 비아냥이 되어, 이러한 특이점의 출현을 회피하는 방향으로 이론을 전개하려는 시도도 있는 모양인데, 그것 또한 쉬운 일이 아닌 것 같다. 어떤 의미에서 특이점의 출현은 잘된 일이다. 그것은 우리가 소박하게 내놓는 질문—"우주에 시작이 있다고 하면 그것에 앞서는 것은 무엇인가"를 봉쇄해 버리기 때문이다. 특이점에서는 이제 시간이 정의되지 않으니까 '그보다 먼저'를 말할 수가 없다.

그러나 물리학의 귀결이 물리학이 정의할 수 없는 불덩어리라고 하면, 역시 어색하다. 특이점을 다루는 수학이라든가 특이점이 생기지 않는 우주모델 등, 수학·물리학의 장래를 기대하는 것이 물리학자들의 입장인데, 이론의 미발달이라는 것으로는 해결할 수 없는 문제도 있을 것 같다. 이것은 조금 있다 다시 생각하기로 하고, 좀더 빅뱅자연론을 이야기해 보기로 하자.

힘의 통일

사실, 빅뱅우주의 모델이라는 것은 힘의 통일이라는 문제와 밀접한 관련이 있다. 갈릴레오나 아인슈타인을 얘기할 때 본 것처럼, 물리학자들의 일을 방향지우는 강력한 모티브는, 다양한 자연현상의 배후에 단일한 법칙성이 숨어있다는 신념이다. 그리고 이러한 아인슈타인적인 자연관을 가장 잘 나타내는 것이 통일이라는 개념이다.

최근 20년간, 물리학의 화제 중에서 가장 큰 것은 '힘의 통일'을 다룬 이론이나 실험이다. 현재 우리가 알고 있는 자연계의 다양한 상호작용은, 기본적으로 네가지 힘(상호작용)에 의한 것이라고 생각하고 있다. 그것은 중력과 전자기력, 원자핵의 베타붕괴 등에 나타나는 약한 상호작용, 핵력과 같은 강한 상호작용, 이렇게 네가지이다. '통일'이라는 것은, 물리학자에게는 서로 연관성이 확실하지 않은 네가지의 힘이 있다는 것이 마음에 들지 않기 때문에, 외관상 나타나는 다양성을 뚫고 그 깊숙이 들어가서, 그것을 통일적으로 지배하는 단일한 법칙성을 발견하자는 것이다.

우선, 약한 상호작용과 전자(電磁) 상호작용의 통일은 1960년대 와인버그와 살렘에 의해서 독립적인 이론이 제창되었으며, 그 예측에 따른 실험적 관측이 유럽원자핵연구소(CERN)의 거대가속기를 이용해서 80년대에 들어와서 완수되었다. 현재는 이것과 강한 상호작용을 결부시키는 '대통일이론(Grand Unified Theories = GUTS)'의 확립을 위한 실험이 성황중이다. 그리고 다시 그 앞에 모든 힘을 하나로 잇는 초통일이론이 전개되고 있다. 그러한 통일이 시도되어야만, 우리가 자연을 진실로 이해하고 그 아름다움을 느낄 수 있다는 것이 그들의 신념이다. "자연은 단순하고, 그렇기 때문에 그것은 위대한 아름다움을 갖는다"(파인만)는 얘기다.

이 '통일'의 작업은 더더욱 수학적인 것인데, 내가 말한 의미에서 '위로부터의 수학'의 전형적인 것이다. 여기는 그 방법을 논하는 장은 아니지만 그 기본적인 사고방식은, 우치야마 타츠오를 인용할 때 언급한 게이지이론을 이용해 변환에 대한 불변성(우리가 아는 다른 말로, 대칭성이라는 말이 물리학자에 의해서 쓰인다)이라는 요구에서 수학적으로 '통일'을 시도하게 된다.

이것이 빅뱅우주론과 어떻게 관계를 맺고 있는가 하면, 우주의 차원을 거슬러 올라가면 힘이 통일되는 시기에 맞부딪친다고 생각하기 때문이다. 이를테면, 우주개벽으로부터 10^{-10}초 후에 온도가 10^{15}K 정도가 될 때는, 그 온도가 충분히 높아서 약한 상호작용과 전자상호작용은 통일되어 있고 하나의 것이었다. 그보다 온도가 식었을 때 비로소 이 두가지 작용으로 분화가 일어나서, 그것이 동결되어 버렸다. 우리가 지금 보고 있는 이 두가지 상호작용의 다양성이란, 본래 하나인 것이 둘로 분기해서 동결된 결과라고 생각하는 것이다.

다시 시간을 소급시켜서, 우주개벽에서 10^{-36}초, 온도 10^{29}K(GUTS의 시기 등으로 부른다) 때는, 전 우주는 1센티미터 크기였는데, 그러한 고온・고밀도 상태에서는 중력을 제외한 세가지 힘은 '대통일'되어 있었다. 강한 상호작용과 약한 상호작용, 전자작용이라는 분기가 일어난 것은 그보다 후의 일이다. 다시, 더더욱 초기의 어느 시기에는, 초고온・초고밀도 상태에서 중력까지 포함한 모든 힘이 '초통일'되었다고 생각하는 것이다.

이 모델에 따르면, 그리스 신화에 "우선 원초에 카오스가 생겼다"(《신통기》)고 전해지는 카오스는, 모든 힘이 통일된 "완전히 대칭적인"

것이 된다. 그리고 이러한 초기의 완전대칭성은 우주의 냉각·팽창과 더불어 붕괴되어 버리고, 현재 우리가 알고 있는 '비대칭성', 다시 말해서 네가지의 힘이라든가, 여러가지 입자라든가 하는 다양한 개별성이 생기게 되었다는 것이다.

2. 우주와 인간

우주와 신

좀 긴 지면을 할애해서 빅뱅우주론에 대해서 개관해 보았다. 거기에는 현대 물리학의 자연관이 짙게 반영되고, 표현되어 있다. 하나의 흐름으로서 합리적인 필연성을 추구하는 우주론이 있고, 이것은 인간이성의 보편합리성을 확신하는 우주원리에 기초를 두고 있다. 그래서 당연한 귀결로, 우주개벽이 똑같이 초고온·초고밀도의 불덩어리라는 생각이 나온 것이다. 한편에서는, 통일과 단순의 아름다움을 추구하는 물리학적 흐름의 귀결로, 초통일된 완전대칭의 초기우주라는 생각에 도달했다. 빅뱅우주론은 이 두가지의 자연관이 겹쳐지는 데서 성립하고 있는 것이다.

그러한 의미에서는, 수학적 절차는 확실히 난해하지만, 이 우주론은 전제가 된 입장이 결론에 반영됐을 뿐이라고도 할 수 있다. 완전대칭의 단일한 화구는 우주의 출발점이고, 지금 우리를 둘러싸고 있는 외견상의 다양성이나 개별성은 우주가 저온으로 냉각됨에 따라서 대칭성이 깨지면서 생겨났다는 생각은, 확실히 '단순한 자연'에 걸맞는지도 모른다.

그러나 생각해 보면, 이 모델은 말하자면 모든 문제를 우주개벽의 화구로 돌리고 있는 것이다. 빅뱅은, 빅뱅 이후 모든 입자나 모든 상호작용이 일어나게 되는 카오스, 따라서 완전대칭에 모든 분기를 감싸안은 카오스일뿐만 아니라, 그 원초의 상태에는 물리학이 도달할 수 없는 것이다. 특이점이라는 블랙박스에 모든 것을 집어넣고 '우주는 어떻게 생겨났는가' 하는 어려운 질문을 회피했다고도 할 수 있다.

이러한 우주론은 또 기독교적이라고 할 수 있을 것 같다. 즉, 이 우주론에는 "태초에 신이 천지를 창조하셨다"고 한 기독교의 영향이 강하게 남아있어서, 우리의 모든 존재의 원점을 시간적인 '태초'에 환원시키고 있다. 게다가, 그러한 빅뱅 속에 모든 가능성이 마련되어 있었다고 하는 것은 실로 "신이 모든 것을 만들었다"는 자연관이다. 또한 이 화구는 물리학이 충분히 미칠 수 있는 영역의 것이 아니고, 거기에는 물리학을 초월하는 것으로서 창조주로서의 신의 여지가 처음부터 준비되어 있었다고 할 수 있는 것이다.

생각해 보면 '자연의 단순성'이라고 하는 사고방식 자체가 기독교적인 것이며, 창조주가 자연을 그토록 복잡하게 만들었을 리가 없다는 사상에 기초를 두고 있다고 할 수 있을 것이다. "신이 '빛이 있으라' 하시니 빛이 생겨났다. 신은 빛을 보시고 좋아하셨다."(창세기[57])라고 한 것 등, 실로 빅뱅우주론을 만들어낸 과학자들에게 무의식적으로 큰 영향을 주었다고 생각된다.

아인슈타인은 일찍이 "신은 다른 세계를 만들 수 있었을까"라고 물었다고 한다. 아인슈타인이 뭐라고 대답했는지 확실하지 않지만, 이러한 물음을 언급한 에르카나에 의하면[58], 아인슈타인의 대답은 아마도 '예스'였을 것이라고 했다. 그럴지도 모른다. 그러나 그때의 '다른 세계'의 의미는, 어디까지나 현상으로서의 세계가 아닌가.

같은 문장에서 에르카나는, 아인슈타인의 다음과 같은 말을 인용하고 있다.

"나는 신이 이 세상을 어떻게 만들었는지 알고 싶다. 나는 이런저런 현상, 여러가지 원소의 스펙트럼 등에는 흥미가 없다. 나는 신의 생각을 알고 싶은 것이다. 다른 것은 사소한 것이다."

그러한 의미에서 천지개벽하는 빅뱅의 우주상은, 유일한 것이라는 데서 신의 생각을 좇으려는 물리학의 정신운동이 도달한 하나의 도달점일 것이다. 영국의 물리학자 P. C. 데이비스는, 그 이름까지 《신과 새로운 물리학》[59]이라고 한 최근 저작에서 "새로운 물리학이 신의 역할을 대신할 수 있는 것이 아니라 할지라도, 새로운 물리학을 이해하지 않는 한 신을 이해할 수 없다"는 취지의 말을 했다. 그러나 신이 '의미'를 묻고, '왜'를 설명하고, 우주에서 우리의 생에 대한 지침을 주는 존재라면, '새로운' 물리학은 과연 우주의 '왜'에 접근하는 새로움을 보여주고 있을까.

빅뱅이론은 '우리의 현재'를 설명할 수 있는가

빅뱅우주론은 결코 완성된 이론이 아니다. 초통일이론은커녕 대통일이론도 확립되지 않았으며, '빛의 구' 같은 것에서 어떻게 물질(바리온(baryon) 수(數) 등)이 발생했는지 꼭 솜씨있게 설명되었다고는 할 수 없다는 것 등, 문외한인 나 같은 인간도 알아볼 수 있는 의문점, 미해결점이 적지 않다. 그러나 그렇다고 그것이 이 이론의 치명적 결함이라고는 할 수 없을 것이다. 그 점에서, 이 이론은 앞으로 얼마든지 세련될 수 있을 것이다.

문제는 그런 것이 아니라, 이런 종류의 우주론이 결코 우리 자신의 현재를 설명할 수 없다는 점에 있다. 물리학적인 우주론은 전부 현재의 우리로부터 출발해서 우주원리에 의해서 우리의 존재를 보편화한다. 그리고 인간의 발생 → 생물의 발생 → 지구의 생성 → 별의 생성 → 은하계의 생성 → 우주의 기원(빅뱅), 이렇게 논리의 가닥을 더듬어서 그 어떤 기원에 도달할 수는 있다. 그것이 우리가 보아온 빅뱅이었다. 그러나 그러한 빅뱅에서 시작해서, 거꾸로 현재의 우리에게까지 논리적 필연의 도정을 찾는 것은 불가능하다. 무수한 분기가 있을 수 있기 때문이다. 과거를 향해서, 아니면 미래를 향해서, 우주상(宇宙像)이 단순화되어 가는 한, 그러한 단순화의 도정을 거슬러 올라갈 수는 있다. 물리학, 더구나 과학의 통합화라든가 보편화라는 것은, 본래 그러한 작업이다. 그러나 그 거꾸로의 도정을 찾아서 개별성으로 돌아오는 힘을, 과학은 결코 가질 수 없다.

이것을 다른 방법으로 이해할 수 있도록, 다음과 같은 예를 들겠다. 진즈가 쓴 글에서 힌트를 얻은 것인데, 이를테면, 여기서 우리가 어떤 악곡(樂曲)을 들었다고 하자. 그 곡을 분석해서(원한다면 컴퓨터를 이용해) 이것을 작곡하는 데 쓰인 악전(樂典)을 재현할 수 있을 것이다. 그러나 그 악전에 담긴 규칙이 어떤 특징을 가지고 있든지 간에, 그 악전에서 출발해서 구체적인 원래의 악곡을 재현할 수는 없다.

이것은 또 다음과 같이 말할 수도 있을 것이다. 만약에 우리가 살아있는 것이, 현실의 다양성이나 개별성에서 되풀이되지 않는, 바꿔치기할 수 없는 시간과 공간이라고 한다면, — 이에 대해서는 논의의 여지가 있겠지만 — 물리학의 우주론에 의해서 바꿔치기할 수 없는 하나하나를 재현하거나 추적하거나 할 수는 없다. 가령, 우리가 사는 세계가 지닌 외관상의 다양성이 아인슈타인적인 의미에서 단순성으로 환원될 수 있다고 해도, 그리고 그것으로 우리가 진리의 한 측면에 도달한다고 해도, 그것은 결코 지금이라는 바꿔치기할 수 없는 순간의 실제 이 세계에서 우리가 지금 이렇게 살아가고 있는 것의 의미를 보여주지 않는다. 우리가 지금 이 자연 속에서 어떻게 살아야 하는가, 그것을 말해 주지 않는다.

말해 주지 않을 뿐만 아니라, 더욱더 반대방향으로 사태가 진행되고 있는 것처럼 보이기도 한다. 자연과학의 빛이 점점 더 강하게 비추면 비출수록, 그만큼 이 우주 속에서 우리의 존재는 자꾸만 한구석으로 내몰리는 것 같은 느낌이다. 다시 말해서 우주론은 점점 더 번성하지만, 우리 자신의 존재를 그 속에 싸잡은 것 같은, 주체적인 세계관으로서의 우주론은 전혀 존재하지 않는다. 나는 그것이야말로 우주론이라고 하고 싶은데, 그러한 우주론은 전혀 존재하지 않는다.[60] 그리고 그것이 바로 과학이 외관상 이만큼 발달했는데도, 아니 그렇게 되었기 때문에 더욱더 우리가 우리 주위의 자연 속으로 녹아들어가는 것이 아니라, 거기서 튕겨져 나와 긴장을 고조시키게 되는 근본적 이유라고 생각한다. 다시 말해서, 지금 발전하고 있는 우주관·자연관 속에 우리가 안주(安住)할 수 있는 장은 준비되어 있지 않다는 것이다.

이러한 고찰은, 지금 우리가 갖지 않으면 안되는 자연관·우주관이 어떠한 것이어야 하는가에 대해서 스스로 하나의 방향을 시사하는 것같이 생각된다. 본장에 이어지는 후반 각 장은 이 기초 위에 이루어진다.

뉴사이언스

현대과학의 우주상은, 우리가 사는 장을 준비해 주지는 않는다. 인간의 두뇌와 신체는 극한까지 찢겨져서, 한편으로 우주를 해석하고 지배하는 보편성·합리성으로 존재하고, 또 한편으로 무기질의 원자의 집합체로 환원되어 있다. 현대 물리학의 '발전' 앞에, 우리의 자연관이 직면한 상황은 대강 앞에서 본 바와 같은 것이었다.

이것을 인간중심주의적인 자연관의 파탄이라는 큰 흐름의 맥락에서, 나는 얘기했다. 그러나 원래 근대과학은 인간을 차디찬 기계장치로 해소하고 우주 안에서 상대화하려고 했던 까닭에, 단순히 인간중심적이었다기보다는 그 역을 지향하고 있었는지도 모른다. 그러나 지향이 어떠한 것이든지 간에, 그러한 자연관·우주관은 철두철미하게 관념적이고, 말하자면 머리 속의 생각만으로 이루어진 것이고, '손의' 실천에 뿌리를 둔 것이 아니었다. 그래서 결국은, 인간이성의 보편성·절대성에만 근거를 둘 수밖에 없었다.

20세기에 일어난 물리학상의 중요한 두 이론—상대성이론과 양자론—을 근대주의적인 한계를 극복하기 위한 물리학의 전환으로 보는 견해가 있다. 그러나 우리의 견해에서 보면, 그것은 근대의 우주관과 자연관에 아무런 본질적인 전환을 가져오지 못했다. 오히려, '위로부터의' 수학을 투입함으로써 더 추상적이고 더 관념적인 세계상을 그려냈던 것이다. 현대 물리학의 우주론이 우리의 신체나 생활실천에 근거를 두지 못하고, 따라서 우주에서 우리의 존재에 관한 약도를 제시하는 참된 우주관이 되지 못하는 것은, 실로 그러한 관념성 때문이라고 해야 할 것이다. 그리고 그것은 이제부터 앞으로의 논의를 통해서 바르게 파악해 두는 게 좋다.

이제, 여기에서 문제삼고 싶은 것은, 요새 하나의 붐이 된 뉴(에이지) 사이언스에 대한 것이다. 이 책에서 여기까지 함께 온 분들 중에는 이미 이 책의 관심사와 뉴사이언스가 서로 겹쳐져 있다고 생각한 사람도 적지 않을지도 모른다. 따라서 여기서 뉴사이언스에 대해서 조금만 언급해 두겠다.

하기는 뉴사이언스라고 하지만, 제대로 정리된 정의가 있을 리도 없고, 에콜로지보다도 더 막연하다고나 할까, 이런저런 요소가 한데 뒤엉켜 있다. 그러나 우선 우리는 뉴사이언스의 기수인 프리초프 카프라의 저술[61]을 중심으로 이 말이 뜻하는 일반적 사상의 스펙트럼을 이해해 보자.

뉴사이언스의 논자들은, 내가 이 책에서 얘기해온 바와 같은, 서양적 자연관이 지닌 다양한 문제점을 역시 문제삼는다. 그들의 주요한 논점은 대충 다음과 같이 정리할 수 있다.

1) 근대적인 기계론적 자연관에 대한 비판
2) 정신과 신체라는 이원론에 대한 비판
3) 전체를 요소로 환원시켜서 생각하려는 환원주의에 대한 비판
4) 자연에 대한 인간중심주의, 자연의 정복이라는 사고방식에 대한 비판

명백히, 이러한 입장은 환경의 위기나 핵문명에 의한 인간의 억압과 소외라는 상황에 대한 위기의식에서 발생한 것이고, 게다가 문제의 소재 중심을 자연관이나 과학적 인식의 문제에 두고 있는 이상, 우리의 문제의식과 겹치는 부분이 많다. 그러나 뉴사이언스의 입장은 지금부터 내가 제시하고자 하는 입장과 다소 거리가 있는 것 같다. 카프라는 현재를 터닝포인트라고 하지만, 전환점에서부터 전환의 방향이 서로 다르다고 해야 할지도 모른다.

그 점은 후술하기로 하고, 이와 같은 근대의 합리주의적 자연관에 대한 부정적인 관점에 서서 뉴사이언스를 주창하는 사람들은 극복의 방향으로 대강 다음 두가지를 강조한다.

그 하나는, 양자역학과 상대성이론이라는 20세기의 새로운 물리학이야말로 근대과학이 지닌 근원의 문제점에서부터 그것을 초월하는 관점을 제공했다고 하는 것이다. 구체적으로는, 이를테면 양자역학은 고전적으로는 비화해적이라고 생각되던 빛의 입자성과 파동성이라는 두가지 성질을 종합적으로 수학적인 시스템 속에서 파악하는 관점을 얻었다. (특수)상대성이론은 시간과 공간이라는 개념의 개별성을 극복하고, 시공을 하나의 수학적 표현 속에서 파악하는 데 성공했다. 나아가서, 이러한 두가지 이론의 결합에서 성립되는 현대의 소립자론이나 우주론은, 각 입자나 그것의 상호작용의 개별성이나 상대성을 넘어 자연을 다루는 것을 가능하게 했다는 것이다.

뉴사이언스의 논자들은, 사물에는 개별적 요소로 환원할 수 없는 전체가 있다고 생각하고, 그것을 홀리스틱(holistic, 전체론적)한 입장이라고 부른다. 상대성이론이나 양자론은, 바로 홀리스틱한 자연 파악의 길을 열었다고 말하고 있다.

또 하나의 출발로, 그들은 동양의 사상이나 신앙을 중요시하고, 동양의 사상이나 신앙에서 볼 수 있는 영적인 경험이나 이해는 근대과학으로는 파악할 수 없는 '사물의 감춰진 차원', 즉 심층을 파악하고 있다고 말한다. 그것 역시 홀리스틱한 관점이기도 하다. 그리고 그들의 주장이 **뉴에이지사이언스**일 수 있는 이유는, 이러한 동양적·신비주의적·영적인 자연과 우주의 파악이 바로 최첨단의 과학적 근거를 갖는다는 점에 있다.

뉴사이언스 비판

이와 같은 주장을 가장 전형적으로 표현하고 있는 것이, 프리브람-보옴의 '홀로그래피'의 패러다임이다. 나는 이 문제에 깊이 들어가지 않을 것이라서, 흥미있는 사람은 K. 윌버가 편찬한 《공상으로서의 세계》[62]를 읽어보는 게 좋겠다. 한마디로 말하면, 이 패러다임은 인간의 뇌라는 것의 구조가 극히 복잡하고 고도의 수학적 시스템을 가지고 있기 때문에, 그 작용은 어느 부분을 떼어내도 전체가 그 속에 있다고 한다. 그것은 레이저광선의 기술응용으로 일반화된 홀로그래피(빛의 간섭을 교묘하게 이용한 사물의 삼차원적인 영상) 같은 것이며, 그러한 뇌의 작용에 의해서 우리는 분해되지 않는 사물의 전체를 합리적으로 파악할 수가 있다. 그것이 영적인 체험이라고 하는 것의 과학적·뇌신경학적인 증거가 된다는 것이다.

이와 같이, 뉴사이언스는 최첨단과학과 동양적 내지는 영적인 정신세계가 만나서 합류하려는 것이라는 데에 특징이 있다. 그리고 바로 그러한 점에서 종래 근대의 합리주의적인 자연관에 대해서 만족하지 못했던 많은 사람들—특히 에콜로지스트들—의 공감을 얻고 있는 것이다.

이 책을 여기까지 읽은 사람이라면, 내가 근대과학의 합리성을 초월한 차원에서 자연인식이나 자연체험을 인정하고, 이렇게 자연과 인간이 연결되는 총체적인 차원이 있다고 생각하는 것을 쉽게 이해할 것이다. 제6장에서 좀더 자세하게 언급하겠지만, 나는 실증과학이나 언어적 표현으로 귀결시킬 수 없는, 자연과 인간이 연결되는 차원을, 인간의 살아있는 실천 속에서 체현하는 것이라고 생각한다. 에콜로지라는 말을 쓴다면, 사람이 그가 사는 장에서 자연과 교감하는 것이야말로 에콜로지컬한 자연관으로 이어진다고 생각한다.

그런데 뉴사이언스 논자들은 대단히 관념적으로, 삶이나 생활의 실천과 동떨어진 관념 속에서 '숨겨진 차원'을 논하고 전체를 논한다. 보옴이 플라톤에 자신을 오버랩시키고, 프리브람이 뇌를 수학적 시스템으로 이해하는 것도, 그러한 관념성의 표현이라고밖에 말할 수 없다. ("뇌의 에너지패턴, 즉 사고의 퓨리에 변환의 결과를 그래프로 만든 것이 만다라이다"[63]라고 한 논의는 어쩌면 그렇게 관념적으로 들리는가.)

통틀어서, 뉴사이언스는 그들 담론의 대부분을 실증과학과 멀어짐으로써 형성해내고 있는데, 거기에서 방법으로 도입하는 것이 '위로부터의 수학'이다. 프리브람-보옴에 이르면 그러한 수학적인 자연 파악을 결국 뇌와 정신세계에까지 미치게 했다고 나는 생각한다. 그러한 의미에서 뉴사이언스는, 내가 파악한 의미에서 20세기 물리학이 했던 자연 파악의 연장선상에 있으며, 그것을 넘은 것이 아니다.

따라서 뉴사이언스에 의해서는, 우리가 껴안고 있는 자연관의 문제가 조금도 해결되지도 않고, 그 방향이 보이지도 않는다. 정신과 육체(물질)의 이원론이 극복되고, 자연과 인간이 하나된 관계로 다가섰다고 생각하는 사람이 있다면, 그것은 관념적인 환상에 지나지 않을 것이다. 뉴사이언스는, 말할 것도 없이, 현재 하루하루를 살면서 생활하는 사람들의 손의 실천과는 멀리 떨어진 곳에서밖에는 자연을 보지 못한다.

뉴사이언스로써 현대과학을 무조건 긍정적으로 평가해 버리면, 양자역학이나 상대성이론의 발전과 적용에서 실로 핵문명이 출현했고, 또 우리가 문제삼는 자연과 인간의 긴장관계가 생겨나서 증폭되어왔다는 것을 이해할 수 없게 된다. 거기에서 인간중심주의적 자연관이 재생산되고, 자연의 파괴가 더 한층 진행된다는 것을 설명하지 못하게 된다.

자연관의 전환

결국에 과학이라는 것은 인간이성의 보편합리성을 원리로 출발해서 자기완결하는 세계를 만들려고 한다. 우리가 처음부터 가지고 있던 문제의식을 좇아 우리에게 바람직한 자연관을 찾으려고 할 때, 과학에서 최대한으로 배우는 유연성을 한편에서 가지면서도—이 점에 관해서는 다음 장에서 말한다—근저에 과학적 지에 대한 철저한 비판을 빼놓아서는 안되는 것이다. 뉴사이언스처럼 현대과학이 주도하는 자연관에 갇혀 보편합리성이라는 점에서 바람직한 자연관으로의 변혁을 생각하는 것이 아니라, 지금 여기서 이렇게 살아있는 일개 인간의, 바꿔치기할 수 없는 생과 생활에서 출발해서, 게다가 그것이 자기중심주의나 인간중심주의로 닫혀버리지 않는 넓은 세계를 향한, 인간의 해방으로서 문제를 제기하고 싶은 것이다.

논의의 입구를 좀 넓게 잡았다. 다시 한번 우주론이라는 테마로 되돌아가서, 구체적으로 생각해 보자. 현재 물리학의 우주론에서는, 우주가 몇개씩 발생하는 것을 피할 수 없다. 우리와 완전히 독립해서 아무런 관계를 갖지 않는 우주가 빅뱅으로 무수하게 발생한다는 시나리오가 어쩌면 제일 그럴듯한 것이다. 그렇게 되면, 우리가 전혀 알 수 없는 곳에 전혀 다른 우주가 있고, 거기서는 물리적인 모든 특성을 결정하는 물리정수(物理定數) 등이 전혀 다른 법칙이 되어서 작용한다고 해도 이상하지 않다. 그곳에도 생물이 있겠지만, 생물의 개념 자체가 다를지도 모른다. 여하튼, 그 우주와 우리들의 우주를 관련시킬 수는 없다.

"신은 다른 세계를 만들 수 있었을까" 하는 물음에 대한 아인슈타인의 대답은 '아니오'이지 않았을까 하고 나는 생각한다. 그러나 무신론자인 나는 불손하게도 이렇게 생각한다. 창조주로서의 신은 무수하게 '다중발생'할 수 있었지 않은가 하고. 하나의 통일적 법칙을 지배하는 것이 하나의 신이라고 한다면, 무한히 다양하고 독립적인 신이 독립된 우주를 각기 하나씩 갖고 있다는 것이 제일 '보편합리적'인 생각이고, 합리주의적 입장에서 인간을 가장 '상대화'한 것이 아닐까. 하나의 인간에게 유일한 신과 그의 법규가 있을지도 모르지만, 그러한 신 = 인간의 계는 무한히 있을 수 있다. 이러한 생각의 귀결은 그런 식으로 되기 때문에, 거의 실속이 없는 니힐(허무)이라고 할 수 있는 세계관으로 이어진다.

역시 생각의 전환이 필요할 것 같다. 보편합리성 내지 보편성이라는 맥락에서 우리의 현재를 규정하는 게 아니라, 우리의 현재에서 출발하는 우주관을 구성하는 것이 좋지 않을까. 우리가 현재 있는 우주, 지구, 자연계, 그리고 우리들, 그런 것이 어떠한 절대보편성을 갖는지보다도, 그러한 모든 것을 있는 그대로, 바꿔치기할 수 없는 것으로 인정하는 데서 출발하는 것이 좋지 않을까.

절대보편적인 법칙의 결과로서 우주가 있고 우리가 있다고 생각하는 게 아니라, 우리가 있음으로 해서 우주가 있고 그 법칙이 있다고 생각하는 것이다. 여기서 중요한 것은, 이러한 '우리'는 물론 인간중심주의적인 의미에서의 인간이 아니라는 것이다. 자연의 모든 것이라고 할까, 우주를 구성하는 전존재라고 해도 좋을지 모른다. 김지하가 말하는 '전생명'의 입장(제5장 참조)에 가까울지도 모른다. 그러나 그 하나로서 어디까지나 우리 인간도 주체적인 존재형태를 가지고 있다는 의미에서 '우리'라고 부르는 것이다. "땅을 기는 것, 하늘을 나는 것, 물에 사는 것, 풀, 나무, 돌멩이, 벌레, 병균 등"[64] 그러한 모든 것이 우리라는 관점이다. 이렇게 우리의 신체, 이 세계 자연의 존재가 있는 그대로의 전체에서 출발해서, 공생적인 상호작용으로서의 세계・우주를 생각하고, 그에 적응하는 것으로서의 정신의 역할을 생각한다는 것이다.

이러한 방향이야말로, 우리가 애초의 문제의식에서 제기한 이원적 자연관의 해소와 더 넓은 자연관을 향한 심신의 해방이라는 벡터(vector)에 따르는 것이라고 생각한다. 그러나 우리는 너무 추상적인 논의로 빠져들었다. 다음 장부터 우리의 자연관의 입장을 될 수 있는 한, 구체적인 사례에서 생각해 보기로 하자.

제2부

지금 자연을 어떻게 볼 것인가

제5장

에콜로지적 지구상(地球像)

[본장의 요약]

근대과학이 가져온 자연과 인간의 관계에 관한 위기를 의식한 과학자들은 지구와 지구상의 생명에 대해서 재검토하는 작업을 시작했다. 우주로 열려있는 계(系)로 재해석된 지구는, 모든 생물이 적극적으로 서로 공생하는 살아있는 장으로 되살아난다. 다시 '살아있는 것' 으로 지구를 보는 전환 속에서 자연과 인간의 새로운 관계는 시작된다.

부르치오 : 이런 말로 세계를 뒤집자는 건가요?

프라카스토리오 : 세계를 거꾸로 뒤집으려는 게 자네에겐 나쁜 일이라고 생각되는가?

— 브루노[65)]

지금까지 제1부에서는, 그리스에서 시작해서 현대에 이르기까지 서양에서 일어난 지적 전개 중에서 자연을 어떻게 보아 왔는가, 다시 말해 이 책의 문제의식에서 볼 때, 거기 어떠한 독선과 결락(缺落)이 있었고, 그것이 오늘의 자연과 인간의 관계에서 어떻게 위기를 만들어냈는가를 살펴보았다.

본장에 이어지는 네개의 장은 이 책의 제2부로서, '지금 자연을 어떻게 볼 것인가'에 관련된 것이다. 우리가 지향해야 할 자연관을 몇가지 측면에서 검토하는 작업이다. 우선 우리는 있어야 할 자연관에 대해서, 위기를 자각한 과학자들이 시작한 작업에 대해서 알아보고자 한다.

앞장에서 우리는, 그것이 어떠한 과학이든지 간에 무비판적으로 그것에 의존해 버리는 것은 결코 우리가 지향해야 할 방향이 아니라고 말했다. 특히, 현대에서 '과학'은 합리성이라는 강제력을 갖는 정치적인 힘이기까지 하다. 자연과학은 자연에 관한 유일하고 보편적인 인식이라는 것이, 국가정책, 산업, 교육 등 갖가지 제도에 의해 수호되며, 항상 자기주장을 관철하려고 하고, 배타적으로 행동한다. 그러한 의미에서, '객관적인 과학'은 훌륭한 이데올로기적인 존재로서 기능하게 되는 것이다. 이에 대한 비판적인 재검토 없이, 결코 과학에 완전히 의존해 버려서는 안 된다.

그러나 그렇다고 해서, 과학에 의해서 이루어지는 자연에 대한 지적인 인식을, 우리가 추구하는 자연관에서 배제해 버리는 것도 현명한 선택이라고 할 수 없다. 과학의 독선에 대한 비판을 항상 준비하면서, 과학자들에게서 배울 수 있는 것은 배워나갈 필요가 있다.

1970년대 말에 나는 《과학은 변한다》[66]라는 책을 써서, 과학 자체가 변할 수밖에 없는 상황에 대해서 말했다. 앞장에서 말한 뉴사이언스도 그러한 상황을 반영한 하나의 흐름이라고 해도 좋다. 뉴사이언스라는 말을 쓰면 안된다고 생각하지만, 지금 자연과학자 측에서도 생명이나 지구에 관해 에콜로지적으로 재검토하는 작업이 진행되고 있다. 그것은 우리의 입장에서 보아도 매력적이고 자극적인 자연 이해의 방법을 개척하고 있으며, 확실히 무언가 변하고 있다는 인상을 받는다.

우선 여기서는, 자연과학자들에 의해서 시작된 지구상(地球像)의 재검토에서 얻은 몇가지 성과에 대해서 생각해 보자. 여기서는 '에콜로지적 지구상'이라고 해둔다.

1. '우주선 지구호' 모델

대체할 수 없는 지구

우선, 이미 조금은 고전이 된 느낌마저 드는 생태학자들의 지구상에 관해서 말해 보자. 생태학자들의 책은 대체로 지구와 생물계에 대한 비슷한 인식을 보여준다. 그것은 근대의 과학적 자연관에 새로운 관점을 도입한 것인데, 자연보호에 관한 선의적이고 열성적인, 그런대로 매력적인 지구상이다. (후에 얘기하지만, 현재 우리의 문제의식에서 보면 다소 부족한 면도 가지고 있다.)

생태학적인 관점에 입각해서 지구를 이해하기 위해서, 우선 만약 지구의 질량이 지금보다 크다고 생각해 보자. 당연히 커진 중력만큼 대기층은 두꺼워질 것이다. 아마도 그것 때문에, 지구상에 생명이 존재할 조건은 만족되지 않았을 것이다. 실제로 금성에도, 화성에도, 그리고 목성에도 생물은 존재하지 않는다.

아마도 지구의 질량이 달랐다면, 태양을 도는 궤도도 다르고, 태양에너지의 입사도 현재와 같지 않았을 것이다. 그것이 더 커도, 더 작아도, 생명에는 절망적이다. 그리고 또 지구의 물리적 조건, 이를테면 지구 내부의 열의 양도 완전히 달라지니까, 물의 생성이라는 것도 없었을지도 모른다. 물이 없었다면 생명에는 결정적이다. 지구는 물의 혹성이라고 불릴 만큼, 물의 존재가 생명을 낳고 기상(氣象)을 낳고 물질순환을 낳고, 그야말로 지구의 자연을 자연답게 했으니까.

이렇게 계속해서 말하다 보면, 더욱더 많은 것을 알게 된다. 지구의 질량이 조금만 달랐더라면 하고 가정하는 것만으로, 지금 있는 지구가 다른 무엇으로 대체할 수 없다는 것을 알게 된다. 그러나 이것은 아직 단순히 물리적인, 이를테면 정적(靜的)인 '대체할 수 없음'에 불과하다.

이와 같은 물리적 조건에 생물학적 조건이 덧붙여진다. 오랜 시간이 걸려서 탄생한 생명은 다시 오랜 시간이 걸려서 진화하고, 다양한 종이 생기고, 그러한 전체의 공존의 균형 위에 인간을 포함하는 생물권이 출현했다. 생명의 진화는 단순히 지구의 물리적 조건에 의해서 가능해졌을 뿐 아니라, 생물의 진화 자체가 상호의 생존과 진화의 조건을 만들어갔던 것이다. 생물권과 인간을 어떻게 볼 것인가에 대해서 P. 클라우드는 이렇게 말했다.[67)]

"인간은, 조상을 서로 나누어 갖는 하등 영장류, 그보다도 더욱 인연이 먼 동식물과 더불어, 생물권의 일부가 되어있다는 사실에서 도망칠 수가 없다. 인간은 생물권의 높은 데 서있기는 하지만, 생물권보다 한 단계 높은 데 있는 것은 아니다. (중략) 생물권은 150만종이라는 기록된 종 이외에, 그와 동수이거나 또는 두배 정도의 아직 기록되지 않은 종으로 이루어져 있으며, 개개의 생물은 각각 특징적이고 한정된 장소와 방법 — 이것을 '생태적 지위'라고 한다 — 으로 살고 있다. 예를 들면, 벼룩에 대한 개, 고래에 대한 바다가 그것이다. 이러한 생태적 지위, 즉 생물과 환경의 계약관계는 다른 생태적 지위와 서로 겹쳐져서, 모두가 연결된 더 커다란 '생태계'가 되고, 최종적으로는 '전지구적인 생태계'가 되어, 지구상에서 생명이 존재하는 전역과 그 안에 있는 생명 전부를 포괄하게 되는 것이다."

"이러한 전지구적인 생태계의 특징은, 그 일부에서 일어나는 일들이 다른 부분에서 일어나는 것과 상호작용한다는 것이며, 더구나 그러한 상호작용이 얼핏 보거나 또는 단기간만 보고 이해되는 것보다도 훨씬 넓은

범위에 미친다는 것이다."

여기에는, 부분과 전체에 대한 하나의 인식이 있다. 이러한 생태학적 이해에서는, 지구가 전지구적인 관점에서 파악되는데, 각 구성요소는 단순히 지구의 전생태계 중에 위치하게 되는 것이 아니다. 개개생물의 상호작용의 거대한 집적으로서 전체의 생물권이 있고, 게다가 그것은 단순한 개체의 화합으로는 도저히 설명할 수 없는 새로운 전체로서 출현하는, 그러한 부분과 전체의 관계에 대한 인식이 있다.

그리고 그러한 의미에서 대체할 수 없는 전체가 실현하고 있는 장으로서 지구를 인식하는 것이, '대체할 수 없는 지구'라고 할 때의 핵심적 함의라 하겠다.

인간 자신에 대한 인식

이와 같은 생태학적 자연관은, 확실히 '기계로서의 자연'이라는 관점을 이미 넘어선 것이다. 그러나 내가 여기서 문제삼고 싶은 것은 뉴사이언스론자가 선호하는 홀리스틱한 과학이 아니다. 생태학자들을 그러한 인식으로 이끌어서 에콜로지를 강하게 주장하게 한 배경에는, 명백히 자연 속에 존재하는 인간이라는 의식이 있기 때문이다. 좀더 핵심을 찌른다면, 이를테면 클라우드가 '생태계에서 장기적이고 광범위한 상호작용'이라고 할 때, 그 배경에는 인간 자신이 회복할 수 없을 만큼 파괴적인 영향을 자연계에 주고 있다는 인식이 있다.

생태학(에콜로지)이라는 학문은 백여년 전부터 헤켈에 의해서 제안된 이래 그 역사가 있다고는 하지만, 이처럼 인간이 자기에 관한 부정적 인식을 갖게 되었다는 점이, 생태학이 새로운 의미를 갖게 된 이유라 해도 좋다. 확실히 그러한 의식은 인간의 이성에 대한 전폭적인 신뢰를 전제로 한 종래의 자연과학에는 없었던 것이었다.

근대과학의 발전을 뒷받침한 방법은 실증주의였는데, 나카야마 시게루(中山茂)는 포지티비즘이란 포지티브(= 플러스의, 정(正)의, 긍정적인)주의의 의미를 포함한다는 취지의 말을 했다.[68] 다시 말해서, 실험적인 수단을 통해 플러스로 실증되는 측면만을 긍정적으로 선택해 나가는 것이 실증주의라는 것이다. 그러한 근거를 탐색하면, 인간의 이성을 마치 포지티브로 평가하는 듯한 인간중심주의에 도달하게 된다.

이에 대해서, 생태계의 위기라는 상황에 직면하게 된 생태학자들은, 생태계에서 인간의 위치에 관한 부정적 의식을 내포하는 생각을 하지 않을 수 없게 되었다. 이러한 점에서, 생물권에서 제반의 생물의 활동과 그 관계를 다루는 학문으로서의 생태학은 새로운 의미를 갖게 되고, 자연관의 전환이라는 문명론적인 과제와 연관해서, 그후의 에콜로지운동으로 길을 열었다. 생태학은 이제 단순한 생물학일 수만은 없다. (물론, 학문으로서의 생태학과 운동으로서의 에콜로지는 자연히 별도의 것이라는 점은 말해 두고 싶다.)

'우주선 지구호'의 한계

생태학적 자연관에서는, 인간의 삶이라는 것을 문제삼지 않을 수 없게 되었다. 바로 거기에 새로운 계기가 있다. 그러나 사상으로서는 어디까지나 자연조건 결정론이며, 모든 것이 자연적 규범에 의해서 설명된다. 과학자들의 작업으로서는, 그것은 역시 과학결정론이 된다. 문제가 인간의 삶, 즉 사람들의 사회적 관계나 삶의 방식이 지닌 문제와 관련되기 때문에 "사회의 모든 현상을 모두 생태계의 비유로 설명해 버리는"(타마노이 요시로)[69] 것 같은 단순한 자연과학적 결정론은 여러가지 문제를 드러낸다.

특히, 환경정책이나 식량정책, 인구정책 등에 관한 생태학자들의 제안에는, 그것을 담당하는 사람의 문제가 완전히 제외되고, 자연적 규범을 돌연 머리에서 밀어붙이는 듯한 일이 곧잘 일어난다. 일찍이 생태학적 고찰에서 인구증가에 따르는 위기를 예측한, 생태학의 권위자 폴 에리히는 인구억제정책을 위로부터 강요하려는 맬더스주의 내지 권위주의라고 비판당한 일이 있었는데,[70] 지금도 많은 생태학자들의 발언에는 '위로부터의 개혁'이 느껴지고, 때로는 우생사상까지 포함하고 있다.

로마클럽이 1973년에 내놓은 보고서 《인류의 위기》[71] — 그보다는 《성장의 한계》로 알려진 — 는 명백하게 생태학적인 고찰을 배경으로 하면서, 자원의 유한성이나 환경오염의 위기를 지적하고 고도성장경제의 한계를 경고해서 세계적인 화제가 되었다. 《성장의 한계》에는 확실히 개발만능주의에 대한 반성과 경고가 담겨 있지만, 그 발상에는 아직도 인간중심주의가 강하게 남아있으며, "더 교묘하게 자연을 이용하기 위해서는 조화가 필요하다"고 하는 사상에 다름아니라고 볼 수 있다. 로마클럽의 보고는, 산업생산성이 환경위기 때문에 하강한 데 대한 산업계의 위기의식을 강하게 반영하고 있다.

《성장의 한계》와 흔하게 연계되는 것은 '우주선 지구호'라는 발상이다. 모두 같은 캡슐을 타고 우주를 떠다닌다. 이러한 캡슐에는 유한한 비축밖에 없다. 그렇다면, 이러한 '지구호'에서 어떻게 더욱 좋게 살아가는가 하는 발상이다.

이러한 발상에는 출구가 없다. 우리의 삶이나 행동을 주체적으로 자리매김해 주는 그러한 우주론도 없다. 인간중심주의에 빠져들지 않는다 해도, 이러한 발상만 가지고는 "자연에 순종함으로써 자기를 결박한다"는 자기규정, 즉 자연적 규범에 대한 순종밖에 남지 않는다. 선의의 에콜로지운동 가운데 어떤 것이 계율주의라고 할 수 있을 만큼 도덕주의에 빠져있어서 아무래도 좀 불편한 감이 드는 것은 그 때문이다. 우리는 좀더 해방적이고, 열린 세계로 이끌어 주는 자연관으로 나가고 싶은데….

타마노이 요시로(玉野井芳郎)는 K. 볼딩의 '우주선 지구호'라는 생각을 비판하면서 다음과 같이 말했다.[72)]

"'우주선 지구호'라는 이해하기 쉬운 이미지로 인해, 우주선과 지구의 본질적 차이를 완전히 잃어버렸다는 것이 여기에서 지적되지 않으면 안 된다. 오히려 더욱 중요한 것은 본질적 차이에 있었다. 우주선은 그 자체가 기계계(機械系)의 물적 시스템으로 이루어진 것인데 비해, 우리들 생물이 사는 물적 구체(球體)에는 생명시스템이 존재한다."

타마노이가 말하는 '열려있는 생명시스템'으로 지구를 이해할 때, 어떠한 자연관의 해방이 있을 수 있는가. 다음 절은 그것을 생각한다.

2. 개방정상계(開放定常系)의 모델

살아있는 계(系)

'우주선 지구호'라는 정적인 모델에 대해서, 특히 지구의 열적(熱的)인 성질에 주목하면서 개방정상계(또는, 정상개방계) 모델이 제기되고 있다. 이것은 특히 지구의 동적인 열적 기구(機構)에 주목하고, 지구 전체를 하나의 생명계라고 이해하는 것을 기본으로 한다.

스치다 아쓰시(槌田敦)나 타마노이가 얘기하는 개방정상계 모델을 생각해 보자. 그들에 의하면, 지구는 옛날부터 '우주선 지구호'적인 폐쇄계가 아니었다고 한다. 지구는 왜 생명의 혹성인가. 우선 생명이라는 것을 생각해 보자.

"생명의 내부에는, 대사(代謝)라고 하는 무수한 작은 흐름이 서로 연결되어 있고, 순환하는 수많은 흐름이 존재한다. 이것은 생명의 내부적 흐름이다. 생명은 힘을 다해서 이러한 내부적 흐름을 유지하려고 애쓰고 있다. 이러한 적극적이고 주체적인 노력은 살아있다는 증거이다."[73)]

이러한 흐름을 지배하는 것은, 흐름 속에 있는 물질의 양이라기보다는 흐름의 고저(高低)이다. 다시 말해서, 에너지보존의 법칙인 열역학의 제1법칙보다 이러한 고저를 결정하는 제2법칙, 즉 엔트로피의 법칙이다. 엔트로피라는 말도 최근에 아주 많이 쓰이기 때문에 특별히 여기서 설명하지 않겠지만, 여기서는 '열적인 오염'이라고 생각해도 상관없다.

결국, 생물은 열적인 오염을 버리는 것으로, 비로소 이러한 흐름의 고저를 만들 수 있으며, 흐름을 자체 내부에 유지할 수 있다. 이러한 능력이 없으면, 열(에너지)을 이용해서 생물이 살 수는 없다. 살아있는 계의 제1의 특징은 엔트로피를 버리는 것이라고 생각한다.

이러한 엔트로피의 운반자로서 물이 대단히 중요한 역할을 맡고 있다. 생물은, 그 내부를 물이 순환하고 배설하고 일부는 기화한다는 것, 즉 인간의 발한(發汗)이나 식물 잎의 발산 등을 통해서 흐름을 만들어내고 있다. 그러나 이러한 살아있는 계는 순환에 의해서 정상상태를 유지하려고 하지만, 폐쇄계는 그렇게 할 수 없다. 자원이 고갈되거나 오염물 처리장이 없어지거나, 어차피 폐쇄계는 오래 살 수 없다.

이와 같은 생명계에 대한 기본적 고찰에 기초해서 지구를 생각하면, 지구는 그야말로 사물이 흐르고 그것으로 '살아있는' 개방정상계에 다름이 아니다. 그렇다면 지구는 어떻게 해서 살아가는 것일까. 지구는 태양계 공간에서 태양열을 항상 받아들이고 있다. 그러나 그것만으로는 엔트로피를 처리할 수가 없다.

"지표활동에서 생긴 엔트로피를 물이 받아들이고, 물은 수증기가 된다. 수증기는 상승기류를 타고 대기 상공으로 운반된다. 이때 기압이 내려가기 때문에 단열팽창에 의해서 온도가 내려간다. 대개 절대온도 250도가 되었을 때, 수증기의 분자진동은 적외선을 우주로 방사한다. 이것이 엔트로피를 버리는 기구(機構)인 것이다."[74]

요컨대, 지구는 '우주로 향해서 개방된' 계(系)라는 데서, 그야말로 살아있다고 하는 것이, 이 모델의 핵심이다. 그리고 그것을 가능하게 하는 것으로, 물이나 흙을 매개로 하는 순환이 없으면 안된다. 이것으로 인해 열려있는 지구 내부에 열려있는 생태계가 가능하고, 그 내부에 비로소 열려있는 인간의 활동이 자리를 잡는다. 이러한 순환에 편승하지 못하는 폐기물, 예를 들어 방사성폐기물을 낳는 문명은 죽을 수밖에 없다.

이상에서, 대충 스치다(槌田) 등이 말하는 개방정상계의 모델을 훑어

보았는데, 이 모델은 '우주선 지구호'의 폐쇄적 지구모델보다 훨씬 동적이고 개방적인 모델이며, 무엇보다도 그러한 세계에는 우리 인간의 주체적 양태가 시사된다는 매력을 갖고 있다.

스치다는 다음과 같이 말한다.[75)]

"인간사회는 이제까지 자연과 대립하는 것으로 생각되었다. 경제성장론도, 자연보호론도, 그러한 점에서는 같은 기반 위에 서있다. 그러나 그것은 잘못된 생각이다. 인간사회는, 생물사이클 중에서 동물의 한 형태에 지나지 않는다. 인간사회까지 포함해서 자연이 구성되어 있다고 솔직하게 생각할 필요가 있다. 인간이 논밭을 갈고 삼림을 관리하는 일까지 포함해서 자연이 정상개방계를 구성하고 있다는 것이 옳은 것이다."

천동설의 부활?

이와 같이, 주로 열역학 제2법칙에 기반을 둔 지구상의 재검토는 스치다 등에 국한되지 않고 세계적으로 진행되고 있는 작업이다. 그리고 타마노이, 스치다, 무로타 등 엔트로피학회의 중심적 리더인 일본의 연구자들은, 자연관의 전환이라는 것을 대단히 강하게 의식하고 이 작업을 추진하고 있다. 게다가 그것을 '천동설의 부활'이라는, 쇼킹하다고 할 수 있는 표현을 쓰고 있다. 예를 들어, 타마노이는 위에서 인용한 볼딩 비판에 이어, "그리고 지구상에 존재하는 생물의 생활에 타당한 공간은 아침에 동쪽에서 해가 뜨고 저녁에 서쪽으로 해가 지는 천동의 세계인 것이다"라고 말한다.

스치다는 "천동설도 지동설도 좌표축을 만드는 방법이 다를 뿐, 요컨대 1대 1로 대응하기 때문에 똑같은 것이다"라고 말한다. 나는 천동, 지동을 같은 것으로 상대비교하는 것을 반대한다. (그것은 여기서 말하지는 않지만, 이 책에 제시한 나의 관점에서 추측해 주리라고 생각한다.)

오히려 타마노이나 스치다가 주장하는 것은, 지동설 이후의 자연관의 전환으로 받아들이고 싶다. 천동설이니 뭐니 하는 것보다, 이 점의 의미를 확실히 해두지 않으면 안될 것이다.

지동설 이후의 자연과학적 자연관은 앞에서 검토한 바와 같이 '기계로서의 자연'관을 밀고 나가, 지상의 인간이나 생물을 망각하고 무한한 우주를 향해서 사유를 확산시켰다. "이제야말로 인간과 생명 쪽에서 자연과 우주를 재검토하는 관점으로 전환을!" 하는 것이 타마노이 등의 주장일 것이다. 이것은 또 문명관・과학관의 전환과도 이어져 있다.

"우리는 흙과 물을 떠나서 살아갈 수 없다. 이러한 평범한 진리에 대해서 '진리'로서의 학문적 조명을 하고, 개방정상계는 개방정상계 안에 위치한다는 것을 알게 되면서, 우리의 일상적 관점은 초장기적 관점으로 전환하게 된다. 눈앞에 있는 시장과 공업의 세계 모두가 부정되는 것이 아니다. 그러한 허구적 부분이 멀리 희미해지면서, 그 대신 항상적으로 갱신되는 생명활동이 기술과 에너지의 기초에 등장하게 된다. 이게 바로 기존 자연상(自然像)의 변용이 아니고 무엇이란 말인가."[76]

이 책의 문제의식에서 보더라도, 이러한 전환의 방향은 기본적으로 찬성이다. 그러나 아직도 그것은 하나의 과정일 것이다. 이러한 모델은 어디까지나 자연과학적 모델이며, 타마노이가 지향하는 바와 같은 경제학이나 지역주의의 실천과 결부된다고 해도, 인간과 자연의 커뮤니케이션의 회복을 지향해야 한다면 아직도 여러가지 매개가 필요할 것이다.

자연과학적 모델은 그 자체로서는 어디까지나 과학적 지(知)에 토대를 두고 '… 해야 한다'는 당위명제를 제출하는 데 불과하다. 이러한 새로운 자연인식을 우리가 사는 주체 쪽으로 끌어들여 내발적인 힘을 갖는 세계관으로 전환하게 하기 위해서는, 자연히 다소 별개의 매개항이나 별도의 고찰이 필요하게 될 것이다. 문제를 우리가 사는 장으로 끌어내리지 않으면 안되기 때문이다. 그러나 그 문제로 들어가기 전에 또 하나 생각해야 할 것이 있다.

3. 가이아의 모델

살아있는 것으로서의 지구

개방정상계는 물리학자들이 생명계에 대해서 생각한, 이를테면 열학적(熱學的)인 지구모델이었다. 이에 대해서, 오히려 지구과학적인 관점에서 지구를 '살아있는 지구'로 생각하는 지구상이 제창되었다. 이러한 모델을 주창한 러브록이 명명한 대로 '가이아의 모델'이라고 부르겠다.

가이아는, 우리가 제1장에서 헤시오도스에 대해서 얘기했을 때 알게 된, 대지의 여신이자 지구의 어머니이다. 러브록이 지구를 다시 고대신화의 여신에 비유해서 말한 것은 비유 이상의 의미를 갖고 있으며, 그 모델에서는 지구를 하나의 유기적 생명체라 해도 좋을 만큼 의인화해서 생각했다. 러브록의 《가이아》[77]에 의하면, 지구상의 대기의 조성이라든가 기상 등을 단순히 우연적인 것으로, 또는 물리학적 인자에 의해서 생명의 바깥으로부터 주어진 조건이라고 생각하는 것은 잘못이라는 것이다.

(표) 대기의 화학조성

가 스	금 성	생명 없는 지구*	화 성	현재의 지구
이산화탄소	98%	98%	95%	0.03%
질 소	1.9%	1.9%	2.7%	79%
산 소	미량	미량	0.13%	21%
아르곤	0.1%	0.1%	2%	1%
기압(bar)	90	60	0.006†	1.0

* 화학평형을 가정한 값

† 일어번역서의 숫자는 잘못 (러브록 《지구생명권(地球生命圈)》 工作舍에서)

예를 들어, 지구대기의 화학적 조성은 화학적 평형과는 크게 동떨어져 있다(표). 이것은, 생물 자체가 진화의 과정에서 스스로에게 맞는 대기를 만들었다고 생각하는 것 이외에는 잘 이해되지 않는다. 해양에 관해서도 같은 말을 할 수 있다. 지구의 기후라는 것을 생각해도, 생물이 없는 '화학평형'의 지구를 가정할 때 거기에서는 도저히 생명이 유지되는 조건이 생길 여지가 없는 죽음의 세계였다는 것을 쉽게 알 수 있다. 또 화석 등의 기록에 의하면, 태양에서 오는 열방사나 지구 표면의 특성, 대기조성 등은 크게 변화했는데도, 지구의 기후는 크게 변화하지 않았다. 다시 말해서, 이러한 점에서도 지구상의 생물은 총체로서 자기가 살아있는 기후조건을 자신이 만들어냈으며, 써모스타트(Thermostat, 온도조절기)처럼 스스로 조절했다고밖에는 생각할 수 없다.

이렇게 생각할 때, 지구는 전체로서 하나의 생명을 갖는 생물처럼 자기가 사는 조건을 만들고 자동조절하는 시스템이라고 간주할 수 있다. 이것은 열적으로만 그런 게 아니라 화학적으로도 그러하다. 그래서 이러한 지구를 하나의 생명체라고 생각하고 '가이아'라고 부르는 것이 러브록의 모델이다.

데이지꽃의 세계 모델

생물의 공생계를 노버트 위너처럼 정보를 제어하면서 안정화를 위해서 자기조절하는 사이버네틱스(인공두뇌학)의 시스템으로 보는 관점이 있다. 예를 들면, 배리 코모너[78]는 그러한 예로 '물고기 → 유기성 배설물 → 분해 박테리아 → 무기생성물 → 플랑크톤 → 물고기' 라는 시스템을 들었다. "이상하게 더운 여름의 기후에 의해서 조류가 급격히 번식했다고 하자. (중략) 조류과잉이 되면 물고기가 그것을 먹는 양이 커지고, 따라서 조류의 수가 감소하고 물고기가 배출하는 배설물의 양은 증가한다. 그리고 최종적으로, 그것이 분해되어 생기는 영양염은 증가한다. 이렇게 해서, 조류와 영양염의 농도는 다시 밸런스가 이루어진 원상태로 돌아간다."

이런 생각을 좀더 적극적으로 하여, 지구를 전체로서 살아있는 시스템, 즉 생존을 위해 주체성을 발휘하는 행동하는 시스템으로 보는 것이 가이아식 이해이다. 그러한 생각은 다소 자동기계모델에 기울어진 감이 있지만, 거기서부터는 극히 적극적인 생물의 공생모델이 도출된다. '가이아이론'의 특징을 잘 나타내는 것은 러브록이 예로 내세우는 '데이지(꽃잎이 작은 국화)의 세계 모델'이다. 이 모델로 좀더 '가이아이론'에 대해서 생각해 보기로 하자.[79)]

검정색(어두운 색)의 데이지와 흰색(밝은 색) 데이지의 세계를 보자. 이것은 대단히 단순화한 모델이기 때문에, 지상에 다른 생물은 고려하지 않는다. 검은 데이지는 빛의 흡수가 잘 되어 저온에서 성장이 빠르고 고온에서는 성장이 더디다. 흰 데이지는 그 반대로 더위에 강하다. 지금 이를테면, 태양의 조건으로 기온이 낮다고 한다면, 검은 데이지가 우세하게 되고 그 때문에 지상에서는 일광의 흡수율이 좋아져서 기온이 올라가게 된다. 기온이 올라가면, 이번에는 흰 데이지가 번성해서 빛의 반사가 커지면서 기온은 내려간다. 이렇게 외적 조건이 변화해도 기온을 자동조절하는 기능으로 생물은 공생을 이룬다.

이 모델에서 지구는 흑백 데이지라는 두개의 온도스위치를 갖는 써모스타트인 셈이다. 물론, 실제는 엄청나게 많은 종 — 동물은 약 백만가지, 식물은 약 삼십만가지 — 이 존재한다. 이렇게 다양하면 다양할수록, 이런 스위치 기능은 안정되고 또 다양한 기능을 갖추게 될 것이다. 다양한 생물은 공생에 의해서만 스스로 살아가는 조건을 적극적으로 만들어 내고 있으며, 이러한 총체가 가이아(지구)인 것이다. 그리고 35억년 전

생물이 발생한 이후 몇몇 위기를 생물은 이러한 자기기능으로 극복하고 진화해 왔다. 러브록의 사고방식을 가장 잘 나타내는 것은 다음과 같은 말이다.[80)]

"'바다는 왜 짠가' 하는 질문은 의미가 없어졌다. (중략) 그것보다 중요한 것은 '바다는 왜 더 짜지 않은가' 하는 질문일 것이다. 가이아의 작은 부분을 가지고, 나라면 이렇게 대답한다. '그것은 생명이 발생하고 나서, 해양의 염분이 생물학적 콘트롤을 받아왔기 때문이다'라고."

공생의 의미

사이버네틱스적인 해석은 이전부터 있었지만, 러브록에 의해서 '한개의 생물로서의 지구'라는 이오니아 자연학의 자연관이 부활되었다는 것은 흥미롭다. 애니미즘이라고 눈살을 찌푸리는 사람이 있을지도 모른다. 그러나 그보다도 러브록에게서 마음에 걸리는 것은, 여전히 과학결정론적 발상과 현대 과학기술의 장래에 대한 단순한 낙관, 가이아의 능력에 기대하는 나머지 예정조화적인 미래관을 보인다는 것이다. 이것은 그가 나사(NASA)의 우주계획에 참가하고, 우주과학적인 관점에서 지구의 특수한 위치를 보았다는 것과 관계가 있을 것이다. 그러나 나는 러브록이라는 그 사람에게 특별한 흥미는 없다. 그의 모델이 시사하는 바를 어떻게 발전시키는가 하는 데에 흥미가 있다.

앞에서 말한 정상개방계의 모델과 가이아의 모델은, 지구나 지구상의 생명시스템에 대해서 어떤 공통된 생각을 기반에 깔고 있으며, 거기서 결국 우리는 다음과 같은 시사점을 끌어낼 수 있을 것이다. 요컨대, 우리는 지금 생물의 공생을 뚜렷하게 적극적인 것으로 이해할 수가 있다. 그것은 서로가 서로에게 생존을 의존할 뿐이라는 수동적인 공존이 아니다. 하나의 생물이 존재하고 살아간다는 것이, 다른 것에 영향을 주고,

다른 것으로부터 반응을 이끌어내고, 그러한 반응이 피드백하여 자기에게 다시 돌아온다. 그것으로 말미암아 다시 자신도 변화해간다. 이런 상호작용이 자신을 항상 새로운 것으로 창출하면서 하나의 유기적인 전체를 만들어가고 있는 것이다. 개방정상계라는 것은 어디까지나 생물의 공생을 기반으로 해서 성립할 것이고, 또 개방정상계라는 시스템이 아니면 이런 안정적인 변화, 자기변혁이라는 것은 있을 수 없으리라.

이런 고찰은 생물의 진화에 대해서도 새로운 빛을 던져준다. 다윈이즘적인 진화관에서는, 정적(靜的)인 지구의 조건에 적응하는 것이 적자(適者)로 살아남고 부적합한 것은 도태된다. 생물의 관계는 기본적으로는 경쟁원리에 지배되고 있으며, 그들의 공존관계는 적대적 공존이라 할 수 있다. 다윈이즘은 인간을 '진화한 원숭이'로 생물계에 상대화한 것처럼 보였다. 그러나 바로 그것 때문에 다윈이즘은 적응을 달성한 생존경쟁의 챔피온으로 인간을 복권시키고 말았다. 그리고 인간의 자연에 대한 거의 모든 행위가 생존을 위한 것으로 정당화되는 토양을 만들었다.

그러나 여기서 시사되는 진화란, 이미 언급한 바와 같이, 공생에 의해서로 다른 것을 향상시키는 형태의 진화를 말한다. 뿐만 아니라, 그럼으로써 자기만이 아니라 자기 바깥에 있는 생존조건까지도 안정시키고 향상시키는 것이다. 안정화와 향상은, 종의 수가 증가하면 증가할수록 기본적으로는 그만큼 증진한다는 것이다. 이것은 평화적 공생 내지는, 그 이상의 적극적 공생의 모델일 것이다.

이와 같은 평화적 진화의 이미지는, 이마니시 킨시(今西錦司)가 일찍부터 제창한 것과 강한 유사성을 갖는다. 이마니시는 이렇게 말했다.[81]
"생존경쟁과 조화로운 생물 전체 사회의 진화란, 나의 머리 속에서는 아무래도 양립할 수 없는 것으로 비춰진다. (중략) (지상의 생물은) 처음에는 하나에서 분화·발전했다고 본다면, 그 부분간에 투쟁이 일어난다고 생각하는 것은, 유기체론자의 입장에서가 아니라고 해도, 아무래도 이상하고 생각하기 어려운 것이 아닐 수 없다." 이마니시의 진화론은, 기본적으로는 종(種) 사회에서 분가살이는 평화적 공존원리에 따른 것이며, '진화란 분가살이의 밀도화에 의해서 생물의 종류수가 증가하는 것'이므로, 더욱더 전술한 모델에 가깝다.

이마니시는 또 다음과 같이 말하기도 했다.

"내가 (다원적 자연관에 대해서) 자연은 진실로 그처럼 엄혹한 것인가라고 말한 것은, 우리가 생각하는 자연은 그다지 엄혹한 자연이 아니기 때문이다. 물론 우리 나라는 지진도 많고 또 태풍도 자주 불어닥치기 때문에 피해가 끊임없지만, 이런 것은 옛날부터 천재라고 했으며 천재를 입는 것을 재난이라고 하면서, 아무에게도, 그 어디에도 책임을 물으려고 하지 않았다. 그런 한편에서, 우리 나라는 천혜의 덕으로 오곡의 풍성함은 물론이고 산해진미가 충만해서, 자연이란 우리를 품어 기르는 어머니에 비유할 만한 존재였다. 그래서 우리는 산에 가서도, 어머니의 품에 안긴다든가 부처님 손에 안기는 것처럼, 산의 품에 안김으로써 일종의 편안함이랄까, 다시없는 행복감에 젖어들 수가 있었다."

이에 이르러, 어머니 대지의 여신 가이아가 어렴풋이 떠오르는 것이다. 거기에서, 분단화된 자연관을 우리의 생명력의 원천인 하나의 것으로 되찾으려는 지향을 볼 수 있을 것이다.

4. 생물과 문화

생물의 문화

생태학적 모델은 우리에게 자연관의 방향에서 시사하는 바가 컸다. 그렇지만 그런 자연의 전체 속에서 우리의 인간으로서의 주체적인 활동을 어떻게 자리매김하는가, 자연모델을 어떻게 세계관의 차원으로 끌어올리는가 하는 작업은 남겨진 채 그대로 있다. 그것은 아주 어려운 작업이지만, 남아있는 지면으로 몇가지 측면에서 이 문제에 힘을 기울여보겠다.

앞에서 말한 바와 같은 진화의 이미지는 진화라기보다는 숙성 또는 성숙이라고 하고 싶다. 양적인 진보・확대・강화의 이미지가 아니라, 서로 상호작용하면서 질적으로 향상하고, 또 생존의 조건을 안정화한다. 그것은 일상적인 말로 하면, 성숙한다거나 숙성한다는 이미지에 가깝다. 이를테면, 누룩과 밥을 버무려 넣은 술항아리 속에서 차츰 발효가 진행되고, 여러가지 성분이 이룬 조화의 정도가 증가해서 차츰 맛이 좋은 술로 익어가는, 그런 이미지이다.

그리고 생물의 공생에 의해서 생물계 = 자연계가 그러한 성숙을 완성한다고 하면, 그것은 하나의 '문화'라고 할 수도 있는 게 아닌가.

문화라고 하면, 인간의 의식적 행위에만 써야 하는 말이라고 생각한다. 생물의 세계에서는, 진화니 분화니 하고 말한다. 그러나 생물사회든 개체이든, 개개의 생물에 내재하는 변화에 대해서는 진화라 해도 좋지만, 그것이 개별을 합친 것 이상의 전체성을 보여주고, 환경조건을 성숙시키고, 나아가서 지구 그 자체가 삶의 질을 향상시켜 나간다고 하면, 진화보다 성숙이라는 말이 걸맞다. 그래서 성숙이라는 생각이 허용된다면, 가령 '생물계가 만드는 문화'라고 할 수도 있지 않을까. (지나치게 제멋대로인 개념을 꺼내는 것은 자제하지 않으면 안되니까, 하나의 이미지의 문제로서 극히 가설적으로 이와 같은 표현을 용서해주기 바란다.)

플라스크에 배양액을 넣고 그 속에 몇가지 생물—박테리아, 클로렐라, 남조(藍藻), 원생동물, 윤충—을 넣은 공존계 속에서도 성숙이라는 현상이 일어난다고 한다.[82] 계가 젊은 시기에는, 전체로서의 총생산량(생물에 의한 유기물의 합성량)이 증가하고 생물체의 양도 증가하지만, 어느 때부터 생산량은 감소하고 차츰 일정해진다. 그와 더불어, 생물체의 양도 일정해진다. 다시 말해서, 안정화가 일어나서 성숙한 공존이 실현된다.

물론, 이 경우 클로렐라와 남조는 빛을 흡수해서 광합성을 하는 생산자이며, 박테리아, 원생동물, 윤충은 소비자인 셈인데, 원생동물과 윤충의 배설물이나 시체는 박테리아가 무기물로 변화시키고, 이것을 식물이 합성해서 유기체를 만든다는 먹이사슬의 사이클이 차츰 성숙해져서 안정에 도달하는 것이다. 플라스크 속이 아니라 더 넓은 자연계를 생각하면, 생물의 수는 훨씬 다양화하고 복잡화하기 때문에 안정화에도 시간이 걸리지만 역시 성숙이란 것은 일어난다.

이러한 마이크로세계를 지구 크기로 확대한 것이 가이아라고 생각한다면, 지구 전체가 하나의 안정된 공생계로 자기조절 기능을 획득했다고 생각해도 조금도 이상하지 않을 것이다. 이마니시는, 생물은 최초에 하나에서 분화한 것이었으니까 자기완결성, 통합성을 갖는다고 주장하고 있다. 그대로 믿거나 말거나, 개개의 생물이 서로 공존하면서 개별성을 초월한 어떤 조화로운 전체 시스템을 지구가 형성하고 있다는 것은 부정할 수도 없으며, 그것도 오랜 시간을 두고 달성한 '성숙'인 것이다.

이것을 문화라고 해야 하는지에 대한 논의는, 여기서는 하지 않겠다. 다만, 앞으로 논의하는 데 필요한 작업가설로, 생물 전체가 만드는 문화, 지역의 생물계가 만드는 지역문화 등을 염두에 두면서, 자연계에서의 인간의 역할을 생각해 보자.

프로메테우스의 후손

35억년이라는 유구한 시간을 두고 생물이 만들어낸 '문화'—그 역사에서 최근 엊그제 등장한 '사람'은 어쩌면 그렇게 늦게 왔는가. 생물이 쌓아온 것을 문화라고 한다면, 인간은 실로 첫째 가는 신참자가 될 것이다.

여기에 이르러, 우리는 《프로타고라스》의 프로메테우스 신화가 무서우리만큼 시사적인 힘을 가진 것으로 상기된다. 그 신화가 묘사하는 '맨 마지막 생물'로서 인간은, 이미 성숙한 생물계에 늦깎이처럼 등장했다. 그리고 처음부터 스스로를 동화시키지 못하고, 프로메테우스에 의해서 주어진 불과 기술에 전적으로 의존함으로써, 다시 말해서 자연계에서 스스로를 특화시켜서 살아남으려고 했던 것이다.

인간은 불을 지피는 아궁이를 정밀하고 강하게 만들었고 살아가는 기술도 나아졌지만, 더욱 장대한 생물의 문화에 합류하지 못한 신참자였는지도 모른다. 핵의 아궁이 등으로 불리는, 자연계의 문화와 친숙하지 못하는, 어떤 의미에서는 지극히 야만스러운 문명을 발달시킨 것 등도, 그러한 표현이라고 할 수 있을지도 모른다. 인간은 확실히 머리도 크고 이지(理智)에도 뛰어나고 언어기능에 특출한 생물이기는 하지만, 아니 그렇기 때문에, 그야말로 그런 의식적인 행위로써 앞으로는 생물 전체가 창출하는 '문화'의 세계로 합류해야 할 것이다.

이런 표현은 많은 사람들에게 괴이하게 들릴지도 모른다. '문화'니 하는, 쓰지 않아도 될 말을 가지고 이와 같은 논의를 감히 전개하는 것은, 이 책의 머리말 이후 나의 문제의식과 관련이 있기 때문이다.

서장에서 말한 것을 되풀이해서 말하면, 에콜로지적 관점의 도입이라든가 자연관의 전환이라든가 하는 말의 핵심은, 인간이성이 자연계에서 우위라는 근대적인 사고를 전환하는 일이다. 생태학적으로 지구를 파악하는 것이, 인간의 위치에 관해서 부정적 인식을 포함했다는 데서 새로운 의미를 가지게 되었다고 본장에서 말한 것도, 같은 의미를 갖는다. 내가 생각하고 있는 것과 거의 같은 생각을, 배리 코모너는 그의 《생태학의 제3법칙》에서 다음과 같이 표현하고 있다. 즉,

"자연이 가장 잘 알고 있다."

코모너 자신은 "이러한 원리는 (사람들로부터) 상당한 저항을 받을 것이다"라고 말하고 있다. 나도 그럴 것이라고 생각한다. 그러나 이 점이야말로 자연관 전환의 전환다운 의미이다. 자연이 전체로서 하나의 성숙한 공생의 세계를 만들어내고, 그것으로써 자연의 원리 내지는 생명의 원리라는 것을 만들어내고 있는 것이다. 그것은 인간이 과학에 의해서 발견하는 법칙성보다 더욱 고차원의 것이라고 하는 입장이 "자연이 가장 잘 알고 있다"고 하는 입장일 것이다.

코모너의 표현 중에도, 이미 인간의 문화 내지 문명에 대치해서 생물 자신이 스스로 만들어내는 세계의 조화나 운동의 교묘함과 훌륭함을 평가하는 자세를 읽을 수 있고, 그것은 나의 '생물의 문화'와 바탕이 같은 것이라고 생각한다. 앞장에서, 우주의 보편법칙에서 우리를 이끌어 보려는 게 아니라 대체할 수 없는 우리의 '지금'을 있는 그대로 인식하는 데서 출발하자고 한 것도, 같은 맥락에서 그렇다. 인간이나 새, 짐승, 벌레, 산, 바다 모두, 전체가 상호작용하는 데서 현실에 사는 장의 법칙성

이 생기고 조화가 생긴다. 그리고 그것은 항상 시간과 더불어 변화한다. 그러한 '자연의 원리'에 입각한다는 인식이다.

그리고 이와 같이 본다면, 우리는 자연과학적인 모델에 의한 것만으로는 자연과 인간의 근원적인 연계를 결코 달성할 수가 없다는 것을 쉽게 이해할 수 있을 것이다. 오히려, 우리는 자연과 인간이 심부(深部)에서 구체적으로 맺어온 장의 실천 속으로 그야말로 뛰어들어가지 않으면 안 될 것이다. 이러한 문제의식은 다음 장에서 전개된다.

생명의 문화

다음 장으로 건너가는 다리로, 우리와 문제의식이 강하게 겹쳐진다고 생각되는 김지하의 '생명의 문화'[83]에 대해서 잠시 생각해 보자.

"반인간적이라는, 흔히 사용하는 개념이 있다. (중략) 지금까지, 여러 가지 사람이 (중략) 반인간주의를 비판해 왔다. 반인간이라는 말은, 중세 이후의 문명의 공격목표였던 것이다. 그러나 이런 인간주의에도 함정이 있다. 자본주의에서 반인간주의를 비판하고 인간중심주의를 강조하는 그들의 경제정책이나 경제활동이, 똑같이 생태계를 파괴하고, 결국은 인간의 생명력을 감퇴시키고 소외시키는 방향으로 나아가고 있는 것이다.

따라서, 반인간주의 문화 비판이라는, 말하자면 종(種)개념보다도, 오히려, 반생명적 문화 비판이라는 유(類)개념을 쓰는 게 더 포괄적으로 사태를 이해할 수 있을 것 같다."

최근 쓴 글에서 김지하는 현대과학과 기술문명을 날카롭게 비판하고 식품첨가물이나 농약 같은 것에 대해서 언급하면서, 자신은 그런 말을 사용하지 않았지만, 에콜로지에 통달한 입장에 서있다. 그리고 인간이라는 관점보다도 전생명이라는 관점에 설 때, 더욱 근원적으로 세계가 보일 것이고 물질문명을 넘어서는 힘도 있다고 말한다.

또, "모든 것이 총체적인 생명활동의 피조물"이라든가 "연속되는 물질은 (중략) 무변광대하게 확대된 어떤 근원적인 생명, 다시 말하면, 끝이 없는 생명의 바다 속에서 창조되고 재창조되고 있다"는 표현으로 역사를 이해하려고 한다. 이때, 그는 생명(생물과 '우리가 생각할 수 있는 일체의 온 세계')의 역사 위에서만 새로운 문화, 생명의 문화창조를 생각하고 있는 것이다.

그는 "여기저기의 경계에서 범람하여 사방팔방으로 흐르기 시작해서, 인간의 심성 속까지 깊이 스며들어가는 새로운 문화나 새로운 정신적 지향이 개인적, 집단적, 전세계적으로 나타나고 있는 것은 틀림없다. 그리고 그것이 기존 문화의 제약에 부딪쳐서, 알력과 마찰을 일으키고 있는 것이 현대 문화의 특징이다"라고 말하며, 또 "다양한 민족적 특수성의 모든 것을 존중하면서, 그 속에서 일관하는 보편적인 세계를 살려 새로운 문화를 건설하고, 그 주역으로 제3세계가 전면에 나서는 것을 가능하게 하는 전통의 흐름을, 과학적으로 재조명하는 일이 필요하지 않겠는가"라는 말도 했다.

김지하의 '생명의 문화'는 아직 일반론에 머무르고 있는 것 같지만, 그가 이런 문화의 달성을 제3세계나 민중의 생활 속에서 찾으려고 한 것은 관념적인 뉴사이언스 논자들과 크게 다른 점이다. 문명관, 자연관의 일대전환을 민중적인 삶에서 실현하려고 한 그의 구상은 날카롭다.

예를 들면, 김지하는 최일남과의 인터뷰[84]에 답한 민중문학론 중에 "그러나 민중이 주체이고 문학가는 기록자라고 한 것은 문학에 대한 총체적인 인식은 아니다. 중요한 것은, 자기가 민중의 한 사람이고, 민중 자신의 눈으로 민중을 보지 않으면 안될 것이라고 생각하는 입장이다"고 말했다.

이것은 문학에 대해서 말한 것이지만, '생명의 문화'의 주장이나 대설(大說) 《남(南)》[85]의 내용과 겹쳐서 보면, 생명을 기축으로 해서 비인간중심주의적인 장대한 세계관으로의 전환을 그가 의식하고 있으며, 더구나 그러한 전환을 우리들 각자가 민중으로서의 생을 ― 그렇기 때문에 '손의 실천'까지 생각하면서 ― 살아감으로써 실현해 보려는 주장이라고 이해된다. 그의 주장은 우리에게 시사하는 바가 크다.

제6장

민중의 자연

[본장의 요약]

자연과의 깊은 관계 속에서 살아온 전통적인 민중의 세계는, 현대문명을 담당한 자들의 철저한 파괴와 침략과 만나는, 엄혹한 체험을 강요당했다. 그러나 그러한 체험에 의해서 현대문명의 가장 첨예한 비판자가 된 그들은, 자연과의 일체감을 그들의 자립과 투쟁 속에 소생시킨다. 현대에 소생한 그들의 자연관이 우리에게 시사하는 것은 깊고 풍부하다.

개발이라는 명목으로, 민중의 평화를 짓밟는 세계적인 전쟁이 전개되어 왔다. 이미 개발이 끝난 지역에는 민중의 평화는 거의 남아있지 않다. 민중이 평화를 되찾으려면 풀뿌리 민중의 손으로 경제개발에 제한을 가하는 것이 중요하다.

— 이반 일리치[86)]

1. 원주민의 세계에서

토착의 자연

에콜로지적 과학의 입장에 선 생명 및 자연관은 자연 전체 속에서 차지하는 인간의 위치를 명확하게 해주고, 그럼으로써 자연의 흐름 가운데로 인간의 문화나 생활을 합류시키는 길을 찾는 시도이다. 그것은 이원론적으로 찢겨진 자연의 일체성을 되찾으려는 우리들에게 시사하는 바가 풍부하다. 그러나 그것 자체는 다분히 우리들의 외부에서 주어지는 것이었다. 우리가 살고 있는 현실에서 자연과의 생생한 관계를 되살리는 발견이나 실천이 있을 때, 비로소 과학적 모델도 진실로 우리들의 내부에서 내발적(內發的)인 힘을 환기시킬 수 있을 것이다.

본장에서 나는, 자연과 관계해 온 길고 깊은 역사를 통해서, 자연과의 일체감을 삶의 원리로 삼고 살아온 민중의 세계에 조금 발을 들여놓고 싶다. 거기에서 우리는 토착적이고 전통적인 자연관이 이제 새로운 힘이 되어 되살아나는 것을 알게 될 것이다.

인간중심주의라는 서구적 자연관이 침범해 들어와 있지 않은 곳에는 인간과 자연의 근원적인 관계가 확실히 남아있다. 인간이 불이나 빵 이상으로 살아가는 데 근원이 되는 힘을 자연으로부터 얻는 그러한 세계는, 지금 문화인류학자들의 중심적인 테마가 되어, 풍부하게 기록되어 있다. 예컨대, 레비-스트로스의 《야생의 사고》[87]에 인용된 스트렐로(C. Strehlow, 독일 인류학자)의 다음과 같은 기록은 대단히 시사적이다.

"북아란다족(호주 중부지역의 토착민 — 역주)의 이 남자는 온갖 방식으로 출생지에 연결되어 있다. 그는 언제나 애정과 존경심을 가지고 자기가 '태어난 땅'을 얘기한다. 그리고 오늘날 백인이 — 때로는 고의가 아니게 — 조상의 땅을 더럽힌 데 대해서 말할 때, 그의 눈에는 눈물이 글썽거린다…."

그러나 향토에 대한 이러한 열정적인 애착은 무엇보다도 역사적인 전망 속에서 설명할 수 있다고 레비-스트로스는 말하고, 다시 스트렐로를 인용한다.

"산이나 개울, 샘이나 못 같은 것은 원주민에게는 단순히 아름다운 경치나 흥미로운 경관에 그치지 않는다. … (중략) 그것들은 어느것이나 모두 그의 조상 가운데 누군가가 만든 것이다. 자기 주위를 둘러싸고 있는 경관에서 그는 경애하는 불멸의 존재(조상)의 공(功)을 읽는다. 이러한 존재는 지금도 극히 짧은 시간이지만 인간의 모습을 취할 수 있고, 그러한 존재를 그는 아버지나 할아버지나 형제, 어머니나 누이의 모습으로 직접적으로 경험하는 것이다. (중략) 원주민은 각자의 토템적 조상의 역사를 다음과 같이 생각한다. 그것은 오늘날 우리가 알고 있는, 세계를 만들어낸 전능의 손이 아직도 그 세계를 보존하고 있던 천지개벽의 시대, 생명의 여명시대에 대한 원주민 한사람 한사람이 갖고 있는 관계인 것이다."

물론 위에서 인용한 "조상 가운데 누군가가 만들어냈다"는 표현을 인간중심주의적 표현이라고 보는 사람은 없을 것이다. 명백히, 이러한 문맥에서 언급되고 있는 '조상' 속에는 인간을 포함한 자연의 역사 전체가 들어있으며, 조상에 대한 일체감 속에는 인간과 자연의 일체감이 표현되어 있는 것이다. 그리고 그 일체감 때문에 토지를 비롯한 자연이 사유(私有)나 사적 개발의 대상이 되지 못하는 것이다. 이러한 점이 서양적 자연관과 결정적으로 다른 점인데, 이제는 그 누구도 그러한 자연관을 미개한 것으로 낮추어 보는 일은 없을 것이다.

비핵(非核)태평양

그러나 아무리 매력적이라 해도 우리는 그러한 토착세계로 되돌아갈 수도 없고, 또 그게 바람직하다고 누구도 생각하지 않을 것이다. 그런데, 우리의 주목을 끄는 것은, 그렇게 근원적이면서 장구한 세월 동안 지속되어 온 자연과의 유대의 역사를 토대로 하면서, 그러한 자연과의 관계에 새로운 의미를 부여하고 오늘의 실천 속에서 그것을 재생시키고 있는 사람들이다.

나 자신이 마주친 경험부터 얘기해 보자. 반핵이나 반원자력발전소 운동을 통해서 나는 그동안 태평양의 섬사람들, 북아메리카나 오스트레일리아의 선주민(인디언, 아보리진, 챠모로, 마오리 등)과 서로 알고 지내게 되었다. 아오테아로아(뉴질랜드), 바누아투, 페라우 등의 비핵(非核) 정책은 이미 잘 알려져 있으며, 우라늄개발 반대, 핵기지 반대, 핵실험 반대, 핵쓰레기 해양투기 반대 등의 운동에서 태평양을 둘러싼 선주민들은 가장 선두에 서있다.

그들을 움직이게 한 것은 무엇인가. 하나는, '선진국' 침략자들의 침략과 폭압, 전쟁으로 인한 고난의 역사가 물론 있다. 그러나 나아가서 그들의 자연과의 관계가 강한 반핵운동을 낳는 힘이 된다는 것을 간과할 수 없다.

태평양 사람들은 태평양 비핵화운동이 고양되는 흐름 속에서, 1980년 5월, 하와이에 모여서 제1회 '비핵태평양회의'를 실현시켰다. 그때 거기서 채택된 '비핵태평양 인민헌장'은 말한다.

3. 이른바 태평양 전략지역에서, 지금 배치된 각종 핵무기체계로 인해 우리의 환경은 위협받고 있다. 단 한번이라도 핵잠수함이 침몰하고, 폭격기의 핵탄두가 한발이라도 바다에 떨어지면, 어류와 우리의 삶은 여러 세기에 걸쳐 위기에 처하게 된다. 슈퍼포트, 군사기지, 핵실험장의 건설은 고용을 창출할지 모른다. 그러나 그 대가는 우리의 역사적 관습, 우리의 생활양식, 수정처럼 맑고 깨끗한 바다의 파괴이며, 이미 나타난 방사능에 의한 재해는 매일매일의 인민의 생활을 파괴하고 있다.

4. 우리들 태평양 인민은 우리에게 혜택이 되는 서구문명 이외에 선택해서는 안된다는 것을 재확인한다. 우리는 우리의 방식으로, 우리의 운명을 따르고, 우리의 환경을 지켜가고자 한다. 우리 고래(古來)의 전통적 관습이 자연과 인간의 균형을 더욱 잘 지킬 것이다.

자연과의 공생사상이 비핵의 사상에 무리 없이 자연스럽게 이어져 있는 것을 알 수 있다. 바다의 백성이 물고기라 할 때, 그것은 어업의 대상이 되는 물고기가 아니라 사람들과 생명을 서로 나누어 갖고 있다는 것을 뜻한다. 그리고 우리는 이러한 짧은 인용에서도 '우리의 역사적 관습' '우리의 생활양식' '우리들 고래(古來)의 전통적 관습' 등의 말이 되풀이해서 나오고 있음을 주목한다. 그런 표현은 조금 싱겁게 들리지만, 실제로는 '자기들에게 있어서 극히 자연스러운 생활방식'이라는 것을 말하는 것이다.

최근, 일본의 원자력발전소에서 나온 핵쓰레기의 해양투기에 반대하는 북마리아나연방 사람들이 나카소네 수상에게 그들의 의사를 전하려고 일본을 찾았다. 그들 중에는 초중고생들도 섞여 있었고, 또 그들은 많은 동료들의 편지도 가지고 왔는데, 거기에는 바다와 그들의 삶의 일체감에 대한 절절한 호소가 들어있었다. 그 중에 "우리는 태평양의 일부

입니다"라는 표현이 있었다. 이 표현은 "우리의 나라는…"이 아니라 "우리 자신"이 태평양의 일부를 구성한다는 뜻으로 읽을 수 있다. 다시 말해서, 그들과 바다가 공존한다는 것이 아니라, 그들과 물고기와 물과 그밖의 것이 공생하는 세계 전체가 바로 태평양이라는 것이다. 그러한 바다와의 일체감이 거기에 있는 것이다.

그리고 우리는 위에서 인용한, '북아란다족 남자'의 깊은 향토애와 자연애, 그리고 '조상의 땅을 오염시킨' 데 대한 그들의 눈물은 태평양 인민들의 반핵운동의 정열에 그대로 이어진다는 것을 이해할 수 있다. 그러나 역시 그것만으로는 눈물로 끝나고 말 것이다. 그들은 백인들의 침략에 대해서 투쟁하고, 그들의 지배로부터 벗어나려는 운동 속에서 다시 한번 자기들의 전통적인 자연관을 만나는, 새로운 발견을 하고 있다. 자기들의 자연과의 일체적 관계를 서구문명과 대치시키고, 그에 의거해서 독립과 해방을 얻어내려고 생각하는 것이다. 그러한 의미에서, 그들의 자연은 해방의 근거가 되고 있다.

다시 말해서, 그들은 현대문명을 비판하고 그 폭력성에 대한 투쟁을 전개함으로써 스스로의 전통적인 자연관을 현대에 재생시키고 있는 것이다. 그들의 내부에서 이와 같이 절반은 무의식적으로, 그러나 절반은 의식적인 작업이 진행되고 있음을 알고 나는 큰 감동을 받았고, 내가 가지고 있던 문제의식과의 사이에서 커다란 공명을 느꼈다. 그것이 이 책의 작업을 촉진시키는 큰 계기가 되었지만, 그 구체적인 계기는 2년쯤 전에 어느 인디언 청년과 나눈 대화였다.

론과의 대화

론 레임맨은 클리족 인디언의 한 청년인데, '북쪽 거북이 섬'(캐나다)의 비버레이크라는 곳에 살고 있다. 그는 토착민들의 국제적 조직인 '퍼스트 네이션즈 연합'에서 활약하는 활동가로서, 1983년 '반원자력발전소 전국집회'에 초청되어 일본에 왔었다. 그때 그와 나는 며칠 동안 행동을 같이 하며 차분하게 이야기를 주고받는 기회가 있었다. 그는 활동가라지만 쾌활한 스포츠맨 같은 느낌이었으며, 내가 보기에는 아직도 어린데가 남아있었다.

그의 부모 시대에 그들의 땅에서 채굴된 우라늄이 농축되어 히로시마에 투하된 원자탄이 만들어졌다. 그런데 그 우라늄 채굴은 물론 백인들이 한 짓이었다. 그들은 거의 아무것도 모르고 광산노동에 동원되었고, 많은 사람이 라돈 방사능에 의한 폐암 등의 장해를 입었다. 게다가, 우라늄이 모두 채굴된 뒤에는 그들의 땅에 방사능 폐기물이 산처럼 쌓여있게 되었다.

우라늄이 채굴된 산은 그때까지 그들의 조상에 의해서 성스러운 산으로 여겨져 아무도 손을 대지 않았던 것이다. 그러나 백인들이 — 명백히 고의적으로 — 그들의 조상의 땅을 더럽혔고, 뿐만 아니라 그 결과는 바로 히로시마에 투하된 원자탄이었다. 이렇게, 그들은 이 산이 조상들에 의해서 성스러운 것으로 여겨져 온 바, 그 묵시록적인 의미를 핵(核)이라는 현대의 첨단성 바로 그것을 통해서 이해하게 된 것이다.

그러니까 론과 그의 족속들은 명백하게 스트렐로의 '북아란다족 남자'의 이야기를 이어가고 있으며, 그것은 론 자신에게도 자기발견의 과정인 것이다. (아마도 같은 것을, 《독수리 깃의 여자》[88]의 이야기꾼, 재일(在日) 샤이언족의 이레느·아이앙뜨우드에 대해서도 할 수 있다고 생각한다.) 그리고 내가 조금 지나치게 생각하는지 모르지만, 나와 이야기를 나누고 있는 중에도 그의 자기발견은 더욱 깊어지는 것 같았다.

"요컨대 우리는 자연에 의지해서 살고 있는데, 당신들의 문명은 자연을 도둑질해서 살고 있는 것이죠"라고 그는 말했다.

그는 1950년대 중반에 태어났고, 세상물정을 알게 된 것은 1960년대에 들어와서였다. 히로시마, 나가사키에 대한 얘기나 플루토늄에 대한 얘기는, 물론 그가 예비지식을 가지고 있었겠지만, 그에게는 과학적인 얘기라기보다 조상 때부터 전해 내려온 자기들의 땅과 민족의 운명에 대한 이야기의 후속편이었다.

버팔로(들소)들과 한몸처럼 살고 있던 그들에게 백인들의 침략이 시작되었고, 그리고 우라늄 개발에 이어 히로시마 원폭투하로, 거기다가 하필이면 피폭국 일본인들이 우라늄을 채굴하려고 그들의 땅을 찾아왔다는 것—이것은 현대라는 시대에 대해 매우 암시적이다. 그러한 역사가 한편의 연속적인 이야기로, 그리고 그들이 나날이 살아가는 산과 호수, 개울과 나무들의 풍경과 뗄 수 없이 결부되어, 그의 마음을 가득 채우고 있다. 내 눈앞에 있는 이 덩치 큰 청년의 변하는 표정에서 그것을 읽을 수 있었다.

그때 내가 깨달은 것은, 나는 지금 그와 한 테이블을 사이에 두고 서로 마주 앉아 있지만, 서로는 각각 전혀 다른 시간을 살아왔다는 사실이다. 그가 백인들의 침략이나 버팔로의 대학살을 이야기할 때는, 확실히 그것은 100년도 더 전의 일이었지만, 그는 바로 그 장소에 있었던 것 같은 현장감을 가지고 있었다. 그것은 그의 화술 때문이 아니며, 또 흔한 종교적 도취감 때문도 아니었다. 지극히 담담하게 이야기하였다. 그에 의하면, 그의 생명은 몇천년도 더 옛날의 조상에서부터 한 줄기로 이어져 있고, 그러한 시간을 배경에 깔고 있는 것이다. 그것은 또, 그만큼 미래에 대한 그의 상상력이 우리보다 훨씬 멀리 미친다는 얘기이기도 하다.

그리고 또, 그에게는 내가 배경에 깔고 있는 시간이 진기하게 느껴지는 모양이었다. 그런 말은 한마디도 하지 않았지만, 대화의 뉘앙스로 알 수 있었다. 이와 같은 때 우리는, 그의 '북쪽 거북이 섬'과 일본 사이의 몇천킬로미터라는 거리만이 아니라 시간상으로도 멀고 먼 여행을, 다시 말해서 일종의 4차원적인 여행을 서로 공유할 수 있었던 것이다. 그리고 이 경험은 자연관에 있어서 시간의 요소가 얼마나 중요한가 하는 것도 새삼 확인할 수 있게 해주었다.

버팔로에 대해서

론의 얘기에 나오는 버팔로 이야기를 좀 자세히 말해 보자. 이 이야기는 백인과 그 문명이 인디언에게 저지른 것을 단적으로 알려주며, 따라서 양자간의 자연관의 차이를 잘 보여주는 사례라고 할 수 있다. 나는 이 이야기를 정확성을 기하기 위해서 론 자신이 들려준 것—크게 잘못된 데가 있다고 생각되지 않지만—에 첨부해서 실버버그[89](R. 실버버그 《지상에서 사라진 동물》)에 근거해서 재현해 보기로 한다.

버팔로, 정확히 말하면 '아메리카 바이슨'은 일찍이 인디언들의 생활의 원천이었다. 인디언은 그 고기를 식량으로 하고, 가죽은 신발이나 옷, 나아가서 주거재료가 되기도 했다. 뿔이나 뼈도 그 특징에 따라 도구가 되고, 무기가 되기도 했다. 인디언은 확실히 바이슨을 포획했지만, 지나치게 포획하지 않았다. 실버버그는 "인디언은 오랫동안 바이슨을 사냥했지만 원래 사람 수가 적었기 때문에 큰 무리의 바이슨에게 흔적을 남기지 않았다"고 말했다. 이에 대해서 론은 "사람 수가 적었기 때문"이 아니라 바이슨과 인디언 간에는 평화적 공존관계가 있었기 때문이라고 말한다. 백인들이 오기까지 인디언은 결코 소수였다고 할 수 없었으며, 바이슨이 멸종된 것은 그보다 훨씬 소수의 백인에 의해서였으니까.

아무튼, 실버버그에 의하면 남북전쟁 직후 아직도 6천만마리의 바이슨이 있었다고 한다. 그의 책에는 다음과 같은 여행가의 견해가 소개되어 있다.

"검고 털이 많은 짐승이, 어떤 것은 아주 소수가 한무리가 되거나 혹은 그룹을 이루고, 혹은 더욱 큰 집단이 되거나, 혹은 아주 큰 무리를 이루어, 나의 앞을 땅을 뒤흔들면서 달려갔다. 40시간 동안이나 그들은 우리의 시야에서 사라지지 않았다. 무리의 뒤를 따라서 몇천마리, 몇만마리, 몇십만마리가 거칠게 밀려왔다. 이만큼의 고기가 있으면 오두막에 사는 인디언들은 영구히 식량에 부자유를 느끼는 일은 없을 것이다. 그렇게 우리는 생각했다."

그러나 백인들이 인디언들을 지배하고, 그들의 토지를 탈취하려고 했을 때, 믿어지지 않는 일이지만, 그들은 바이슨까지도 섬멸할 것을 생각했던 것이다. "바이슨을 모두 죽여버리면 인디언도 전멸하리라고 생각했다." 이러한 론의 말처럼, 백인들의 인디언에 대한 태도는 그대로 바이슨에 대한 태도였으며, 그 반대도 그러했다고 할 수 있다.

"1871년을 시작으로, 전문적인 사냥꾼들은 바이슨을 섬멸하기 위해 서부로 향했다. 몇천명이나 되는 사냥꾼들은 서부 평원에 야영하면서 각자가 하루에 50-60마리의 바이슨을 사살했다. 가죽도, 고기도, 그냥 버려졌으며, 광대한 평원에는 썩어가는 바이슨의 시체가 나뒹굴었다."

"1889년 의회는 공식적으로 학살행위에 종지부를 찍었다. 최종적인 추적 끝에 89마리의 야생 들소가 붙잡혔다. 평원에 있던 6천만마리 중에 살아남은 것은 이뿐이었다."

20년도 채 안되는 사이에 완전히 6천만마리가 학살된 것이다. 오늘날, 우리는 보호받는 아메리카 들소들의 자손을 동물원의 우리 안에서 볼 수 있지만, 아무도 그들의 조상들이 받은 수난에 대해서는 얘기해 주지 않는다. 인간들 사이에서 일어난 일에 비해서, 인간과 들소 사이에 일어난 일은 확실히 경시되고 있는 것이다.

그러나 인간과 들소 사이에 일어난 일은 그대로 인간들(백인과 인디언) 사이에 일어났던 것이다. 인디언들이 보기에는 백인들에 비해서 들소가 그들에게 더욱 가까운 친구라고 느꼈을 것이다.

전승의 설득력

론 자신은 얼마나 의식하고 있었는지 모르지만, 그에게는 전승(傳承)이 하나의 세계관의 도가니를 이루고 있음을 나는 느꼈다. 버팔로에서 우라늄 개발에 이르는 모든 일들이 모두 일단 그 도가니 속에 들어가 융합된 후에, 말하자면 본래적 의미의 우주관으로 정립된 것이다.

다시 말해서, 거기서는 단순히 민화적 전승이 윤리규범이 된 것도 아니고, 끈끈한 자연신앙이 규범이 되는 것도 아니다. 자연과 인간이 살아온 길고 긴 역사를 통해서 만들어지고 전승된 규범에 항상 현재적 현실이 새롭게 투영되고, 그렇게 해서 새로운 우주관이 늘 재정립되고 있는 것이다. 그리고 그렇게 자기 내부에 형성되는 이 우주관은, 합리주의적인 우주관과 달리 인간을 행동으로 이끄는 힘, 설득력을 획득하게 된다.

그 청년 자신은 이렇게 이론적으로 생각하고 있지는 않을 것이다. 그러나 그날—'반원자력발전소 전국집회'에 참가하기 위해서 교토로 출발하기 며칠 전—그는 나의 집에서 일박했는데—내가 플루토늄이니 핵관리 사회니 하는 얘기를 하자, 그의 도가니가 명백히 새로운 자극을 받아 반응을 보이기 시작하였다. 잠시 뭔가 생각하는 듯하더니 그는 단숨에 교토에서 행할 연설의 원고를 그의 독특한 삐딱한 로마자로 쓰기 시작했던 것이다.

"거룩한 땅, 거북섬에서 여러분에게 인사드립니다"로 시작된 그의 연설 원고[90]는 격조도 있고 내용도 밀도가 있었는데, 거기에는 우리가 서로 주고받은 얘기가 반영되어 있다고 생각할 수 있었다.

"인디언족은 세계 전역의 식민지화된 다른 많은 피압박 민족과 더불어

식민지화 이후, 우리를 압박하는 국가에 대해서 자신의 존재권을 주장하는 투쟁을 전개하고 있습니다. (중략) 정복욕에 의해서 우리에게 가해진 수많은 굴욕을 우리는 이해하기 시작했습니다. 캐나다에서 200년 동안 계속된 비인간적인 억압에도 불구하고, 아니, 그러한 인종차별이나 물질주의에 부딪쳤기 때문에 한층더 인디언들은 이 거룩한 대지를 미래의 자손에게 남겨주기 위해서 수호자의 역할을 담당하지 않으면 안된다는 신념을 굳게 가지고 있습니다. (중략) 자연과 인간을 물질주의적 교의로부터 해방시키려는 우리의 투쟁은 유사 이래 계속되어 왔습니다. 우리 자신의 해방과 자립을 위한 투쟁도 똑같은 정신으로 평화적 수단에 의해서 전개되고 있습니다."

"원주민의 토지가 (유럽인에 의해서) 하나씩 발견되면서, 이주민은 자연을 신의 결정에 의해서 자기들만의 이익을 위해 이용할 수 있는 자원이라고 보았기 때문에, 원주민과의 사이에 끊임없는 싸움이 있었습니다. 이러한 시대는 지나갔지만, 우리들 원주민의 신념은 의연히 변하지 않았으며, 우리를 쫓아내려는 측도 그들의 행위를 계속 정당화하려고 하고 있습니다. 원주민이나 이주민도 상호 존경을 바탕으로 관계를 맺어야 할 뿐만 아니라, 토지에 관해서도 같은 관계를 맺지 않으면 안됩니다. 그렇게 해서, 나라를 이끌어가는 새롭고 계발적(啓發的)이며 인간적인 원리가 틀림없이 나오리라고 생각합니다."

나는, 론은 어디에서나 살아있는 인디언 청년이 아닐까, 하고 생각한다.

2. 근대를 넘어서는 정신

이시무레 미치코의 세계

민중의 입장에서 자연을 생각할 경우, 아무래도 다루어보고 싶은 것은 이시무레 미치코(石牟礼道子)가 그리는 '미나마타'의 세계이다. 태평양이나 북아메리카의 문제보다 먼저 다루어보고 싶었지만 어떻게 생각해야 될지 애매한 데가 있었다. 그런데 일단 론 레임맨이라는 인디언 청년을 거침으로써, 애매한 데가 도리어 더 분명하게 된 것이다. 여하간에 이시무레가 묘사한 자연과 인간이 공생하는 세계는 엄청나다. 많이 인용되는 부분이지만, 《고해정토(苦海淨土) — 우리의 미나마타병》[91]의 제3장 〈유키에게서 듣고 쓴 이야기〉에서 인용한다.

두 사람 모두 지금까지 부부 운(運)이 나빠 전남편, 전처와 사별하고, 어업 객줏집 영감의 중매로 조심스럽게 바다를 건너와서 결혼식을 올렸다. 유키가 마흔 가까웠고 모헤이는 쉰에 가까웠다.

새로 장만한 모헤이의 배는 제일 가는 뱃사람을 만나서 가벼웠다. 유키는 바다에 대해서 자유자재한 데다가 고기가 모이는 곳을 본능처럼 잘도 알고 있었다. 그곳으로 모헤이를 인도해 가서 노를 배에 올려놓고, 깊은 해조의 숲을 들여다본다.

"호오이 호이, 오늘도 또 왔단다—"

하고 고기를 부른다. 배냇짓할 때부터 어부가 된 사람은 모두 그렇게들 말했지만 '아마쿠사 바다의 여자(天草女)'인 그의 말투에는 한층더 명랑한 정이 담겨져 있었다.

바다와 유키는 한데 어울려서 배를 달렸고, 모헤이는 이상하게 동심(童心)으로 돌아가는 것이다.

바다와 사람과 배와 물고기가 가능한 데까지 하나로 융합된 데다가, 남자와 여자의 사랑과 성(性)이 자연의 일부처럼 공존하고 있다. 얼마나 근사한 세계인가.

실은, 사카가미 유키가 대학병원 병상 위에서 전신경련의 고통 속에서 몸을 떨며 말을 할 때, "그의 말투는 길게 늘어뜨리는 것 같기도 하고, 한마디 한마디씩 끊어서 말하는 어린아이의 어리광 같은 특별한 말투"였다. 그리고 장(章)의 이름이 '유키에게서 듣고 쓴 이야기'라고 했지만, 거의 대부분이 듣고 쓴 것이 아니라 이시무레가 창작한 세계다. 이에 대해서는 와타나베 쿄지(渡辺京二)가 자세히 썼지만[92], 유키의 말, 그 사실과 이시무레의 창작 사이의 관계는 "그렇지만 그 사람이 마음 속에서 말하는 것을 글로 쓴 것이니까 그렇게 된 것이지"라는 말에서 해명된다.

배 위는 참 좋았어.

오징어란 놈은 멋대가리가 없는 놈이라 배 위에 올려놓으면 금세 푸우푸우 하고 먹물을 뿜어대는 거여. 저놈 문어는 말이지, 꾸무럭 꿈틀대는데 항아리를 끌어올렸는데도, 항아리 밑바닥에 발을 붙이고 서서 영 나오지 않거든. 야, 이놈아, 배에 올라왔으면 빨리 밖으로 나와야지. 빨리 나오라니까. 안 나올 거냐. 그래도 여간해서는 안 나오거든. 할 수 없이 손그물 자루로 밑구멍을 들어올리면 쏜살같이 나와서 번개같이 달아나는 거야. 여덟개나 되는 발이 뒤엉키지도 않고 잘도 뛰어가지. 이쪽도 배가 뒤집힐세라 뒤뚱대며 쫓아가서 가까스로 바구니에 잡아넣고 배를 젓는데, 또 바구니를 빠져나와서 바구니 덮개에 버티고 앉아있는 거야. 이놈아, 넌 우리 배에 탔으니까 이제 우리 식구란 말야. 잔말 말고 들어가 있어, 하면 엉뚱한 데를 바라보고

토라져서 어리광을 부리지.

내가 먹고 사는 고기지만 바다식구에는 번뇌가 생기지. 그 시절은 참 좋았어요.

배? 배는 벌써 팔아버렸지요.

이것은 확실히 "살아서 숨쉬는 것들이 모두 서로 대응하고 교감하는 세계이고, 거기에서 인간은 다른 생명과 뒤섞여서 살아가는 하나의 존재에 지나지 않았다"(와타나베)라고 할 수 있는 그러한 세계다. 그리고, 이 얘기에는 민화(民話) 같은 분위기가 있으며, 더군다나 민화에 특유한 민중적 유머 같은 것이 있다. 그리고 그러한 분위기가 작품에 뭐라고 표현할 수 없는 볼륨을 더해주고 있는데, 이것은 와타나베가 지적한 대로가 아닌가 생각한다. 하니 야스지(羽生康二)[93]의 고찰도 있다. 《도노모노가타리(遠野物語)》(옛이야기나 세상사를 담은 1910년경의 책—역주)와의 관련 등도 언급한다. 나는 '하지만'이라고 생각했다.

근대를 관통하는 생명감

서툰 문학론을 펼 생각은 추호도 없지만, "옛날은 참 좋았다"고, 사람과 자연이 대등하고 일체이기조차 했던 근대 이전의 정신세계를 재현했다는 데만 이 작품의 진가가 있다고 생각하지 않는다. 물론, 이게 공해투쟁 작품이라고 해서 딴 방향으로 일면화하자는 것도 아니다. 유례가 없었다고 할까. 우리가 이제껏 만나지 못한, 나도 모르게 황홀해져서 기분이 좋아지는 표현세계를 가능하게 한 것은 도대체 무엇일까.

다시 한번 인용하겠다.

그런데 간밤에는 거룩하신 에베스님(용왕님)께서 우리 배에 오셨단 말이야. 마누라, 알겠어? 에베스님께서 당신을 도와주셨기 때문에 고기를 많이 잡았지. 뭐니 해도 나도 엔간히 피로하구나. 배가 엄청 멀리 흘러왔군. 그런데 이쯤에서 순풍이 불어준다면 돛을 올리고 단숨에 돌아갈 텐데.

그런데 그날 아침 따라 파도는 가라앉아서 한점의 바람도 없으니 말일세.

그런 때는 돛을 올리고 단숨에 돌아갈 수도 없지. 그러면 이런 때는 소주맛이 최고지.

언제 바람이 와도 올릴 수 있게시리 돛줄을 풀어놓게나.

마누라, 밥을 짓게. 나는 회를 칠 테니. 이렇게 마누라는 바닷물로 쌀을 씻고.

먼 바다 맑은 물로 지은 밥이 얼마나 맛이 있는지. 아줌마, 당신 먹어본 적이 있는가. 그거야 맛이 있지, 맛이 있구말구. 밥은 엷게 물이 들고 바다내음이 난단 말이지.

(중략)

지금은 내 배 한척, 그 위가 바로 극락이지.

그렇게 서로 얘기를 주고받으며 하늘과 바다 사이를 떠돌고 있으면 간밤의 피로가 덮쳐서 꾸벅꾸벅 잠들게 되지.

그럴라 치면 어느덧 시원한 바람이 불어오거든.

앞절에 나온 〈유키에게서 듣고 쓴 이야기〉 부분이 코믹하다고도 할 수 있는 독특한 리듬을 가지고 진행되고 있는 데 비해서, 에즈노(江津野) 노인에 의한 해상(海上) 묘사는 유유하게, 거의 시간이 멈춰버린 것 같은 흐름 속에 있다. 이러한 템포로 가고 있는 것은 물론 바다 그 자체이고, 이시무레의 《고해정토》나 〈하늘의 물고기〉를 관통하고 있는 확실한 존재감은 바다의 존재, 모든 진행이 음(陰)으로 양(陽)으로 시라누히노우미(不知火海, 미나마타시의 앞 바다 — 역주)의 존재를 밑바닥에 깔고 그 위에서 표류하듯이 진행됨으로써 생겨난다고 생각된다.

그리고 바다와 물이 표현하고 있는 것은 생명의 흐름이다. 물(바다)에 의해서 표현되는 생명관이란, 먼 옛날 "만물은 물이다"라고 말한 탈레스와 통하며 앞에서 말한 생태주의적 지구관과도 겹쳐진다. 그리고 또 김지하(金芝河)가 우주만물을 관통하는 기체(基體)로서 생명을 말할 때의 생명을 연상하게 한다. (이러한 공통성에 대해서 언젠가 다른 데서 말하겠다.) 어떻든 간에, 바다의 파도와 바다에서 부는 바람을 타고 살아있는 생명의 흐름, 그것은 말하자면 근원적인 자연이라고 해야 하는 것이다. 그리고 그러한 근원성이 우리들의 마음 속으로 침투해 들어와, 우리의 혼을 흔드는 것이다.

이러한 생명감의 확실한 존재감은 애니미즘이나 근대 이전의 민화를 해석하는 방법으로 포착될 수 있는 것이 아니다. 이시무레의 필력(筆力)으로 돌린다는 것은 아무것도 얘기하지 않은 것과 같다. 확실히 그것은 《고해정토—우리의 미나마타병》의 세계가 도달한 표현의 지평이다. 다시 말해서, 이러한 풍부한 생명감의 지평은 환자들의 생명이 잦아들고 쇠약해졌기 때문에 오히려 더 예민해진 감각으로 감지된 것이 아닐까. 이처럼 생명이 피폐해진 때에 오히려 생명의 밑바닥에 닿아, 감각이 예민해진다는 것을 나는 아오노 사토시(青野聰)[94] 씨에게서 배웠다.

> 생명은 일개 목숨이라고는 할 수 없는 것이지요. 그것은 쇠약해지지 않으면 이해할 수 없는 겁니다. 쇠약이라는 것은 되돌아가게 해주지요.
>
> 저는 언젠가 과테말라의 인디오 마을에서 굉장히 쇠약해진 적이 있었습니다. 그때 빈 깡통 같은 게 떨어져 있는 걸 보면 견딜 수 없이 되는 겁니다. 이것은 말이 안되지요. 빈 깡통의 존재가 더없이 괴로

운 것이지요. 불을 지피려고 호숫가에서 나뭇가지를 모으고 있는데, 존재한다는 것 자체가 고통스러운 것이었습니다.

나무는 후우 하고 생명을 준다고 할까, 마음을 가라앉게 해줍니다.(중략)

그래서 생각이 났는데 나의 아버지는 내가 고등학교에 다닐 때 돌아가셨는데, 어느 땐가 병원에 꽃을 꽂아놓을 유리병을 가지고 간 일이 있지요. 그런데 그게 놓여져 있으면 고통스럽다는 겁니다. 나는 고교생이고 원기왕성해서 알 수가 없었지요. 그게 고통이라는 것을 말이죠. 그건 모양새가 나쁘다든가 색깔이 나쁘다든가 그런 것이 아닙니다. 존재 그 자체가 고통스러웠던 거지요.

그런 게 있는 것이다. 《고해정토》의 세계에 있는 것은 단순한 쇠약이 아니라, 미나마타병이라는 공해병이다. 거기에는 책임을 지지 않으면 안될 사람이 존재하고, 그 배경에는 근대의 총체라고 해야 할 무엇인가가 있다. 좀더 말하면, 가해자와 환자들 사이에는 부단한 긴장감이 당연히 있다. 이를테면 병원 침대에서, 흔들의자에 앉아서 고통스러워하는 한 여성 어민에게 사태의 전체가 어떻게 이해되었는지 알 수 없지만, 그의 쇠약해진 생명은 사태의 본질에 대한 것을 모두 감득하고 있었음이 틀림없다.

말을 바꾸면, 〈유키에게서 듣고 쓴 이야기〉나 〈하늘의 물고기〉의 세계는 미나마타병이라는 지옥 같은 경험을 몸소 체험함으로써 비로소 가능해진 표현이라고 생각된다. 그러한 수난의 체험에 의해서 자기들이 살아온 자연과 인간이 교감하는 좋은 날들을 다시 생각해 볼 때, 하나의 발견이 있고, 거기서부터 용솟음치는 이미지가 바로 그 표현이 아닐까. 그렇기 때문에 그것은 가장 근원적인 것을 포함하고, 우리의 상상력을 앞으로 밀어가는 힘을 가지고 있다.

그래서 "배 위는 참 좋았어"라고 말하고, "배는 벌써 팔아버렸지요"로 이어져도, 이시무레의 세계는 근대 이전으로 돌아가는 데서 끝나는 것이 아니라, 근대를 뚫어버리는 힘을 가지고 우리를 행동하라고 촉구한다. 앞에서 나는 한 인디언 청년이 거의 같은 발견을 하고, 같은 힘에 떠밀려서 행동하는 것을 보았다. 그리고 론이라는 그 청년을 경유해서 이시무레의 세계에 도달하면, 차츰 민중적인 지평에서 지금 자연을 본다는 것이 무엇을 의미하는지 보다 명확해진다. 혹은, 민중의 삶과 생활에 있어서 자연이란 어떠한 것일 수 있는가 하는 데 대한 어떤 이미지가 차츰 선명하게 떠오른다. 그것에 대해서는 어차피 나중에 쓰지 않으면 안되겠지만, 이제 잠시 이러한 이미지를 발효시키는 효모를 찾아보기로 한다.

사람과 자연의 대화

'근대를 꿰뚫는 묘사'라고 말했지만, 물론 위에서 인용한 것 같은 〈유키에게서 듣고 쓴 이야기〉나 〈하늘의 물고기〉의 생활은 한없이 부드럽고 상냥한 세계이다. 거기에는 우리를 안정시키고 쉬게 해주는 것이 있다. 그게 어디서 오는가 하면, 무엇보다도 거기에 전개되고 있는 바다, 사람, 물고기, 배가 서로 주고받는 신비로운 관계일 것이다.

그 상호관계의 방식은 '대화'라고 해야 하겠지만, 거기에는 독특한 해학성이 있다. 자연과 인간의 교감이 근원적인 차원에 이를 때 이와 같은 부드러운 관계가 성립되는 것이다. 어부들에게 고기를 잡는다는 것은 확실히 살기 위한 일임에 틀림없지만, 그것은 우리가 알고 있는 노동과는 꽤 다른 데가 있다. 거기에는 유희의 요소가 있다. 그리고 그럼으로써 자연과 인간 사이에는 일방통행이 아닌 상호관계가 성립되고, 놀랄 만큼 자유롭고 유연한 경지가 실현되는 것이다.

그러한 의미에서 자유의 극치라고도 할 수 있는 세계, 인간의 정신이

유유히 자연 속에서 놀고 있는 세계가 이제까지 보아온 이시무레의 세계였다. 그러나 그러한 매력을 이시무레의 필력이나 풍부한 상상력(창조력)에만 돌려서는 안될 것이다. 이를테면, 다음과 같은 것을 예로 들어보자.

그것은 니가타 미나마타병 환자들의 얘기인데, 이 이야기들은 그들을 지원하고 기업을 고발하는 운동에 참가한 젊은이들이 발굴해낸 것으로, 《아가노 강변에서》(1981년 봄호)라는 소책자에 실려 있다. 이 사람들은 아가노 강에 의지해서 살아온 긴 역사를 가지고 있다는 점에서 이시무레의 표현세계와는 배경이 다르지만, 물과 어로활동에 의지해서 생활하고 수은오염 피해를 입은 사람들의 이야기를 듣고 쓴 글이라는 점에서는 커다란 공통성이 있다. 그래서 여기서도 생명감이 넘치는 물의 존재가 밑바닥에 깔려 있다.

나는 이미 《내 안의 에콜로지(わが内なるエコロジー)》에서 이 소책자에 수록된 얘기 가운데 스기사키 스토무(杉崎力) 씨의 〈아카하라와 마쿠레〉를 꽤 자세히 소개했다. 여기서 극히 일부분만을 소개하고, 독자에게 분위기만이라도 알리고 싶다.

'우구이'라든가 '하야'를 이 근처에서는 '아카하라'라고 하지.

보통 때는 '사고'라고 부르지만 산란기가 되면, 멋을 부리느라고 예쁜 오렌지색 붉은 옆무늬가 생기지. 그건 보기만 해도 예뻐요.

아카하라는 눈녹은 물이 흘러내리면서 지류(支流) 위에서부터 순차적으로 봄기운이 무르익고, 그렇지 그래, 이곳 히라보리(平堀)에서는 하치주 하치야(八十八夜, 5월 2일경, 씨뿌리는 계절 — 역주)가 지나면 시작하게 되지.

산란의 계절, 이건 옛날부터 그렇지.

아무리 눈이 녹아서 좋다, 기후가 따뜻해서 좋다고들 하지만, 그 시절이 되지 않으면 뱃속에 새끼가 안 생긴다 이거지.

이 고장 산에 등나무꽃이 주렁주렁 매달리고 이곳저곳에 진달래가 피기 시작하면 알을 낳기 시작한다는 얘기라네.

(중략)

제일 중요한 것은 개울을 안 보는 척 봐야 하네. 어떻게 보는가 하면, 그렇지, 얕은 데가 있지, 마쿠레가 노는 얕은 데 말인데, 그런 얕은 데가 없으면 잔모래가 마쿠레를 구르게 할 수 없어. 팥알갱이 같은 돌멩이가 마쿠레를 떼굴떼굴 굴리지 못하지.

그러고나서 지류(支流)의 마쿠레와 부딪치는 곳에서 마쿠레를 굴려온 잔모래가, 모래투성이의 돌멩이가 깨끗하게 씻어지네. 그래서 얕은 물이 힘이 약한지 강한지 알맞은지 그걸 살피는 거야.

그게 말이지, 여느 사람에게는 구별이 좀 어렵지. 깨끗한 물도 알맞게 좋아야 하거든. 물과 마쿠레의 물, 두개의 물이 부딪치는 곳에 모래가 소복이 모이지. 불쑥불쑥 솟아나오지. 그렇게 되면 잔돌에 알맞은 틈이 생기고 아카하라들이 좋아하게 되지. 이렇게 모든 게 어우러지지 않으면 아카하라는 오지 않네. 말로는 설명이 잘 안된단 말이네.

(중략)

우구이는 그물을 던지면 꾀를 부린다.

그때 움켜버리지.

예쁘게 생긴 놈이 여간해서 맘대로 안되지. 그래서 투망 던지는 데도 잘하는지 못하는지 천지 차이지. 조심조심 가까이 다가가서, 목표를 향해서 던지는데 말이지, 목표라는 건 고기가 몰려있는 곳을 말하는 거야. 한번에 몇마리씩 잡히는데, 두번 던지지. 그렇게 하면 도망도 못 가지.

그리고 또 부처님 가호가 있어야 하네. 그게 없으면 안되네. 절반도 안 잡히지.

> 에라, 모르겠다, 허탕치는 사내놈들은 두번째는 못하게 말리지. 그리고 여느 사람의 투망질은, 그렇지 이건 서툴구나 하고 고기들도 단박에 알아차리게 되지. 그래서는 장사가 안되지.

여기에는 문학작품에서 보는 것 같은 미학은 없지만, 그 대신 얘기가 굉장히 실천적이다. 이것은 그것대로 멋진 세계라고 생각된다. 여기에서도 주목되는 것은 확실히 유희의 기분이 충만하다는 사실이다. 유희라고 하면 어부들에게 혼이 날지도 모르지만, 얘기하는 사람들의 기분은 황어를 잡기만 하면 된다는 게 아니라는 것은 확실하다. 물고기와 물의 흐름과 어부들이 서로 주고받는 대화는 여유가 있다. 이와 대조적으로 묘사되고 있는 아마추어 쪽이, 오히려 난폭해서 물고기에 대해서 폭력적이라는 인상을 준다. 이것은 대단히 재미있는 얘기인데, 일반적으로 "아마추어는 달고, 프로는 쓰다"는 말이 있는 것처럼 프로가 자연에 대해서 탐욕스럽다는 이미지가 있는데, 사실은 그 반대이고 프로는 스스로 자연에 대해서 절도를 지키고, 그럼으로써 자연과의 상호의존적인 관계를 지속시키고 있다는 것이다.

이시무레의 〈유키에게서 듣고 쓴 이야기〉에서 인용한 부분에 이어지는 대목에 "물고기는 지나치게 잡지도 않았고, 절도 있는 고기잡이의 나날이었다"는 구절이 나온다. 처음에는 그다지 큰 의미를 느끼지 않았는데, 위와 같은 얘기를 염두에 두고 다시 이런 얘기를 되씹어 보니까 대단한 의미가 있다는 것을 알게 되었다.

유희와 해학

종래부터 우리가 아는 바, 인간의 자연에 대한 행위는 노동이냐 자연에 대한 감상이냐로 이원화된다. 맑스주의 등에서는 특히 노동을 인간의 자연에 대한 능동적 작용이라고 생각하고 중요시한다. 그러나 위에서 본 바와 같은 세계에서는 그것이 진정한 노동의 장이면서 자연에 대한 인간의 일방적 행위가 아니라 하나의 **응수(應酬)**, **대화**, 다시 말해서 자연과 인간의 상호간의 행위가 된다는 것이 명백하다. 이것은 자연과 노동이라는 문제로 다음 장에서 다시 생각하겠다.

그러나 이렇든 저렇든 그러한 상호적인 인간과 자연 사이의 교섭에 아마도 인간행위의 가장 근원적인 것이 있고, 그것은 노동이라는 합목적성으로 해소할 수 없다는 것을 여기서 확인해 두어도 좋을 것이다.

그리고 이러한 상호적인 행위에는 확실히 유희의 요소가 포함되어 있고, 또 거기서는 인간과 자연의 관계가 다분히 해학을 포함하고 있다. 어민들의 직업적 삶도 말하자면 그러한 에로스적인 요소를 본질적으로 포함하는 것이니까 이것이 "물고기를 지나치게 잡지 않는다. 어장을 파괴하지 않는다"와 같은 자연스러운 절도를 부여하였을 것이다. 합리주의의 대극(對極)에서 지혜가 작용하고 있는 것이다.

이제까지 어민에 관해서 보아왔지만, 농민에 대해서도 같은 말을 할 수 있다. 마에다 토시히코(前田俊彦)는 "농사〔百姓〕는 직업이 아니다"라고 입버릇처럼 말하는데, 거기에는 인간과 자연의 교섭에 대한 보다 총체적인 인식이 들어있다. 나도 《내 안의 에콜로지》에서, 미야자와 켄지(宮澤賢治)의 〈狼森과 笊森, 盜森〉을 예로 들고, 또 후쿠시마의 원자력발전소 반대운동의 M 노인을 끌어들여서, 농민과 자연의 관계에 대해서 같은 것을 생각했다.

들놀이 노래

각지의 원자력발전소 반대운동에 나다니다 보면, 농민이든 어민이든 주민들이 강렬하게 운동을 하고 있는 데서는, 참으로 기분 좋게 잘들 하고 있구나 하는 느낌을 받는다. 그런 데서는, 그 밑바닥에는 어디서나 인간과 자연의 깊은 관계가 있는 것을 알 수 있다. 이성적 차원의 원자력 발전소 반대나 자연보호, 정서적 차원의 자연사랑 같은 것보다 더욱 근원적인 차원에서 자연과 끊을 수 없는 유대관계가 사람들을 운동으로 내몰아가고 있는 것이다. 그리고 그러한 유대관계는 앞에서 얘기한 론 레임맨의 경우와 같이 옛 조상에게서 물려받은, 사유의식(私有意識)을 벗어난 토지나 바다에 대한 사랑(그보다 오히려 귀속)에 뿌리를 두고 있으며, 굉장히 전향적이다. 즉, 그들은 고도성장과 환경파괴의 부정적인 역사를 보아왔기 때문에, 나름대로 그런 것들을 총괄한 입장에 서서 자연에 대한 애착을 한층 높여가고 있는 것이다.

그때 북아란다의 남자가 흘린 눈물은 이제 와서 투쟁의 힘으로 바뀐 것이다. 그리고 그것은 이제 놀라운 전투력이 될 수도 있다.

일찍이 60년대에서 70년대에 걸쳐서, 좌익형 운동이 거의 불모적인 영역에 들어갔을 때, 전국 도처에서 크고 작은 주민운동이 일어나면서 새로운 민중의 운동이 일어났다. 그 중에서도 가장 과감한 반권력 투쟁으로 산리즈카(三里塚) 투쟁(나리타공항 건설에 반대한 농민의 운동)이 있었고, 그때 중심적 투쟁을 감행했던 한 청년은 공항 건설로 파괴되어가는 대지의 광경을 다음과 같은 아름다운 글로 기록했다.

> 인간도 그렇지만, 작은 동물이나 독벌레처럼 흙과 살아온 것일수록 쉽게 죽어버렸고 추방된 것 같다. 도대체가 땅을 죽이고 그것을 제멋대로 하면서 인간은 다른 세계에서 살면 된다는 주제넘은 생각에 대해서 인간 이외의 생물들도 가만히 보고 있지 않을 것이다. 언제든지 역습할 수 있지. 반드시 불길한 일이 벌어질 거다. '노즈치'(들의 정령)의 무리들이 어떠한 야습계획을 꾸미고 있을지 아무도 모른다.
>
> 우리 대지 위에 사는 사람들 모습과 이 풍경이 허물어지고 죽어가

는데, 또 지금 일어나고 있는 현실의 반인간적 정경, 그 하나하나에서 들녘을 달리는 신(神)들의 소리를 듣지 못하는 놈들은 대체 누구란 말인가. 그 어떤 힘이라 할지라도 그것을 멈추게 할 수 없는 인간의 삶—땅을 갈고 씨를 뿌리고 그리고 일을 해서 수확을 하고 사람을 사랑해서 처자가 생기고 다시 또 땅을 갈면서 더 많은 사람들과 만나는 —, 이러한 삶의 행위를 멈추게 하는 것은 일찍이 그 어떤 권력도 마침내 단념할 수밖에 없었다는데, 지금 땅 위에서 꺼져간 '노즈치'들이 모여서 부르는 들놀이 노래까지 저지하려는 것은 도대체 누구란 말이냐.

— 시마 히로유키(島寬征) 〈들놀이 노래(野遊びの歌)〉[95]

전체를 소개하지 못해서 섭섭한 글이다. "땅을 갈고 씨를 뿌리고 그리고 일을 해서 수확을 하고… 다시 또 땅을 갈면서 더 많은 사람들과 만난다"는 대목은, 이 책의 첫머리에서 소개한 헤시오도스의 《노동과 나날》을 상기하지 않을 수 없을 만큼, 고금동서에 변함없는 민중의 삶과 민중의 심성이라는 것을 농밀하게 표현한 문장이다. 공항 건설에 반대하는 농민들의 마음이 어디에 있는가. 일반에게는 도무지 이해되지 않는 측면이 여기서 웅변적으로 얘기되고 있다. '공항의 공공성'이라는 측면에서 비롯된 사고(思考)로는 위와 같은 민중의 삶의 오저(奧底)로부터 일어나는 저항을 아마도 이해할 수 없을 것이다.

싸움

나는 위와 같은 시마 히로유키(島寬征)의 글을 전부터 알고 있었지만, 사실은 그러한 시마의 감성이 어디까지 그들 농민의 투쟁과 이어지는지 잘 이해가 안되는 데가 있었다. 그런데 최근에 와서 같은 산리즈카의 청년들에 관한 다른 글을 만나게 되었다. 공항반대동맹의 다수 청년들이 피고가 된 '동봉십자로사건(東峰十字路事件)' 재판에서 피고들이 제출한 모두(冒頭) 의견진술서[96]가 그것이다. 의견진술서는 위에서 인용한 청년과는 다른 청년이 쓴 것으로 여겨지는데, 같은 모티브로 일관되어 있다.

"식물과 동물과 인간, 이런 것들이 혼연일체(渾然一體)가 된 관계 속에서 농민은 살고 있다. 자연을 가까이 하고 흙과 친해지고 그곳에 사는 동식물과 교류를 거듭하면서 살아온 농민에게 다짜고짜 다른 땅으로 이주하라는 것은 무엇을 의미하는지 묻고 싶다. 그것은 자기들을 보듬어안고 있는 자연과의 대화 속에서 형성된, 농민들의 정신적 토대를 빼앗자는 게 아닌가."

"농민의 정신을 뒷받침하고 있는 대지를 빼앗는다는 것이 최악의 경우에 인격의 파괴에까지 이른다는 것은 이미 몇몇 슬픈 사례들을 들어서 말했다. 공항이 산리즈카로 오게 되었기 때문에 농민은 격심한 동요나 불안에 떨었다는 것도 얘기했다. 불안에 떠는 자기 자신의 마음 속을 들여다보면서, 그것이 가닿는 곳에 정신의 붕괴가 어렴풋이 보였다고 한다면, 사람은 누구나 정신의 토대인 대지에 발을 굳게 딛고 서게 된다고 생각한다. 정신붕괴에 대한 본능적 공포감은 농민에게 대지에 대한 자각을 불러일으켰고, '나는 여기서 농사를 짓겠다'는 의지가 되어 공항반대의 슬로건과 결부되기 시작했다. 공항반대는 농민의 정신을 근원적으로 지키는 싸움이다."

재판의 의견진술서이기 때문에 이쪽이 더 설명적이지만, 밑바닥에 흐르는 것은 시마 히로유키의 경우와 똑같다. 진술서는 산리즈카 투쟁이 왜 그토록 격렬한 투쟁이 되어야 했는가, 또 왜 그렇게 될 수 있었는가에 대한 문제의 본질을 얘기했다고 생각된다.

생각컨대, 이 진술서의 필자나 다른 피고들도 10년 전의 격렬한 투쟁 속에서, 이 문장에서처럼 자기 행동을 대상화하고 의미 부여했던 것은 아니다. 오히려 투쟁 전의 자기들과 자연의 연계에 대해서도 이와 같이 대상화해서 포착한 것은 아니라고 생각된다. 그보다 나중에 자기들을 밀어준 것이 무엇이었던가 하는 것을 생각하는 데서 비로소 자기발견을 했던 것은 아닌가. 그렇기 때문에 생긴 뉘앙스, 다시 말해서 자신을 납득시킬 수 있는 뉘앙스가 위 문장에서 뚜렷하게 제시되고 있다.

그렇게 생각할 수 있다면, 여기서 다시 우리는 근대 이전의 세계로부터 근대를 꿰뚫고 근대를 초월하려는 민중의 정신과 과감한 삶의 실천을 보게 되는 것이다. 그리고 그것은 또한 오늘날, 자연과 인간의 나눌 수 없는 생명의 끈을 지키고 혹은 복권하려 하는 민중적인 삶이 생명을 건 투쟁이 될 수밖에 없다는 것을 의미하는 것이다. 일본에 있어서 생태주의의 가능성을 서양에서 수입한 사상으로서가 아니라, 다나카 쇼조(田中正造)를 원점으로 생각하라는 하나자키 코헤이(花崎皐平)의 지적[97]은 위와 같은 관점에서 볼 때 옳다고 할 것이다. 생태주의는 오늘날 확실히 도시문명에 식상한 사람들의 취미로 존재하는 것은 아닐 것이다.

그러나 그렇다고 해서 생태주의가 항상 어깨에 힘을 주고 버티고 선 것 같은 이른바 '전투적 생태주의'로만 존재하는 것이어서는 안된다. 그것은 오히려 본질적으로 더 자유롭고 더 자연스러운 정신과 신체의 존재양식의 지평일 것이다.

제7장

자연과 노동

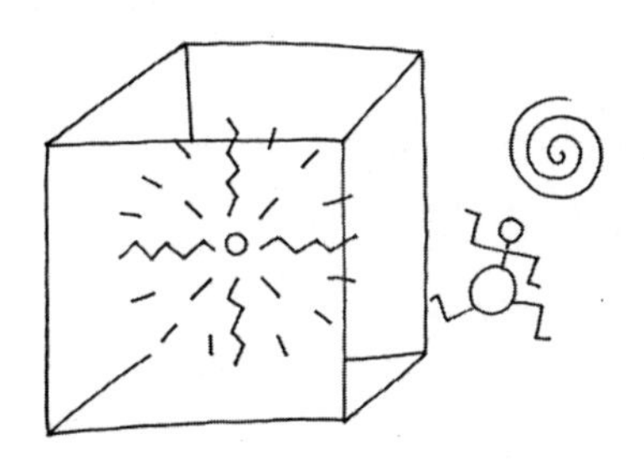

[본장의 요약]

노동을 자연에 대한 인간의 일방적인 작용으로 간주하면서, 거기서 인간의 주체성을 찾으려는 근대주의의 노동관은, 인간의 자연지배를 정당화하고 멈출 줄 모르는 자연파괴의 길을 열었다. 또 이 사상은 인간의 대자연적 활동을 합목적성의 틀 안에다 가둠으로써, 인간으로부터 자연과의 주고받음에서 가장 근원적인 부분을 빼앗고 말았다. 지금 인간과 자연의 상호주의적 행위에 빛을 보냄으로써 노동을 재인식해 본다.

(고대의 유기적 사회에서는) 구체적인 노동이 구체적인 물질에 맞닿아 있었다. 노동은 자연현상 안에 존재하거나 잠재하는 실재에 형태를 주었을 뿐이다. 노동과 노동의 소재, 그 어느 쪽도 똑같이 창조적이고 혁신적이었으며, 그리고 가장 확실하게 말할 수 있는 것은, 예술적이었다. 어떠한 형태이든 노동에 의해서 자연을 "내 것으로 한다"(aneignen, appropriate)는 사고방식—로크나 맑스에게서도 기본적인 사고의 틀—은 유기적인 사회의 기술적 상상력으로서는 완전히 이질적인 것이며, 그 사회의 상호보상적이고 분배적인 원리에는 맞지 않는 것이었다.

—머레이 북친[98)]

1. 자유의 나라·필연의 나라

네이처쇼크

이 책의 작업을 여기까지 진행시키고 보니, 내가 유토피안이라고 할 수 있을 정도로, 인간과 자연의 깊고 밀접한 관계를 이룬 이전의 문제로 강하게 지향하고 있다는 것을 새삼 알게 되었다. 실제로 나는, 예를 들면 2700년이라는 역사를 거슬러 올라가서 헤시오도스가 묘사한, 소박하게 농민적인 자연과 교감하는 세계에 마음을 뛰놀게 한 것을 감출 수가 없다. 거기서 하나의 실마리처럼 역사를 꿰뚫는, 인간과 자연과의 근원적인 그 무엇이 있다고 생각하는 것이다.

근대주의자들은 이러한 지향을 전근대로 회귀하고 싶은 바람이라며, 비합리적인 세계라고 비판할지도 모른다. 맑스주의자들은, 아마도 맑스로부터 배워서, 이러한 지향을 18세기 낭만파풍의 자연 찬미와 닮은 몰역사적인 것이라고 비판할지도 모른다. 이 점에 대해서는 나중에 언급하겠지만, 내 마음 속에서는 자연과 인간의 끊을 수 없는 연계야말로 도리어 근대를 초월하는 것이라는 신념이 더욱 강해진다.

그러한 내 의식은, 확실히 앞장에서 본 대로, 또는 거기서는 쓸 수 없었는지도 모르지만, 여러가지 민중의 삶을 만나게 됨으로써 더욱더 무겁고 큰 것으로 내 마음 속에서 부풀어올랐다. 그러나 근원을 말한다면, 그것은 나 자신의 두번에 걸친 경험을 통해서 생겨난 것이었다.

컬처쇼크(culture shock)라는 것이 있다고 한다면, 똑같이 네이처쇼크(nature shock)라는 말이 있어도 괜찮을 것이다. 그러한 경험이 내

생애에 크게 두번 있었다. 첫번째는 18세 때의 일이다. 대학에서 공부하려고 고향에서 도쿄로 나가서, 너무나도 큰 자연의 변화에 완전히 정신적 쇼크를 받았다. 그때는 도쿄에 처음 와서 대학생활을 시작한 데서 오는 문화적이거나 생활적인 쇼크라고 생각했는데, 차츰 그게 아니라는 것이 확실해졌다. 있어야 할 곳에 산이 없고 그 산에서 불어오는 바람이 없다는 것이, 그런 곳에서 자라난 인간에게는 얼마나 가혹한 것인지를 알았다.

그것을 네이처쇼크라고 해야 마땅하다고 느낀 것은, 그러나 훨씬 후의 일인데, 또 한번 비슷한 경험을 했기 때문이다. 내가 서독에 1년쯤 머물다가 귀국했을 때, 이번에는 기묘하게도, 익숙하게 잘 지내던 도쿄에 쇼크를 느꼈던 것이다. 하이델베르크 교외의 숲 언저리에서 보낸 1년은, 일본에 돌아가면 이것도 하고 저것도 하리라는 생각을 짜는 나날이었는데, 이 사색은 나도 모르는 사이에 숲의 사계절과 깊게 맺어져 있었다. 그 정든 풍경을 잃어버리니까 생각했던 것 자체가 모두 공허해지는 것 같았다.

이 체험에 대해서는 다른 데서 다소 상세하게 썼기 때문에[99] 여기서는 그만 쓰겠다. 그러나 두차례의 체험을 통해서, 내가 생활하는 곳의 자연이 머리 속에서 생각했던 것 이상으로 긴밀하게 내 생각이나 행동과 연결되어 있다는 것을 알게 되었던 것이다.

어린애 같은 태도?

아마도 이렇게 쓰면 반발할 사람도 적잖을 것이다. 이제는 잃어버린 자연에 대해 가지는 내 감상이라 여겨 거기서 본질적인 것을 보려고 하지 않는 사람도 많을 것이다.

맑스의 글 가운데 이런 글이 있다. (이런 것에 어두운 나는, 이 문장의 존재를 A. 슈미트[100]를 통해서 알게 되었다.) 맑스는 다우머의 저서 《새로운 세대의 종교》를 비판하면서 다음과 같이 말한다. "이 자연 숭배는, 우리가 보는 바와 같이, 지방 소도시 주민이 일요일마다 하는 산책에 국한되는 것이기 때문에, 그들은 뻐꾸기가 다른 새의 둥지에 알을 낳는다든가 눈물이 눈 표면을 촉촉하게 할 사명을 띠고 있다는 데에, 어린애 같은 천진한 놀라움을 털어놓는 것이다. 근대산업과 결합해서 전자연(全自然)을 변혁하고, 다른 어린애 같은 언행과 동시에 인간의 자연에 대한 천진한 태도에까지 종지부를 찍은, 근대 자연과학에 대해서는 물론 아무것도 얘기하지 않는다."

맑스는—슈미트에 의하면—있는 그대로의 자연이 지닌 직접성을 찬미하는 것은, 기술을 적대시하는 '반동성'과, 한편에서 자본주의적인 자연 약탈에 직면해 자연을 '피난처로 찬미하는' 양면에서 비판받아야 한다고 주장한다.

오늘날까지도 이 같은 견해는 흔하게 볼 수 있다. 자연 찬미는 피난이 아니냐는 지적에는, 확실히 그 나름의 근거가 있다. 그러나 역시 맑스와 같은 대응에는 납득할 수 없는 데가 있다. 오히려 맑스와 같은 자연 찬미에 대한 조소 속에, 우리는 자연 찬미를 극히 취미적인 것으로밖에 결부시키지 못하는 자연관의 편협함을 보게 되는 것이다.

우리는, 확실히, 사막과 같은 도시 속에서도 살아갈 수 있다. 나 자신은, 앞서 얘기한 '네이처쇼크' 후에도 다시 조금씩 도쿄라는 무서우리만큼 무기질적인 대도시 속에서 콘크리트에 둘러싸인 생활에도 익숙해져서 살고 있다. 그러나 이러한 생활이 이미 많은 것을 상실한 생활이라는 것도 알고 있다.

도시에서 생활하며 나는 행동하고 생각하고 발언하고 있다. 하지만 '쇼크' 후에 전형적으로 나타나듯이, 회색 콘크리트 안에서 이루어지는 사고와 발언은 얼마나 유연성과 생동감을 잃어버리고 창조력이 결여되는지, 그리고 행동은 얼마나 획일화되고 활발성을 상실했는지, 그것을 나는 잘 알고 있다!

그것이 어느 정도였는지는 별개로 하고, 최근 십여년 동안 '쇼크'에서 나름대로 바로 서게 되고 생각하고 상상하고 창조하고 행동해온 것은, 나의 경우, 내가 계속한 농사일을 빼면 생각할 수 없다. 밭 가운데서, 사계절이 변하는 리듬을 실감하면서, 생각하고 행동함으로써 나는 나다울 수 있었다.

사사로운 것을 떠나서 말한다면, 지역의 주민운동이 도시의 시민운동에서는 여간해서 기대할 수 없는 그야말로 생동감 넘치는 힘을 갖는 것은, 지역의 풍토에 뿌리를 내리고 거기서 창조력과 활력을 얻어내기 때문이라고 생각한다. 자연이 갖는 그러한 힘은 근원적인 것이기 때문에 '어린애 같은 순진한 것' 등으로 처리해서는 안된다. 그것은 자유로운 정신에 불가결한 것이다.

자유의 나라

앞절에서 맑스를 예로 든 것은, 현재의 우리의 입장에서 다우머를 옹호하고 맑스에게 반격을 가하기 위한 것이 아니다. 오히려 우리의 입장은 맑스를 상기시키는 것이다. 에콜로지즘의 유토피아는 맑스에게도 유토피아였을 것이다.

"자유의 나라는 실제로, 궁핍과 외적 합목적성에 의해서 규정된 노동이 없어지는 데서 비로소 시작된다. 따라서, 그것은 문제의 성질상, 본래의 물질적 생산영역의 피안에 있다. (중략) 이 영역에서, 자유는 오직 다음과 같은 것에만 존재할 수 있다. 즉, 사회화된 인간, 결합된 생산자가 자연과 그들의 물질대사에 따르는 맹목적인 힘에 지배당하는 것을 그만두고 이것을 합리적으로 규제하고 그것을 공동통제하에 둘 것, 이것을 가장 적은 힘을 들여, 또 그들의 인간성에 가장 적당한 모든 조건하에서 행할 것, 바로 이것이다. 그러나 이것은 여전히 아직도 필연성의 나라이다. 이 나라의 피안에 자기목적으로 행동할 수 있는 인간의 힘의 발전이, 참다운 자유의 나라가, 그러나 그러한 필연성의 나라를 기초로 해서 그 위에서만 개화할 수 있는 자유의 나라가 시작된다."[101]

자유의 나라에서는 자연에 대한 인간의 합목적성은 해소되기 때문에, 가장 근원적인 차원에서 자연과 인간의 교감이 시작된다. 맑스는 틀림없이 그곳에서 자유의 유토피아를 발견하려고 한 것이다. (우리와의 커다란 차이는, 맑스의 경우 '필연성의 나라'를 경과하지 않으면 안되고, 또 그렇게 하면 '자유의 나라'가 온다고 생각한 점에 있다. 그 점에 대해서는 나중에 생각한다.)

맑스가 자연과 인간의 근원적인 관계에서 인간해방을 찾고 있었다는 것은, 초기 저작에서 더욱 뚜렷하게 나타나 있다. 그러한 입장을 맑스 자신은 자연주의 = 인간주의라고 했다. 나에게는 도저히 맑스를 해설할 능력이 없지만, 맑스가 자연을 단순히 유용성의 관점에서 파악하거나, 자연을 더 많이 이용하는 것이 인간의 자유를 확대한다는 식으로 단순하게 생각했던 것은 아니었다는 것은 지적해 두어도 좋을 것이다.

"자연, 즉, 그 자체가 인간의 육체가 아닌 한에서의 자연은 인간의 비유기적 신체이다. 인간이 자연에 의해서 살아간다는 것은, 다시 말해서 인간이 죽지 않으려면 자연과의 부단한 '교류' 과정에 머무르지 않으면 안되는, 이른바, 자연은 인간의 신체라는 것이다. 인간의 육체적, 정신적 생활이 자연과 관련되어 있다는 것은, 자연이 자연 그 자체와 연관되어 있다는 것 이외의 아무것도 의미하지 않는다. 이는, 인간이 자연의 일부이기 때문이다."[102]

그리고 이렇게 깊은 인간과 자연의 유대가 사유재산제와 자본주의적 자연수탈에 의해서 일그러진 데서 해방을 바랐다는 것이 맑스의 입장이라 한다면, 그것은 실로 우리의 입장 바로 그것이다. 그리고 진실로 이 점에서, 칸트-헤겔의 관념론적 자연관과 결별한 포이에르바하-맑스[103]의 사상이 근대의 자연관을 넘어설 만한 질적 요소를 내포하고 있었을 터이다. 그러나…

유용성으로서의 노동

물론, 맑스는 '손을 대지 않은 자연'을 주어진 것으로 생각하는 입장에는 만족할 수 없었다. 맑스는 자연을 '사회적으로 매개된 것'(A. 슈미트)으로 보았다. 인간은 항상 자연에 대해서 유(類)로서 관계하면서 자연을 변혁하고, 또 그렇게 함으로써 자신도 변혁된다. 그러한 자연과 인간의 관계를 맑스는 '물질대사'라고 불렀다.

그리고 맑스에게 이러한 물질대사를 매개하는 것은, 무엇보다도 우선 노동이고, 여기에만 인간의 주체성, 인간이 인간다운 이유가 있었다.

"노동은 우선 첫째로, 인간과 자연 사이의 하나의 과정이다. 즉, 인간이 자연과의 물질대사를 자신의 행위로 매개하고, 규제하고, 조정하는 과정인 것이다. 인간은 자연소재에 그 자신이 하나의 자연력으로 상대한다. 자연소재를 그 자신의 생활에 사용할 수 있는 형태로 만들기 위해서 그의 육체에 준비된 자연력, 즉, 팔과 다리, 머리와 손을 움직인다. 이 운동으로 인간 바깥에 있는 자연에 작용해서 그것을 변화시키고, 동시에 그는 그 자신의 자연을 변화시킨다. 인간 자신의 자연 속에 잠자고 있는 잠재능력을 발현시키고, 그러한 여러가지 힘의 활동을 그 자신의 통제 아래 복종시킨다." (《자본론》)

이와 같이, 자연과 인간의 전적인 '물질대사'가 생각되고 있지만, 역시 그것을 유용성으로서의 노동이라고 하는 한에서, 인간중심적인, 그리고 합목적적인 '교통'이라는 것은 피할 수 없다. 맑스의 관심은 자본주의적 생산양식이 초래하는 노동력의 상품화와 노동소외에 대한 비판으로 향하게 되는데, ―바로 이것이 맑스의 혁명적인 핵심이지만―그것이 당연한 것이라고 하더라도, 인간과 자연의 전체적인 관계를 합목적적인 노동이라는 활동 안에 집약해 버리는 문제는 엄연히 존재한다. 그리고 아마 맑스 자신도 그것에 만족해 하지 않았지 않았는가 하는 의문이 남는다.

맑스도 명백하게 '자유의 나라'의 발상에서, 노동이라는 합목적적인 자연에 대한 작용이 언젠가 그 합목적성을 해소하고, 인간과 자연이 진정 자유로운 교환을 시작하는 것을 상정하고 있었다. 그러나 맑스에게 '자유의 나라'는 어디까지나 '필연성의 나라'에 따르는, 긴 도정의 피안으로밖에는 생각할 수 없는 것이었다. "사회화된 인간, 결합된 생산자가 자연과 그들의 물질대사에 따르는 맹목적인 힘에 지배당하는 것을 그만두고, 이것을 합리적으로 규제하고 그것을 공동통제하에 두는" 그러한 과정이 필요하다는 것이다.

자연과의 싸움

필연성의 피안에 있는 자유라는 구상은, 일견 논리적인 것처럼 보이지만, 오늘 우리의 관점에서는 아무래도 부자연스럽다. 인간이 자연에 대한 통제를 강화하고 그 지배를 확대한 피안에, 자연과 인간이 자유롭게 교류할 수 있는 지평이 '펑' 하고 구멍이 뚫린 것같이 입을 벌리고 기다리고 있다는 것이니까.

이러한 발상에서 우리는 강한 근대주의의 찌꺼기를 본다. 인간은 자연 안에서 특이한 존재이며, 자연의 '폭력성'이나 '존엄함'과 싸우는 것밖에는 자유의 영역을 확대할 수 없다고 하는 근대 유럽적 자연관의 영향을 강하게 간직하고 있다고 할 수 있다. 예를 들면, 맑스는 《자본론》에서 다음과 같이 말했다. "미개인이 그의 욕망을 채우기 위해서, 그의 생활을 유지하고 또 재생산하기 위해서 자연과 싸우지 않으면 안되듯이, 문명인도 그렇게 하지 않으면 안된다. 게다가 어떠한 사회형태에서도, 가능한 어떠한 생산양식에서도, 그렇게 하지 않으면 안된다. 문명인이 발전할수록, 이러한 자연필연성의 나라는 확대된다. 그러나 동시에 여러 욕망을 충족시키는 생산제력(生産諸力)도 확대된다." 맑스는 이러한 발전을 보증하는 것으로서 자연과학의 발전을 굳게 믿고 있었다. 앞에서 인용한 다우머 비판을 다시 인용하겠다.

"근대산업과 결합해서 전자연을 변혁하고, 다른 어린애 같은 언행과 동시에 인간의 자연에 대한 천진한 태도까지 종지부를 찍은, 근대 자연과학에 대해서는 물론 아무것도 얘기하지 않는다. … 말이 났으니 말인데, 바이에른의 활발하지 못한 농민경제나 목사, 다우머 따위의 무리가 함께 그 위에서 자라난 대지가 언젠가 마침내 근대적 농경이나 근대적 기계에 의해서 일궈질 것이라는 점은 바람직하지만."

하지만 이 점에서, 다우머가 아닌 맑스가 결정적으로 잘못했다. 지금 '근대 자연과학'에 대해서 많은 말들이 오가며, 불도저가 대지의 창자 속까지 파헤치는 나날이 계속되고 있다. 그리고 그것 때문에 사태는 더욱 심각해졌다. 확대된 '욕망'을 채우려고 비대해진 근대산업에 의해서, 그야말로 우리는 '자유의 나라'에서 더욱 멀어진 것이다.

맑스가 예상도 하지 못한 방향으로 과학기술이 줄달음질쳤다는 점은 있을 것이다. 그러나 근본문제는, 자연을 엄청나게 포악한 것으로 보고 이것과 싸워서 종속시킴으로써 자연을 융화시키려는 유럽적인 자연관에 있었다. 이러한 자연에 대한 우월의식과 자연과의 비화해성이라는 이데올로기에서 해방되지 않는다면, 결국 핵까지 포함한 자연에 대한 모든 행위는, 인간의 주체성의 발현이며 필연성의 길이라고 긍정되고 만다. 맑스주의도 결국에 가서 이러한 자연관에서 자기를 해방시키지 못한다. 물론, 그 연장선상에 인간의 해방은 없다. 근대주의의 자연관에서 해방되는 것이야말로, 해방을 위한 자연관으로 가는 길이다.

2. 노동과 생활

노동의 의미

근대주의적 자연관을 재검토하지 않으면 안된다면, 당연히 자연과 인간을 매개하는 것으로서의 노동이 지니는 의미에 대해서도 재검토해야 한다. 노동이라는 유난스럽게 사회적 측면을 갖는 문제에, 자연관이라는 관점만 가지고 깊이 들어갈 수는 없다. 하지만 에콜로지즘의 자연관에서 노동의 문제를 고찰한 책이 쉽게 발견되지 않아서, 감히 두세가지 측면에서 생각해 보겠다.

그 하나는, 인간이 자연에 대해서 작용한다는 것의 직접적인 의미에 관해서이다.

"인간은 자연소재에 그 자신이 하나의 자연력으로 상대한다. 자연소재를 그 자신의 생활에 사용할 수 있는 형태로 만들기 위해서 그의 육체에 준비된 자연력, 즉, 팔과 다리, 머리와 손을 움직인다"(《자본론》)는 생각에 대해서이다.

본장 처음에 인용한 북친의 글은, 고대의 유기적(비기능적) 사회에 의거해서 근대의 노동관을 날카롭게 비판하고 있다. 이것을 에콜로지스트적인 노동관이라 해도 좋다. 북친이 주장하는 것은, 인간과 자연의 상호주체적인 작용으로서의 노동—노동이라는 말을 이 경우에도 쓸 수 있다는 것으로 하고—이다. 인간이 자연에 작용해서 그것을 인간에게 편리한 형태로 자기 것으로 만드는(획득하는) 것이 아니라, 인간이 자연(=물건)과 서로 마주하고 있을 때에도 인간과 자연 사이에는 서로 주고

받는 행동이 있는 것이고, 이것을 인간이 자각할 때에만 노동은 실로 좀 더 창조적이고 신선한 것이 되는 것이다.

앞장에서 말한 농민이나 어민들의 자연과의 응수(應酬), 놀이의 요소를 품은 응수도, 기본적으로 그와 같은 것이었다. 그리고 그러한 노동을 통해 인간이 자연 측의 주체성을 인정함으로써 비로소 절도 있는 인간과 자연의 응수가 가능하게 되고, 그때 노동은 진실로 매력이 있는 것이 되었다.

이에 대해서, 자연을 '내 것'으로 하고 인간이 마음먹은 대로 하려는 일방통행적 행위는, 자연으로부터 역습을 받고 이것도 저것도 아닌 것으로 끝난다. 맑스를 의식하고 말한다면, 자연을 변혁하고 그것으로 말미암아 자기도 변혁되는 것으로서의 자연과 인간의 관계는, 자연을 파괴하고 그것 때문에 스스로도 파괴되는 형태로 반대가 되고 만다.

북친의 '유기적 사회모델'이든 내가 말하는 자연과 인간의 상호주체적 행위로서의 노동이든, 모두 이상주의적이고 우리를 둘러싼 노동의 현실과는 너무나 멀다고 하는 비판이 곧바로 돌아올 것이다. 다음 절에서 다루겠지만, 그러한 비판에는 확실히 그럴 만한 이유가 있지만, 그래도 우리의 주장에도 지금이라는 시대이기 때문에, 그야말로 충분한 검토가 있지 않으면 안된다고 생각한다.

인간중심주의를 전환시켜 인간이 자신을 자연의 전체 안에서 상대화할 때에만 비로소 넓고 해방된 세계를 만날 수 있다는 우리의 기본적 주장에 입각해서 말한다면, 노동도 인간이 지닌 주체성의 일방적 발현이라는 생각이, 자연의 전체적 활동 안에서 상대화될 때에 창조적으로 소생할 수 있는 것이다.

현대의 노동

있을 수 있는 온당한 노동의 이미지에 대해서 생각하기 전에, 현실에 있는 노동에 대해서 좀더 생각해야 하겠다. 확실히, 오늘날의 노동은 앞에서 우리가 맑스를 비판한 의미에서의 노동, “자연소재를 자기 자신의 생활을 위해서 사용할 수 있는 형태로 만들기 위해서, 인간의 육체에 갖춰져 있는 자연력, 팔과 다리, 머리나 손을 움직인다”는 의미조차 거의 갖고 있지 않다. 반도체공장이나 자동차공장의 생산라인에서 일하는 노동자를 상기하면, 이미 인간은 인간으로서 자연을 대하고 있다고 할 수 없다. 거기에는 인간이 자연과 상대할 때 느끼는 뭐라 할 수 없는 흥분, 자연과 육체가 접할 때 수반되는 긴장감 같은 것의 부스러기조차도 없다. 내가 말하고 싶은 것은, 노동의 소외나 노동력의 상품화라든가 생산관계 등과 같이 귀에 익은 것은 아니다.

“(노동의) 대상으로서 자연이 없어졌다”고 나카오카 테츠로(中岡哲郎)[104]는 벌써 15년이나 전에 썼다. 어떠한 생산관계에서도, 현장에서 자연(=물건)과 응수하는 노동자는, 예전에는 자연과 자기와의 사이에 아무도 개입할 수 없는, 이를테면 직접 거래하는 영역을 갖고 있었다. 장인예술이라든가 명인예술이라는 말을 들을 수 있을 만큼은 아니더라도, 창조나 연구로 남모르게 자연에 작용하거나 또 거꾸로 그것에 의해 자연으로부터 작용을 받는 과정을 즐기는 여유가 있었을 것이다. 자연소재 자체가 갖는 아름다움이나 거칢을 남몰래 맛보는 영역도 남아있었을 것이다. 또 숙련노동이라고 할 때 숙련은, 소재와 노동자의 상호관계에서 생기는 긴장과 성숙을 빼고는 생각할 수 없다.

그런데 오늘의 노동현장에서 노무관리와 품질관리(QC)는 노동에서 그러한 뜻을 몽땅 빼앗아버렸다. 우리의 에콜로지즘이라는 관점에서 보면, 품질관리란 노동자가 자연과 남몰래 응수하는 것을 완전히 금지하고, 어떤 표준적 규격 안에 인간을 가두어버리는 것이다. 인간의 로봇화이고, 거기에 로봇에 의한 인간의 배제가 있다.

혹은, '우주복'을 차려입고 원자력발전소 안에서 작업에 종사하는 오늘의 노동자를 상기해 보라. 손에는 이중장갑을 끼고, 납유리안경과 산소마스크를 쓰고서 눈에 보이지 않는 물질(방사능)을 상대로 격투를 벌인다. 그에게는 이제 맨손으로 대상의 감촉을 즐긴다든지 자기의 눈으로 대상을 본다든지, 용광로의 열을 피부로 느낄 만큼의 응수조차 남아있지 않다.

농업이나 어업, 혹은 일정한 장인작업적인 현장에서는, 아직도 자연과 응수할 수 있는 여지가 남겨져 있을 것이다. 그러나 농업이라지만, 기계와 농약과 화학비료에 의한 농업은, 자연과 인간이 주고받는 부분을 극소화함으로써 규격화된 산물과 수확량을 늘리는 것을 지향한다. 흐름에서 보면 똑같다.

다시 말해서, 오늘의 노동은, 우리가 비판했던 '인간의 주체성으로서의 노동'이라는 근대주의적인 노동의 의미까지도 빼앗기고 말았다. 우리가 이미지화한 인간과 자연의 교감이라는 그림은 아주 멀다고 할 수 있을 것 같다. 그러나, 인간중심적인 '주체성으로서의 노동'이라는 근대개념이야말로 이러한 상황을 초래했던 게 아니었던가. 이것은, 자연을 지배와 제어의 대상으로 생각했던 근대과학기술의 자연개조가, 당사자인 인간 자신의 자연성을 억압하게 되었다는 것과 잘 통한다.

노동시간에 대하여

맑스는 앞에서 인용한 '자유의 나라'의 성립에 대해서 "노동시간의 단축이 그 근본조건이다"라고 말했다. 그러나 아마도 맑스는 예상도 하지 못했던 형태로 지금, 노동시간의 단축이 문제가 되고 있다. 마이크로 일렉트로닉스나 로봇의 진출로 소외노동의 상황은 더욱 심화되겠지만, 그 한편에 노동시간은 단축되리라는 얘기가 무성하다. 기술 유토피아론자들의 꿈에 따르면, 인간사회는 '노동의 폐지'를 향해서 무한히 접근해가고 있다는 얘기다. 가령 (사실은 전혀 일어날 것 같지 않지만) 노동의 폐지가 일어난다고 한다면, 그것은 우리의 관점에서 환영해야 할 일인가. 여기서, 제2의 문제로서 '노동시간'의 의미를 새로이 검토하지 않으면 안될 것이다.

《에콜로지스트 선언》[105]으로 일본에서도 잘 알려진 앙드레 고르는 새 저서[106]에서 이 문제를 다루고 있다.

그는 "마이크로 일렉트로닉스 혁명은, 노동폐지 시대의 단초를 열었다"고 말한다. 사회적 필요노동이 감소하는 경향은, 이제 누구도 부정하지 못한다. 그러나 자본가나 정치가들은 이것을 인정하고 싶어하지 않고, 또 노동량의 감소에 따라 생기는 여가를 평등하게 노동자에게 분배하려고 하지 않는다. 노동자의 노동시간을 줄이지 않고, 그만큼 실업자를 증대시키려 한다고 고르는 지적한다. 이에 대해서, 고르는 노동량의 감소에 따른 여가를 노동자에게 모두 평등하게 분배하고 가능한 한 많은 자유시간을 사람들이 갖게 해서 '더 적게 일하고 더 잘사는' 것을 지향하는 것이 노동자의 해방의 길이라고 시사한다. 그러나 이제는 '노동시간의 단축' 자체가 노동자의 목표일 수 없을 것이다. 고르 자신도 "노동의 폐지는 그 자체로서는 해방이 아니다"라고 말했다.

결국, 이제는 노동시간과 여가라는 생각은 바뀌지 않으면 안될 것이다. 나카야마 시게루(中山茂)[107]는 만인이 짧은 노동시간과 긴 레저를 즐기면 된다는 것이 불가능하다면서, 다음과 같이 말한다. "그러나 도대체 인간의 생활을 취업시간 동안 자유를 구속당하는 노동과, 구속에서의 해방인 레저로 엄격히 구별하는 것은, 근대 산업주의의 산물이지 인간 본래의 심리와 생리에 맞는 것은 아니다."

이제까지는 모든 것을 노동을 중심으로 생각하고, 다른 생활은 노동력의 재생산과정으로 여기는 경향이 강했다. 현재는 노동에서 발상하지 않고 생활 전체에서 발상해야 할 때가 왔다고 나도 생각한다. 이 점에서 고르의 책에 소개된 다음 관점은 시사적이다.

"생활에서 노동보다도 자유시간의 비중이 커지면 그것 때문에 변화하는 것은 생활 전체일 것이다. 과거와 같이, 노동이 생존의 목적, 따라서 지배적 가치의 담당자인 대신에, 이윽고 많은 사람들에게 자유시간이 휴가나 보상에 지나지 않는 것이 아니라 기본적인 시간, 삶의 이유가 되고, 노동이 수단의 차원으로 쫓겨나는 것은, 이제 생각할 수 없는 것이 아니다. 그때가 되면, 직업은 많은 활동 중의 하나가 되어버릴 것이다."[108]

하지만 이러한 자유시간도 내버려두면 관리사회와 상품문화의 틈새에서 단지 비주체적인 시간이 되고 말 것이다. '변화하는 생활 전체'가 창조적이고 살아 숨쉬는 것이 되려면, 어떻게 해야 하는가. 이 목적을 위해서라도 우리는 자연과 인간의 관계에 새로운 의미를 부여하지 않으면 안된다.

생활과 자연

앞에서 얘기한 것과 관련지어서, 생활의 문제에 대해서 언급하겠다. 생활론은 에콜로지즘에서 중심적 테마이지만, 이 책에서 생활론 일반을 얘기할 생각은 없다.

에콜로지스트들이 일반적으로 생활을 문제삼는 것은, 건강하게 살고 싶은 관심 때문이다. 그것은 결국 에콜로지스트들이 생존에 대한 관심이 강하기 때문이지, 해방에 대한 관심 때문은 아니다. 유기농업, 식품첨가제, 합성세제 등에 대한 관심도 생명과 건강에 대한 관심에서 온 것이다. 물론 그래도 좋다. 그러나 내가 '생활과 자연'을 생각하고 싶은 것은, 좀 다른 문맥에서 그렇다는 것이다.

앞절에서 이어진 관심에서 말하면, 생활 전체에서 발상하는 것으로 전환해, 종래의 의미에서 유용 노동을 통한 자연에 대한 작용이라는 차원을 넘어서, 자연과의 연결을 어떻게 회복해 가는가 하는 것이다. 하기는, 이러한 문맥에서 '자유시간'에 관련해서 자연을 얘기하려고 할 때, 우선 생각나는 것은, 맑스가 피난처라고 말한 자연, 주말의 피크닉에서 만나는 숲이나 호수의 풍경인지도 모른다. 그런 것은, 마치 레저의 대상으로 상품화되어 버린 자연과 같다.

그러나 레저라고 무시해버리기 전에, 그러한 레저가 자연에 의거하고 있는 방식에 대해서도 주의할 필요가 있다. 하이킹이나 옥외스포츠에서 관광여행에 이르기까지, 또는 최근에 유행하는 주말농장도 물론 모두 자연에 관계하고 있다. 관계하고 있을 뿐 아니라, 그것이 에너지를 재충전하는 활동이 될 수 있는 근거도 지니고 있다. 앞에서 예로 든 전형적인 레저에서 의미를 찾으려는 것과 같은 논의에 눈살을 찌푸리는 사람이 있을지도 모른다. 분명 레저산업의 대상으로서의 자연은, 내가 이 책의 서장에서 말한 '찢겨진 자연'의 한쪽 극에 있다. 그것은 인간에게 지배당하고, 구석으로 쫓겨나서 상품화하여 겨우 인간과 접점을 갖는 그런 존재이다. 그러나, 그럼에도 불구하고, 거기에서 자연이 행하는 역할도 결코 무시하지 못할 것이다.

레저이든 스포츠이든, 사람이 바다에서 수영을 하거나 산에서 스키를 타는 경우에 인간은 단순히 신체의 움직임이나 테크닉을 즐기는 것은 아니다. 바다의 물결은 한가롭고, 때로 파도가 일어 독특한 감촉과 파도의 리듬, 그러다가 그만 물을 들이켜 바닷물의 짠 맛, 눈 위에 굴러 넘어졌을 때의 느낌이나 때로 만나게 되는 격렬한 눈보라 등, 그러한 것이 없으면 해수욕이나 스키의 즐거움은 결코 존재하지 않는다. 그렇게, 그러한 방법으로, 사람은 자연과 맺어지고 있다.

물론, 그것은 왜소화된 자연이다. 이런 방향에서 인간이 자연에 의지하려고 하면 할수록, 자연은 상업화되고 개발되고 말 것이다. 그것은 명백한 모순이지만, 여기서 말하고 싶은 것은, 그와 같이 부분화된 자연의 부스러기에 사람들이 매달리려고 한다는 사실을 보지 않으면 안된다는 것이다. 그것을 경시하는 게 아니라 사실을 확인함으로써, 더욱 전면적으로 생활의 전영역에서 자연과 인간의 관계를 생각하는 실마리로 삼을 수 있을 것이다.

생활의 모든 영역에서 자연과 인간의 관계의 부활이라고 한다면, 금방 소로우의 《숲의 생활》 같은 직접적인 것을 생각하는 사람이 있을지도 모른다. 그러나 내가 여기서 말하고 싶은 것은, 꼭 한가지로 '숲의 생활'을 권하는 것은 아니고, 모두가 소로우처럼 살 수도 없는 것이 아닌가. 또, 문제는 개인적 차원이 아니다. 오늘날 대도시에서조차, 결코 레저를 통해서가 아니라, 우리가 자연과 접해 그것으로 생활을 바꿀 수 있다고 생각하는 것이다. 그것은 두가지 의미에서 가능하다고 생각한다. 하나는, 우리 자신이 스스로 자연스러운 생물로서 자연성에 솔직하게 순종하는 것이다. 이러한 '내츄럴리즘'에 의해서 우리는 꽤 많은 것(인간성, 창조성, 활력, 상쾌함 같은 것)을 회복할 수 있을 것이다. 그것에 대한 의미와 가능성에 대해서는 종장에서 좀 자세하게 다루겠다.

살아있는 사회

그리고 오히려 내가 여기서 생각하고 싶은 것은, 제2의 측면이다. 즉, 사회 전체가 제5장에서 말한 바와 같이, 생태계의 살아있는 순환 속에 자리매김되는 것이다. 사회 전체가 유기성을 갖는 시스템으로 작용할 때, 한사람 한사람이 숲에서 생활하지 않더라도 우리는 충분히 자연의 리듬을 느끼면서, 자연의 흐름 속에서 숨쉬고, 자연과 서로 주고받으면서 살아가고 있다는 것을 느낄 수 있을 것이다.

근대주의자의 이상은, 사회가 차츰 그 보편성을 확대하고 자연을 사회 속으로 끌어들이는 것이었을 것이다. 맑스의 '필연성의 나라'도 전자연을 인간이 사회화함으로써 실현되는 것이었다. 그러나 현실적으로 그것은 이룰 수 없는 꿈이 되고 말았다. 자연이 그렇게 '인간화'되는 일은 결코 있을 수 없다. 인간에 의한 자연의 사회화는 늘 불완전하고, 대규모의 통제를 시도했을 때는 언제나 대규모 참사가 일어났다. (인간의 통제를 벗어난 자연참사의 종말상이야말로 '핵의 겨울'일지도 모른다.)

생각을 거꾸로 뒤집어서, 자연의 전체 속에서 사회를 알맞게 맞춘다고 생각해야 한다. 자연에 알맞게 맞춘다고 하면, 소프트에너지 버스나 유기농업, 소규모 기술 등, 요컨대 AT, 즉 얼터너티브 테크놀로지(대안적인 기술)의 틀에서 생각하게 된다. 그러나 문제가 개별 기술의 이야기로 환원되어서는 안된다.

에콜로지와 사회의 문제에 대해서 늘 깊은 철학적 통찰을 하고 있는 에콜로지스트-아나키스트인 북친은, 그의 새 저서[109]에서 다음과 같은 취지를 얘기했다. 즉, "지금 유행하는 에콜로지스트들의 사회상은, 적정기술이나 지역주의, 수공예품운동 등의 패치워크(patch work)에 불과하다. 거기서 진실로 해방적인 에콜로지 사회가 만들어질 수 없다"고. 나도 그러한 취지에 찬성한다. 기술적인 선택지라는 형태의 문제제기는 어느 의미에서는 알기 쉽지만, 원리적인 문제에는 쉽게 대답할 수 없다. 여기서는 좀더 원리적인 차원에서 생각해 보겠다.

맑스가 인간과 자연의 과정을 '물질대사'라고 부른 것은 탁견(卓見)이었다. 그러나 그것은 노동에 대해서만 말할 수 있는 것이 아니라 모든 생활과정에서, 더욱이 인간과 자연의 상호적 교통에서 말할 수 있을 것이다. 다시 말해서, 살아있는 전과정이야말로 물질대사라고 해야 할 것이다. 우리가 "나는 자연 속에서 살고 있다"고 느끼는 것은 음식을 먹고, 배설하고, 일하고, 생산하고, 소비하고, 쓰레기를 배출하는 과정이 자연 속의 순환으로서 실감할 수 있을 때라고 생각한다. 그러한 자연 속에서의 생명의 흐름이 사회 차원에서 성립될 때(제5장 참조), 우리는 확실히 자연 속에서 살고, 숨쉬고, 활동하고 있다고 실감할 수 있다.

이에 대해서, 자연의 순환으로 되돌릴 수 없는 쓰레기를 축적하고, 경계에 비거주지역을 설치하는 등 환경과 엄중하게 격리하는 것으로밖에는 성립할 수 없는 핵공장 등은, 절대로 자연 속에 '살아있을' 수 없으며, 그러한 기술에 의존하는 한 사회도 죽어갈 수밖에 없다.

더군다나 기술강화형 사회가 권위주의적인 테크노크라시를 진행시킬 때, 사람들의 상호관계는 분단되고 또 기술이나 정보를 독과점함으로써 사회 전체의 과정이 개개인에게 보이지 않게 될 것이다. 그러한 불투명한 사회도 그 구성원에게는 살아있다는 실감이 극히 희박한 사회가 될 것이다.

이런 의미에서, '살아있는 사회'란, 문자 그대로 생물학적인 의미와 인간의 해방성을 아울러 갖는 사회일 것이다. 그런 사회는 단순히 기술적으로도, 자연주의적으로도 실현되는 것이 아니라, 분권적이고 민주적인 사회의 실현과 쌍을 이루는 것이다. 그리고 그것의 실현은 결코 우리 손에 닿지 않는 데 있는 것이 아니다.

우리가 "원자력발전소 반대"라고 말할 때, 그것은 단순히 위험성을 이유로 거부하는 데 머무르지 않고, 원자력발전소와 같은 것이 더욱더 사회를 경직되게 하고 죽은 사회로 만드는 것에 반대하는 것이며, 좀더 적극적으로 말하면, 좀더 부드럽고 살아있는 사회(핵이 없는 사회)를 창조하는 것을 지향하고 있는 것이다. 핵문명으로 궁지에 몰린 것을 전환의 계기로 할 수 있다면, 우리가 말하는 유기적 사회로 전환할 수 있을지도 모른다.

물론, 그런 사회는 현재와 같은 물질적인 욕망을 채우는 데 가치를 두는 것에서의 이탈이 이미 시작되었다고 생각한다. 북친은 에콜로지컬한 사회는 자연에 근거를 두는 사회이지만, 그것은 사회 스스로가 '자연의 윤리'라고 할 수 있는 것을 기조로 해서 만들어지는 사회라고 말했다. 이러한 '자연의 윤리'는 바로 자연에 적응하는 것이 정의라고 말한 '헤시오도스의 정의'(히로카와 요이치(廣川洋一))를 상기시킨다. 그러나 윤리라든가 정의라든가 하는 말 자체는, 조금은 구속적이고 서양적인 생각인지도 모른다. '자연의 윤리'가 구속적인 계율로서가 아니라, 오히려 해방적인 원리가 될 수 있는지의 여부는 인간 측의 문화수준의 문제라고 생각한다.

인간의 주체성으로서의 노동

여기까지 얘기한 문맥에서, 다시 한번 노동으로 돌아가서 생각해 보겠다. 이미 보아온 것처럼, 현실적으로 인간이 그곳에 살고 있다는 것을 에콜로지컬하게 실감할 수 있는 사회를 실현시킬 수 있다면, 노동은 살아있는 의미를 다시 찾게 된다. 공업생산의 개별 과정에 참여하는 노동자가 개개의 자연과 전체적인 관계를 회복하는 것은 바랄 수 없다고 해도, 사회 전체의 순환 속에서 자기의 생활이 자리매김되고, 그러한 생활 속에 노동이 자리매김되어 보이는 것은 가능할 것이다. 그때, 우리는 살아있는 과정 속에 노동을 자리매김할 수 있다. 이것은 앞에서 "생활 전체에서 발상한다"고 한 것과 관련이 있다. 생활 전체가 살아있는 사회의 물질대사 속에 자리매김된다면, 노동의 위치도 틀림없이 보일 것이다. 되풀이하면, 사회적인 행위로서 우선 노동을 자리매김하고, 그것을 사회와의 접점으로 해서 생활을 자리매김하는 것은, 우리의 입장이 아니다.

자연과 인간이라는 관점에서 보면, 인간중심적인 의미에서의 '인간의 주체성'을 상대화하고, 자연과 인간의 상호주체성을 존중할 때에만 살아있는 사회에 도달한다고 생각한다. 같은 의미에서 '인간의 주체성으로서의 노동'이라는 생각을 버렸을 때, 노동은 자연에 의해서 살아있는 것이 되어, 새로운 의미를 얻는다. 새로운 의미에서 주체성으로서의 노동이 시작된다고 할 수 있을지도 모른다.

우리가 새로운 의미를 부여한 주체성이란, 일단 인간을 자연 전체 속에서 상대화하고, 그것으로 오히려 자유롭게 자연과 응수할 수 있게 된 지평에서의 인간의 주체성이다. 생산에서 노동자의 자주관리가 실현된 경우, 노동자가 사회적으로 건전하고 스스로 생산에 주체적 의욕을 가질 수 있는 제품을 만들려고 마음먹었을 때에는 반드시 환경적으로도 건전하려고 하는 지향성이 작용한다. 거꾸로 말하면, 그런 형태에 의하는 것 말고는, 노동자는 노동하는 것으로서의 참다운 주체성을 발휘할 수 없는 것이 아니겠는가.

이것과 관련해서, 나는 폴란드의 자주관리노조 '솔리데리티(연대)'가 환경문제를 중요한 기둥으로 선택하고 환경적으로 건전한 생산에 대한 관심 없이는 주체성도 있을 수 없다고 생각한 것에 커다란 시사점이 있다고 생각한다. 기에레크 정권하에서 70년대에 추진한, 중화학공업을 주체로 한 폴란드의 근대화는 경제적 혼란을 가져왔을 뿐 아니라, 눈에 드러나는 환경파괴를 초래했다. 폴란드가 유럽 중에서도 최악이라고 할 수 있는 환경위기에 직면한 것과 '솔리데리티'의 운동이 일어난 것의 관련은 확실치 않다. 그러나 '솔리데리티'의 운동이 최전성기에 있을 무렵에, 그단스크의 '솔리데리티' 내의 공장간 환경보호위원회는 다음과 같은 성명을 발표했다.[110)]

"환경보호의 필요성에 관해서 오랫동안 경시한 결과인 현재의 생태계를 위기에서 살려내고자 한다면 긴급히 행동을 일으키지 않으면 안된다. … 본 위원회는 또 '솔리데리티'의 모든 멤버와 노동자위원회에 대해서, 현재 추진하고 있는 **개혁이 환경의 희생 위에서 이루어지지 않도록**, 새로운 투자의 적정한 분배를 위해서 행동할 것을 호소한다."(강조는 필자)

강조한 부분은, 인간과 환경의 대등성에 대한 주장이라고 여겨지며, 근대주의적인 '노동자계급의 해방'이라는 관점을 넘어선 것이다. 정치권력에 의해서 탄압받았다고 하지만, '솔리데리티'의 운동은 근년에 가장 주목받는 전면적 사회변혁운동이었다. 그것의 최전성기에, 노동자 측의 집단적 운동으로, 인간과 자연 간의 근대주의적인 관계의 극복을 지향하고 있었다는 것은 주목해도 좋지 않겠는가.[111)]

종장

자연에 살다

[본장의 요약]

자연과의 근원적인 관계의 부활이라는 우리의 문제의식은, 결국 자체에 내재하는 자연성의 발현을 기축으로, 외재하는 자연과 연결된다는 '내츄럴리즘' 으로 향한다. 그것은 또 자연(내츄럴)에 산다는 것과 겹쳐지게 된다. 그러나 이 내츄럴리즘은, 단순히 개인적인 삶의 차원에서는 실현시킬 방도가 없다. 자연에 기반한 사회적인 운동을 지향한다.

나는, 우리가 현재 하고 있는 것보다 훨씬 많은 것을 하늘에 맡겨도 괜찮다고 생각한다. 우리는 우리 자신에 대한 배려의 일부를 그만두고, 그만큼 성의껏 다른 문제에 집중해도 된다. 자연은 우리의 강점에 적응하는 만큼 약점에도 적응하고 있다.

— H. D. 소로우[112)]

내재하는 자연성

제5장에서 앞의 7장까지, 자연과 인간의 깊은 연계에 의해서만 지금 우리가 처해 있는 위기상태에서 벗어날 수 있다는 문제의식에서 얘기했다. 제5장에서는 지구와 생태계에 대한 과학적인 견해를 통해서, 제6장에서는 민중 속에 계승된 자연관을 통해서, 새로운 자연과 인간의 관계를 생각하고, 제7장에서는 그러한 관점에서 노동과 생활에 대한 문제를 생각했다.

그러나 아무리 자연관의 전환을 말한다 해도, 처음부터 관념상의 조작으로 이루어질 수 있는 것이 아니다. 우리의 자연과의 연계는, 바로 해돋이를 기다리면서 가슴이 두근거리는 마음이나, 문득 쳐다본 무지개에서 느끼는 말할 수 없는 희열 같은 것과 관계가 있다. 그리고 그러한 감성은, 본래 우리 자신이 갖고 있는 심신의 자연성에 근거를 둔 것이다. 따라서 인간중심주의로부터의 전환은, 우리의 내부에서부터 그것과의 공명(共鳴), 이른바 자기에게 내재하는 자연성에 대한 의식적 각성이 없이는 달성할 수 없을 것이다.

이와 관련해서, 자연스럽게 행동한다든가 자연에 산다는 말이 있다. 그것은 '무리하지 않고'나 '꾸미지 않고'라는 것과 통하는데, 요컨대 '심신이 향하는 대로'라는 의미일 것이다. 영어에서도 '내츄럴(natural)'이라고 하는데, 이 '자연스럽게'는 역시 자연(nature)과 깊이 관련되어 있다. 다시 말해서, 자연스러운 생물로서의 인간이 지닌 본성(nature)에 따르는 것이 '자연스럽게'라고 생각한다.

자연에 살고, 자연스럽게 행동하는 것은, 본래 같으면 우리가 추구하는 자연과 인간의 관계로 자연히 사람들을 이끌어갈 것이다. 그런데 실제로는, 여러가지 원인이 우리의 안과 밖에 존재하는 자연을 연결하는 것을 방해하고 있다. 그 중 가장 큰 것이, 인간의 본성을 열등하고 사악한 것으로 보면서, 이성적으로 세련된 것을 상위에다 두려는 서양적인 자연관이다. 다시 말해서, 인간 = 반자연으로 정립함으로써, 인간을 상위에 두려는 것이다. 이러한 사상은, 모든 문화와 학술, 그리고 제도의 형태로 우리의 일상을 지배하고 있다.

콘라트 로렌츠는 이렇게 말한다.[113] "과학기술(테크놀로지)로부터 생겨난 습관적 사고는, 불가침특권에 의해서 비호되는 기술주의(테크노크라시)적 시스템의 교의로 고정되어 버렸다. (중략) 문화적 영역에서도 모든 창조적 발달의 전제가 되는 다종다양한 상호작용이 결여되어 있다. 특히, 위험한 상황에 빠져있는 것은 오늘의 젊은이들이다. 임박한 묵시록을 피하기 위해서, 그야말로 과학주의와 의기술적(擬技術的)인 사고로 인해 젊은이들 사이에서 억압당하고 있는, 미(美)와 선(善)에 대한 가치감정이 새로이 환기되지 않으면 안된다. (중략) 이러한 목적을 달성하기 위한 하나의 가능한 방법은, 될 수 있는 한 어린 시절에 살아있는 자연과 할 수 있는 만큼 친밀하게 접촉할 기회를 주는 것이다."

"살아있는 자연과의 접촉에 의한 감성의 소생"이라는 로렌츠의 문제의식도 우리의 생각과 가깝다고 할 수 있다.

김지하의 에피소드

이와 관련하여 나에게 인상적이었던 것은, 김지하가 말한 옥중의 에피소드이다. 그것은 거의 절망에 가까운 상태에서 수감생활을 하는 그에게, 살아갈 힘을 준 감동적인 어느 날의 체험이다.[114]

감방 안에서 이상한 일이 일어났다. 서울대 후배가, 쇠창살문의 받침쇠와 그 밑의 시멘트 틈새에 돋아난 푸른 풀에 열심히 물을 주고 있었다. 처음에는 그런 곳에 풀이 날 리가 없다고 기묘하다 했는데.

"다시 방으로 돌아와서 이런저런 생각을 하는데, 그런 일도 있을 것 같기도 했어요. 비가 오면 시멘트에 조그만 틈이 생기고 바람이 불면 흙먼지가 풀씨를 날라올 수도 있다는 추리를 했던 것이죠. (중략) 다음날, 다시 운동을 하려고 밖에 나가서 담을 보니까, 스카이라인을 따라 틈이 생기지 않도록 평평하게 시멘트를 발라놓았던 것인데, 가만히 보니까 조그만 틈새에 풀이 나 있었습니다. 봄이었기 때문에 그곳에 꽃까지 피었더라구요.

방으로 들어와서는 직업이 글쓰기인지라 그랬는지 모르지만, 자꾸만 눈물이 나와 종일토록 울었습니다. 고등생명인 내가 틈새에 난 풀만도 못하다는 생각도 했죠. 그러고 나서, 나는 절대로 죽지 않는다고 마음에 새겨보기도 했습니다. 풀도 시멘트 감방에 씨를 뿌리고 생명을 유지해 가는데, 나도 생명체니까 가능성이 있을 것이다. (중략)

봄이 되면 흰 민들레씨가 공중에서 날아와서 쇠창살까지 들어옵니다. 상징적인 얘기지만, 그 놈들은 무서워하지도 않고 감방 속으로 들어옵니다."

이 에피소드가 가져다주는 감동을 극한적인 상황이 만들어낸 것이라고만 보아서는 안된다. 김지하 자신이 상징적이라고 한 것처럼, 이 에피소드는 우리 모두가 처해있는 상황을 상징적으로 때린 것은 아닌지. 우리 모두가, 어떤 의미에서는 미래에 대한 전망을 잃어버린 감방 안의 수감자이다. 그 소생은 콘크리트까지도 물어뜯으며 살아가는 종자의 생명력에 있다. 그것이 김지하가 품고 있는 뜻일 것이다. 쇠창살의 존재를 깨닫지 못할 만큼, 우리의 상태가 구제불능이라는 뜻도 담겨져 있는지도 모르겠다.

우리는 우리를 둘러싼 자연상황에 지나치게 절망적이지는 않은지. '자연은 망했다'고 생각하는 것은 '얼마든지 이용할 수 있다'고 생각하는 것과 같은, 인간중심주의적 자연관일 것이다. 자연이 그렇게 간단하게 허물어지지 않는다는 것도 한편의 진실이다. 살아있는 것의 계(系)는, 제5장에서 본 바와 같이, 성숙한 공생의 시스템을 이루고 있으며 인간의 파괴에 대해서도 우리가 생각하는 이상으로 유연하게, 강인하게 행동할 것이다.

그리고 무엇보다도 김지하가 말하려고 한 것은 풀씨에 의해서 환기된, 그 자신의 내재하는 자연성의 발견이 아닐까. 김지하는, 감방 안에 갇힌 그 자신을 위기의 시대를 살아가는 인류 전체에 비유해서 그 자신의 자연에 대한 각성을 인류 전체의 것으로 전환시키려고 한 것이다.

편견에서의 해방

그러면 이러한 각성은 어떻게 달성될 수 있을까. 여기서 우선 문제가 되는 것은, 인간이나 자연의 본성에 대한, 역사적으로 왜곡된 관점에서 어떻게 해방되는가이다. 그러한 편견의 하나로, 인간은 자연계의 경쟁에서 이기고 살아남은 우위자이며, 세련된 지성이라든가 섬세한 감성 등은 인간에게만 있다는 사상이 있다. 인간중심주의의 사상이나 이성의 절대보편성에 대한 신앙은, 대부분이 이러한 편견에 원인이 있다. 그리고 그러한 사상에서 해방되지 않으면, 당연히 자연과 인간의 관계에 대한 해방도 있을 수 없다.

이것은, 예를 들면 인종주의적 편견이 인종차별이나 식민주의적인 지배를 오늘에 이르도록, 아직도 일부에서 정당화하는 사정과 통한다. 백인은 흑인에 비해서 지적으로 우수하다는 것이 인류의 생물학적 사실이라는 등의 차별사상이, IQ 등과 같은 과학의 탈을 쓰고 선전된다. 더구나 흑인들은 백인과 비교해서 '통증'에 대해서 둔감하다는 등의 지적도 어디선가 읽은 적이 있다. 그래서 흑인은 고역을 견딜 수 있다는 차별이 정당화되는 것이다.

이러한 차별사상은 차별을 하는 측이 해방되지 않았다는 증거이다. 내적 의미에서 해방되어야 하는 것은, 차별하는 쪽이다. 많은 사람이 인종차별에 대해서는 잘 알고 있다. 그러나 기본적으로는 똑같은 일이 인간과 다른 동물 사이에는 편견으로 널리 퍼져있는 데 대해서는 그다지 이해가 없다. '동물은 통증에 대한 감각이 둔해서'라든가 '슬픔이라는 감정을 갖지 않기 때문에' 등등이 인간과 다른 동물을 구별하는 이유가 된다. 실제로, 그런 일은 거의 없다는 사실이 최근의 학문에 의해 밝혀지고 있다. 폭로되고 있는 것은, 여기서도 인간 측이 이유도 없이 차별의식을 많이 갖고 있다는 것이다.

동물원 우리 안에서 동물들이 보여주는 고독하고 슬픔에 찬 표정은, 동물학의 전문가가 아니라도 쉽게 알 수가 있다. 그것을 깨닫지 못하는 것은, 동물에게는 고독과 비애의 감정이 존재하지 않는다는 인간의 편견 때문이다. 그러한 편견에서 해방되지 않는 한, 우리 자신이 자유롭게 자연과 접하는 것은 기대할 수 없다.

사냥하는 인간

이처럼 역사적으로 만들어진 편견 중에서, 특히 뿌리깊게 지배적인 영향력을 갖는 것은, 인간은 본디 투쟁적이었다고 하는 견해이다. 그것은 인간에 의한, 자연과의 투쟁에서 비롯된 파괴를 정당화해 왔다. 여기에는 그 나름대로 주도면밀하게 준비된 '학설'이 있으며, 그것은 또 남성중심적인 인간관과 깊은 관계가 있다.

예를 들면, 수렵이 자연계에서 인간이 갖는 특수성을 잘 설명한다는 담론이 있다. 이 담론에서는, 육체적인 방어가 없기 때문에 가능해진 인간두뇌의 우수성, 무기를 가질 필요성에서 생긴 두 발로 걷기, 무기제작을 위해서 발달한 손끝 재능, 그리고 인간의 '잔혹하고 피에 굶주린 성격'

이 모두 '사냥하는 인간'에 의해서 설명된다. 그리고 그러한 증거로, 일찍이 오스트랄로피테쿠스의 화석을 끄집어내, 그 발달한 이빨과 뼈에서 '육식을 하며 사냥을 하는 원숭이'로서의 인간의 본성이 설명되었다. 여기에 대해서, 카트밀[115]은 재미있는 논문을 썼다. 잠시 그의 말을 따라가보자.

1960년대에 여기저기서 제창된 인류의 기원에 관한 '사냥모델'은 앞에서 얘기한 것말고도, 이를테면, 남자는 항상 사냥을 위해 외출했다가 고기를 갖고 돌아오는 생활양식이 필요해진 결과, 여성은 항상 성적 수용력을 갖게 되고 육아를 위해서 가정을 형성하게 되었다고 설명한다. 당연하지만, 이러한 모델은 그 의도가 그곳에 없었다고 해도, 남성중심적인 사회나 전투의 존재를 정당화하는 데로 이어진다. (이 모델이 제1장에서 얘기한, 바로 '프로타고라스의 프로메테우스'의 인간상 그대로인 것을 이미 독자 여러분도 알아차렸을 것이다. 그리고 이 모델의 인간은 본성으로서 진화와 함께 더더욱 자연에서 멀어지고, 지배를 강화할 수밖에 없게 될 것이다.)

카트밀에 의하면, 60년대에는 이러한 '사냥하는 인간'의 가설은 완전히 일반화되어 통속적 미디어까지 포함해서 일세를 풍미했다. 그런데 70년대에 들어서자, '사냥하는 인간' 모델은 근거가 희박하다는 것이 하나하나 논증되었다고 한다. 예를 들면, 인류의 조상이 석기를 무기로 쓰기 시작한 것은 기껏해야 200만년 전부터인데, 두 발로 걷기는 그보다 훨씬 전으로 거슬러 올라간다는 것이 밝혀졌다. 인간이 본래적 육식이라는 것도 화석적 근거가 없다는 증거가 나왔다(이것도 그다지 확정적인 것은 아니지만).

이렇게 해서 현재에 와서는, 더 평화롭고 협동적인, 또는 에콜로지적인 인류의 기원상이 많이 제기되게 되었다고 한다. 예를 들면 터너와 질

맨에 의하면, 여성 중심의 먹거리 채집이 인류진화의 기동력이었다는 것이다. 이에 의하면, 인류의 조상이 최초로 사용한 도구는 무기가 아니라, 구멍을 파는 막대기, 그릇, 자루, 업을 때 쓰는 끈 등 평화로운 것이었으리라고 한다. 이러한 것은 모두 여성에 의해서 발명되고, 여성이 아이들을 돌보면서 먹거리를 채집할 때 사용되었다. 그리고 똑같은 목적 때문에, 인류가 두 발로 걷게 되었다고 한다. 이것은 페미니즘의 인간관과 상통한다.

카트밀은 이러한 새로운 가설에도 충분한 과학적 근거가 있는 것은 아니고, 평화, 에콜로지, 페미니즘 등의 '이데올로기'가 선행하고 있다고 말한다. 나는 카트밀과 다소 다른 관점에서 그것은 그것으로 좋다고 생각한다. 여하튼 여기에서 중요한 것은, 인간은 자연에서 이화(異化)할 수밖에 없다거나, 투쟁을 운명으로 짊어진 '사냥하는 사람' 즉 '육식하는 원숭이' 등의 인간본성론, 게다가 인류학이나 생물학으로 치장한 인간본성론은, 아무런 근거가 없고 자연과 인간 자신에 대한 지배를 정당화하기 위한 이데올로기에 지나지 않는다는 것이다. 이것을 확실하게 이해하는 것은 대단히 중요하다.

인간이 본래 투쟁적이라든가 반자연적이라고 하는 것에 근거가 있을 리 없다고 생각한다. 인류기원에 관한 과학이 무엇을 말하든지 간에, 자연 속에서 인간이 하나의 생물로서 자연스럽게 행동하는 것은 분명 평화로울 것이다. 우리에게 요구되는 것은, 평화롭고 자연스러운 생물로서의 자기발견이다.

페미니즘과 자연관

앞에서 페미니즘의 문제가 나왔기 때문에, 조금만 언급해두고 싶은 것이 있다. 우리가 이 책에서 비판의 대상으로 한 서양 근대의 인간중심적이고 기계론적인 자연관은, 남성중심적인 사상이 만들어낸 것이라는 페미니즘의 주장이 있다. 그에 따르면, 핵무기나 원자력발전소 등 거대성과 강력성을 중시하여 생명과 자손에 대한 배려는 가볍게 여기는 문화는, 기본적으로 남성의 것이라고 한다.

자세히 다룰 여유가 없지만, 이러한 주장에는 충분한 근거가 있다. 특히, 계발적(啓發的) 작업으로 캐롤린 머천트의 《자연의 죽음》[116]이 있다. 이 책은 부제를 '여성, 에콜로지, 그리고 과학혁명'이라고 한 것처럼, 여성과 에콜로지의 입장에서 16-17세기의 과학혁명을 재검토하고 있다. 르네상스기에 부활한 자연관은 우주를 유기적으로 살아있는 것으로 보았으며, 지구를 '어머니 대지'라면서 여성적인 것으로 이해했다.

이 자연관은 단지 자연을 살아있는 상냥한 것으로 보았을 뿐만 아니라 예로부터 '어머니 대지'에 대한 윤리적인 자제(自制)를 포함하는 것이었다. 그리스나 로마의 시인들이 철의 시대를 노래할 때, 거기에는 대지를 파 일궈서 광산을 개발하는 데 대한 비판이 담겨 있었다. 그러나 과학혁명과 더불어 '기계로서의 자연'관이 지배적으로 되어, 자연은 이용의 대상이 되고 지배의 대상이 되었다. 이때에 '어머니 대지'에 대한 윤리적 자제도 버려지고 말았다.

그러나 과학혁명의 시대에도, 앙 콘웨이와 함께 수많은 여성사상가들은 심신의 일원성이나 인간과 자연의 일체성 위에서 철학을 전개했다고 한다. 그러나 그러한 사상의 존재는, 후세 남성중심적 역사가의 작업 속에서 철저히 무시당하고 되돌아보아지지 않았기 때문에, 거의 오늘날 전해지지 않았다고 한다. 페미니즘과 에콜로지의 입장에서 근대과학을 비판하는 작업은 적지 않다고 생각하는데, 풍부한 문헌에 기초를 둔 머천트의 전개는 설득력이 있고, 현대의 자연관에 대해 시사하는 바도 풍부하다. 그의 주장도 우리가 부지불식간에 뒤집어쓰게 된 인간(남성)중심주의적인 합리주의적 자연관의 덮개를 떨쳐버리고, 인간의 자연스러운 성(性)으로 돌아가는 일이 지금 필요하다는 것이다.

자연관에서 여성의 성에 대한 강조는, 이성중심으로 자연을 파악하고 인간을 반자연화하려는 남성적인 자연관에 대해서, 감성과 신체의 자연성에 의거해서 자연에 연결시키려는 것이고, 그것은 우리의 문제의식과 하나로 겹친다. 인간을 자연의 일원으로 상대화해서 보는 것과 여성의 해방을 하나로 보는 관점은 신선하다고 하겠다.

반차별과 자연성

사회적 편견에서의 해방이 필요한 것은 인종차별이나 성차별만이 아니다. 모든 차별이 자연에 반해서 만들어졌다고 해야 한다. 그러나 에콜로지스트들의 자연 지향이, 많은 경우 '건강 지향'이나 '완전 지향'이 되는 바람에, 차별의식을 조장한다는 지적이 있다. 확실히, 획일적인 건강 지향이 에콜로지스트의 주장이 되어 있는 현장도 있다.

그러나 제5장에서 얘기한 에콜로지스트의 자연관은, 본래 모든 다양성을 존중해야 한다는 것이다. 자연계에서 여러 생물의 공생은 생물이 다양화하는 것에 의해서만 풍부하게, 안정적으로 이루어진다. 인간사회에서도 다양한 존재가 협동하면서 공생함으로써, 생동감이 넘치는 유기적인 사회가 실현된다. 소수의 에스닉(종족·민족적)한 집단이나 장애인을 포함한 다양한 존재는, 오히려 그 사회가 자연스럽게 풍부한 존재양식을 가지고 있는 것으로 보아야 할 것이다.

이것은 장애인이나 소수그룹, 피억압자층, 저변층의 권리가 지켜져야 하는 민주주의의 차원이 아니라, 오히려 그러한 존재야말로 사회에 새로운 힘을 줄 수 있다는 관점에서 하는 말이다. 제5장, 제6장에서 말한 것은, 전혀 다른 관점에서 이것을 시사한 것이었다. 현실적으로 우리는,

사회적으로 만들어지는 차별과 편견의 바다 속에 있다. 따라서 편견으로부터의 해방은, 자각적이고 사회적인 노력 없이는 달성되지 않는다는 것은 말할 나위도 없다. 그러나 그러한 해방은, 실은 본래의 자연에 따르는 것이라고 우리는 주장한다.

아니, 그것뿐만 아니라 로렌츠가 말하듯, 유년시절부터 자연과 밀접하게 접촉함으로써 다양한 가치—가치의 다양성이야말로 풍요로움이라고 해야 한다—에 눈을 뜨는 것만이 차별주의에서 해방되는 길이기도 하다는 주장을, 에콜로지스트는 포함하고 있으리라. 그러나 자연을 이만큼이나 적극적인 해방의 근거로 내세우려면 좀더 고찰이 필요하다.

자연주의

우리는 앞장에서 맑스의 자연주의 = 인간주의에 대해서 언급했다. 그리고 특히 초기의 맑스에게 분명했던 인간과 자연이 자유롭게 오가는 지평의 추구라는 관점이, 그후 차츰 인간주의 = 인간중심주의로 탈색되어 버렸다고 이해했다. 그것을, 다시 한번 더 넓은 자연의 세계를 향해서 인간을 해방한다는 의미에서, 진정한 자연주의로 전환시키는 것이 에콜로지의 의도라고 하면, 맑시스트도 에콜로지스트도 불만으로 여길까.

직접적으로는 좀 다른 맥락에서, 그러나 기저에는 역시 맑스 내지 포이에르바하의 자연주의(naturalism) = 인간주의(humanism)를 어느 정도 이어받은 것으로, 지금 서양에서 자연주의라는 생각과 말이 담론에 오르기 시작했다. 번역된 문헌 중에서 명확한 의도를 가지고 논의하고 있는 것으로는 다음과 같은 것이 있다.

"산업사회적 가치에 대한 비판, 과학의 위기, 공동체적 테마의 주장 등등—이런 것은 모스코비치의 말을 빌린다면, '자연주의(naturalism)'라고 해야 하는 사조이다. 우리는 그 속에 새로운 역사형성의 장을 규정할 수 있는 몇가지 주요한 특징을 발견할 수 있다. 이러한 자연주의는, 자연과 문화의 고전적 대립관계를 거부하고 '좋은' 사회에서 '나쁜' 자연을—또 '나쁜' 사회에서 '좋은' 자연을—분리시키는 마니교적 선악이항원리(善惡二項原理)를 배척한다. 그리고 반대로 사회와 자연의 일체성을 긍정하는 것이다."

"이러한 자연주의는, 때로 과거지향주의로 빠지기도 하지만 허용 불가능하다고 판단되는 것에 대해서 절대적 거절을 표명하는 데 멈춰 있을 이유는 없다. 그것은 경제, 생산, 과학의 새로운 존재양식을 내세우려는 뜻도 내포하고 있다. 특히, 도시와 농촌, 또는 노동과 여가의 관계를 재검토하고, 그것의 새로운 존재양식을 생각함으로써 미래를 바라볼 수도 있다." (뚜레느[117])

'에콜로지'가 반공해나 반원자력발전소 등의 운동에서 생겨나 그 나름대로 운동적이고 정치적인 메시지를 가지고 있는 데 대해서, 자연주의는 좀더 규범적인 의미에서의 삶의 방법, 사회의 존재양식의 원리를 제시하려는 것이라고 할 수 있다. 앞에서 소개한 글은 다소 사회적인 측면에 비중을 두었지만, 지금 말하는 자연주의는 보통 말하는 '자연스러운 삶의 방법'이라든가 '내츄럴한 행동'이라고 할 때의 '자연'에 가까울 것이다. 인간의 자연스러운 본성에 유연하게 근거를 둔 '내츄럴'한 삶의 방법, 사회의 존재양식이 현대에서도 극히 자연스럽게—물론 전환은 필요하지만—가능하다는 주장이다.

M. W. 폭스는 그러한 자연주의의 전형적인 사고방식을 《동물과 신의 사이》[118]에서 말하고 있다.

"지구를 구하고 인간의 정신을 구하는 일은 대항문화나 반과학, 반기술의 반응처럼 자연으로의 퇴행적 복귀를 반드시 수반하지 않아도 좋다. 오히려, 의식의 각성과 지각과 가치관의 변화가 중요하다. 그것으로, 동물이나 식물과 같은 무리인 인간을, 어떻게 이용할 수 있는가 하는 입장에서가 아니라 있는 그대로(그 자체를 그 자체에 걸맞게) 볼 수 있게 된다. 즉, 효용으로 가치를 결정하는 게 아니라 타자에게 동일한 권리를 주는 것이다. 지각이나 인지에서의 이러한 변환은, 미숙한 자기중심적인 의존/조작에서, 수용적이고 포용적인 존재양식으로의 성장적인 변환이기도 하다."

"자연을 감지하고 자기 자신의 동물성에 다시 눈을 뜬다는 것은, 새로운 르네상스의 일부이며 쇠잔해진 야성이나 인간의 정신을 소생시켜 줄 것이다. 자신의 동물성과의 접촉을 다시 확실한 것으로 하고 자연보호에 대한 관계를 재확인하기만 하면, 우리들의 아이들의, 그리고 또 그들의 아이들에게 희망을 걸 수 있다고 생각한다. 자연과 동물은, 우리를 더욱 완전한 인간으로 만들어준다."

여기에 짙게 드러난 정신주의에 위화감을 갖는 사람도 적지 않을 것이다. 나 자신도 그렇기는 하지만, 그것에 대해서 너무 강하게 생각하지 않고 이 글을 읽으면 주목할 만한 점이 있다.

자연과 동물—묘한 표현이지만—은 우리를 더욱 완전한 인간으로 만들어준다고 말하고 있듯이, 이러한 새로운 자연주의는 말하자면, 자연에 의거함으로써 인간이 비로소 참다운 인간이 될 수 있다고 생각하는 입장이며, 그러한 의미에서 자연주의 = 인간주의의 입장이라고 해도 된다. 오하라 히데오(小原秀雄)[119]는 폭스에서 볼 수 있는 서구의 자연주의를 "인류적 자연주의(humanistic naturalism, 알기 쉽게 human naturalism이라는 게 좋을지도)라는 가칭도 좋다"고 하면서, 기본적으로 지지하고 있다.

내츄럴한 사회

그러면 자연주의라는 사상을, 이 책의 입장에서는 어떻게 받아들이면 좋을까. '자연주의'에 의해서 제기된 입장은, 이 책의 문제의식과 크게 겹쳐져 있다. 오하라는 말한다.

"그것(오하라 자신이 인간에게 자연스러운 존재양식으로 제창한 사고방식—필자 주)은 인간사회를 인간적으로 자연스럽게 구성한 것이다. 또 오늘에 와서 인간성 자체의 재검토, 인간성 자체의 고차원적 형성의 재구성, 고차원적 인간적 자연에 대한 문제와 그것의 형성—즉, 자연스러운 교육 등등의 전개를 내포한 것이다. 이러한 주장이 종래와 다른 점은, 인간적으로 그것이 자연본성에 근거를 두고, 좁은 의미에서의 가치로운 것이 아니라 그 자체가 내츄럴한 귀결이라는 점이다."

기본적으로 이 주장은 지지할 수 있다고 생각한다. 그러나 반핵운동이나 반원자력발전소 운동의 현장에 몸담아온 사람으로서, 자연주의를 좀 더 다른 면에서 생각하고 싶다. 폭스 등을 읽어보면 분명한데, 지금 필요한 전환을 개인적이고 정신적인 노력으로 도모하려는 경향이 강하고, 그것을 위한 생물학적 근거로서 인간의 '자연스러운 본성'을 끄집어내 온 감이 강하다. 그러나 그것으로는 사회적으로 이루어지는 반자연적인 편견이나 여러가지 제도를 재구성하는 것은 어렵다.

처음부터 우리가 자연과의 좀더 근원적인 관계라고 할 때, 그것은 사회와 자연을 대치시켜서 반사회로서의 자연과 연계한다는 것은 아니었다. 오히려, 인간사회보다도 더욱 넓은 세계로서 자연이나 우주를 생각하자는 것이었다.

맑스의 자연주의 = 인간주의에 따라서 말하면, 인간은 자연스러운 형태에서 유적(類的)이고 사회적인 것이다. 그러나 지금 '인류'를 넘어서 다른 모든 자연과 대등하고 협동적인 관계에서 생각해야 하고, 이로써 인간은 비로소 완전한 인간이 된다. 어디까지나 이러한 사회적(사회적이라는 말은 이 경우, 확실히 틀이 좁지만) 확장에서 '자연주의'를 생각할 수 있다면 나의 문제의식과 겹쳐진다.

오하라는 "내재하는 자연—자기 자신—과 외재하는 자연—사회화된 자연—의 '자연스러운' 통일"이라고 했다. 이념적으로는 옳지만, 그렇다고 이러한 목적이 인간의 생물학적인 진화로써 달성되는 것도 아니고, 이러한 목적을 향해서 사회를 위에서부터 만들 수도 없다. 자기 자신에 내재하는 자연성의 발현과 사회의 변혁을 상호매개하는 것은, 역시 넓은 의미에서의 '운동'을 빼놓고서는 생각할 수 없다.

운동에 대하여

시민운동, 주민운동, 노동운동 등 여러가지 운동이 자기의 해방과 사회의 변혁을 상호매개하는 것을 기본적 이념으로 한다면, 이 모든 것이 지금 '내츄럴한 사회'를 진지하게 생각하지 않으면 안된다. 역으로, '내츄럴한 사회'라는 것을 생각한다면, 그것은 추상적, 이념적인 것으로서가 아니라 여러가지 이데올로기나 편견, 억압에서 자기를 해방하고, 더욱 자연스러운 것을 향해서 자기발현하는 구체적인 프로세스(과정) 없이는 생각할 수 없다. 그리고 이렇게 여러가지 차별이나 억압에 대한 운동, 페미니즘운동, 반핵이나 반원자력발전소 운동 등을 통해서만 인간에게 무엇이 자연인가는 결정될 것이다.

그러한 의미로 바라보면서, 자연주의의 제기를 적극적으로 받아들이고 싶다. 그러고 나서 거꾸로 운동을 생각하면, '자연주의'가 운동에 대해서 시사하는 바가 적지 않다. 어깨에 힘을 주고, 큰소리치고 긴급상황을 선동하는 타입의 운동은 이제 통하지 않게 되었다. 또 다수의 사람이 확실한 하나의 사상이나 신조로 통일되어, 단결된 투쟁을 하는 등의 다수파주의의 운동도 이제 거의 성립될 여지가 없다.

많은 사람들이 제각기 다양하게, 극히 자연스럽게 행동하고 자기 의견을 서로 제기하면서 그 다양함을 자연스럽게 바람직한 사회를 향한 어떤 흐름으로 만들 수 있는, 그러한 의미에서 진실로 내츄럴한 운동이 요구된다고 생각한다. 내츄럴리즘은 또 운동론이기도 하다.

감히 이렇게 말하는 것은, 실제로 점점 이러한 흐름이 사회변혁에서 중요하게 되리라고 생각하기 때문이다. 반핵운동의 상황을 보더라도, 제6장에서 언급한 바와 같이, 수적으로는 소수인 태평양 섬들의 사람이라든가 각 대륙의 원주민의 운동이 새롭게 중요한 흐름을 만들고 있다. 유럽의 운동에서도 여성들의 운동이나 작은 풀뿌리그룹의 운동이 문제를 제기하고 흐름의 계기를 만드는 데 운동적으로, 사상적으로 아주 중요한 역할을 담당하고 있다.

종래의 정치투쟁형의 운동이 지역성이나 개별성을 떠난 보편이념으로 연결하려는 데 대해서, 이러한 운동은 각각 지역의 풍토에 따라서, 오히려 각자의 개별성을 전면에 내세워서 표현하려고 한다. 그래서 지역의 차이나 생각의 차이를 서로 느낌으로써, 그러한 차이에도 불구하고 사람들간에 공통으로 흐르는 어떠한 생각 같은 것이 더욱 많은 공감을 자아낼 수 있는 것이다. 그리고 이러한 운동이 서로에 대해서 정신적으로, 육체적으로 무리가 없는 자연스러운 것이기도 할 것이다.

이미 언급한 문제인데, 도시의 운동이나 노동자의 운동이 눈에 띄게 빛을 잃은 요즘에 지역에 뿌리를 둔 주민운동이 활기를 띠고 있는 것은, 이러한 일과 무관하지 않다. 지역의 풍토와 어울려서 사람들은 활기찬 활동을 하고 있으며, 지역의 사투리로 운동을 한다. 그것이 또 다른 지역에서 같은 일을 하는 사람의 공감을 불러일으키는 것이다.

맺음말

지금 자연을 어떻게 볼 것인가 하는 문제의식에서 출발해서, 이러저러하게 굴절하면서 인간과 자연의 문제를 생각했다. 자연을 어떻게 볼 것인가, 즉 자연관의 문제로는 이제 와서 더이상 지면을 늘리고 싶지 않다.

자연을 어떻게 볼 것인가, 그것은 결국 보여져야 하는 자연 측의 문제가 아니라 우리 측의 문제이다. 그렇다면 문제는 요컨대, 우리가 어떻게 살아가고, 어떻게 운동하는지가 된다. 자연관의 문제를 자연관의 문제로 생각해 보려고 한 당초의 문제의식도, 결국에는 갈 데로 가고 만다. 거기서부터는 다시 담론을 세우는 게 좋을 것 같다.

말을 바꾸어서, '자연을 어떻게 볼 것인가' 하는 설정 자체가 우리의 목표와는 아주 먼 지평에서 출발했다. 자연주의자의 유토피아는, 자기의 외재하는 것으로서의 자연을 자신으로부터 떼내서 의식하는 일은 아마 없을 것이다. 우리가 자연을 어떻게 볼 것인가라고 문제를 제기한 것은, 내재하는 것과 외재하는 것으로 자연이 둘로 분열되어 버린 우리의 상황인식에서 출발했기 때문이다. 이러한 '두개의 자연'이 지양될 때에, 자기로부터 떨어진 추상화된 대상으로서의 '자연'은 해소되어 버릴 것이다.

그러한 유토피아적인 관점을 별개로 한다면, 우리가 직면하고 있는 것은 여전히 '두개의 자연'이라는 상태이다. 그리고 우리가 도달한 곳에서 보면, 이 상황의 극복은 생활이나 운동의 실천 속에서밖에는 생기지 않는다는 너무나도 당연한 결론이다. 이 책의 논의가 그러한 생활이나 행동을 향해서 사람들의 관심을 촉구하고, 또는 다소나마 논의를 불러일으킬 수 있다면, 필자의 의도는 충족되었다고 해야 할 것이다.

증보

그리고 지금, 자연을 어떻게 볼 것인가

[본장의 요약]

초판에서 12년의 세월이 흐르는 동안, 체르노빌 원자력발전소 사고, 냉전의 종결, 지구환경문제의 심각화와 관심의 확대 등 자연과 인간, 지구와 인간에 관련해서 커다란 변화가 있었다. 이것은 이 책의 초판 작업중에 기본적으로 예견한 것이었지만, 그 예견 이상으로 사태가 극적으로 변하고 있는 것도 확실하다. 이러한 상황을 정리하고, 새삼 지금 지구의 미래를 위해서 무엇을 해야 하는지 생각해 본다.

1. 격동의 시대에

12년이 지났다

이 책이 세상에 처음 나온 것은 1985년 11월이었다. 그때에는, 우리가 자유를 잃고 얽매인 폐색상황에서 해방되기 위해서 '이제야말로 자연관의 전환을!'이라고 썼다. 여기서 전환이란, 인간을 자연의 지배자의 위치에서 끌어내리고 자연계의 일원으로 그 위치를 철저히 상대화하자는 것이었다. 그렇게 하는 편이 좀더 풍부한 자연과 인간의 관계에 도달할 수 있고, 아니 인간이 영속적으로 이 지구상에서 살 수 있는 길은 그것밖에 없다고 생각했기 때문이다. 그리고 그렇게 하는 것만이 동서의 이데올로기적 대립 이상으로, 앞으로의 시대에서 중요한 사상적 과제가 되리라는 것이 나의 문제의식이었다.

그 당시, 인간이 만든 '제2의 자연'이 인간 자신을 지배하고 있는 데 대한 불안한 예감에 사로잡혀서 서장을 쓰기 시작했는데, 책을 완결하는 종장에서, 내가 기대하는 방향에서 틀림없이 커다란 전환이 일어날 것이라는 확신이 마음 속에 생겨났다. 그로부터 정확하게 12년여의 시간이 흘렀다. 그리고 나의 불안과 기대는, 내가 막연히 생각했던 것보다도 훨씬 선명하고 구체적인 형태로 현실적인 것이 되어 눈앞에 나타났던 것이다.

체르노빌 원자력발전소 사고

그렇지만, 어쩌면 그렇게 극적으로 사태가 전개되었을까. 이 책의 초판이 세상에 나오고 얼마 되지 않아서, 굳이 말하면, 인쇄잉크가 채 마르지도 않았을 때, 우크라이나의 체르노빌 원자력발전소 제4호 원자로에서 엄청난 폭발사고가 일어났다.

그것을 말하기 전에, 체르노빌 이전의 세계적 상황을 되돌아보는 것은 의미가 있을 것이다. 1980년대 전반은 동서대결에서 오는 긴장이 절정에 있었던 시대인데, 미・소의 핵 군확경쟁(軍擴競爭)에 의해서 세계는 마침내 닥쳐올지도 모르는 세계대전의 공포에 떨고 있었다.

사람들은 핵전쟁에 의한 지구적 규모의 방사능재해를 두려워했으며, 또 핵전쟁에 의한 기후변화, '핵겨울'의 시나리오(핵전쟁이 가져다주는 대화재의 매연에 의해서 지구가 한랭해지리라는 예측)에 떨었다. 특히, 중거리미사일의 지상배치계획으로 핵을 둘러싼 긴장은 유럽에서 극한에 달했고, 서유럽에서는 대대적인 반핵운동이 일어났다. 그 파도는, 금방 전세계에 파급되어 세계를 움직이는 커다란 힘이 되었다. 1985년 이 책을 쓸 때, 나는 이러한 세계적 규모의 반핵운동이 승리한다는 강한 기대에서, 밝은 기분을 갖고 있었다.

그런데 사람들이 핵의 공포에서 벗어나서 안도의 숨을 쉬게 될지도 모른다고 생각한 마침 그때, 체르노빌 원자력발전소 사고가 일어났다. 지구적 규모의 방사능재해는, 미・소가 서로 미사일을 쏘아대는 큰 무대가 아니라 '평화적 이용시설'이라는 우크라이나의, 그때까지 전세계의 그 누구도 이름조차 몰랐던, 한 시설의 폭발에 의해서 초래되었던 것이다. 지구피폭이라는 말이 새로 생기고, 전신을 뒤덮는 핵오염에 눈물을 흘리는 지구를 그린 만화가 사람들에게 아무런 위화감 없이 받아들여졌으며, 그러한 전지구적인 오염이 한개의 핵시설이 폭발함으로써 일어났다는 사실, 또 우리는 그러한 세계에 살고 있다는 사실을 실감하게 되어, 핵테크놀로지에 대해서 사람들의 마음 속에는 큰 획이 그어졌다.

이 사고에 이어지는 유럽의 격동 속에서, 베를린의 장벽이 단숨에 무너지고 마침내 소련도 붕괴하면서 냉전시대에 종지부가 찍혔다.

정보의 공개

체르노빌 사고는 핵테크놀로지에 관한 것이지만, 그것은 또 현대사회에서 테크놀로지와 정치이데올로기가 어떻게 밀접하게 관련되어 있는지를 알기 쉽게 보여주는 좋은 사례이기도 했다. 사고의 원인은 직접적으로는 제어봉의 구조적 결함에 있었는데, 그 결함은 일찍이 지적되었는데도 무시했던 것이 대재해의 배경 원인이었다.

아이러니컬하게, 이 사고는 구체제의 이데올로기적 결박에서 자기를 해방하기 위해 '페레스트로이카', '글라디노스트'의 개혁운동을 전개한 고르바초프 정권하에서 일어났다. 고르바초프 자신도, 진상이 전세계에 밝혀지는 것이 두려워서 국제원자력기구(IAEA)에 허위보고를 내고 담당자의 '실수'로 무마하려고 했다. 또 사고의 영향을 애써 작게 보이게 하려고 철저한 비밀주의로 나갔다.

그러나 생명의 위협에 직면한 사람들의 정보공개에 대한 요구는 커다란 흐름이 되어 정치를 흔들었으며, 이러한 흐름은 베를린 장벽의 붕괴와 소련연방의 붕괴로 이어졌다. 물론, 냉전의 종결이라는 커다란 정치적 변화는 여러가지 원인이 겹쳐져서 상호작용하면서 일어난 것이지만, 체르노빌 사고가 그 중 하나의 중요한 원인이었다는 것은 확실하다.

나아가서, 사회주의 정권이 붕괴함으로써 많은 사람들에게 밝혀진 것이지만, 동유럽에서는 심각한 환경파괴가 진행되고 있었다. 자연과 인간의 더욱 좋은 관계를 위해서, 정보의 공개와 그것을 근거로 한 민주적인 의사결정이 얼마나 중요한가를, 체르노빌 사고를 단서로 한 일련의 사태에서 사람들은 실감하게 되었다.

지구환경문제

불모의 이데올로기 대결이 종결되고 보니, 현대 세계가 껴안고 있는 실로 심각한 문제가 확실한 형태로 보이기 시작했다. 지구 전체가 심각하게 병든, 인간의 활동이 그렇게 만든 것이지만, 징후가 확실히 보이게 된 것이다. 그것이 바로 지구환경문제인 것이다. (여기서 한마디 하면, 나는 후술하는 이유 때문에 이 지구환경문제라는 말을 꼭 찬성하지 않는다. 그러나 지금 너무나도 이 말이 많이 쓰이고 있기 때문에, 다른 표현을 하는 데서 오는 혼란을 피하기 위해서 우선 이 말을 쓴다.)

지구규모의 환경파괴가 진행되고 있다는 것을 가장 선명하게 알려준 것은, 뭐니뭐니 해도 오존층파괴 문제일 것이다. 특히, 남극에 오존홀이 출현했다는 뉴스는 사람들을 놀라게 했다. 이것은 영국의 과학잡지에 파아먼 등이 발표한 논문이 뉴스감이 된 것인데, 그후에도 하나하나 계속적으로 남극의 오존홀 관측이 발표되어 전세계에 충격을 주었다. 신문이나 잡지에 발표된 사진은 사람의 머리에 생긴 종기처럼 보였는데, 과연 지구가 앓고 있다는 것을 실감하게 했다. 이 문제에 대한 의식의 고양은, 단숨에 1987년의 〈오존파괴물질을 규제하는 몬트리올 의정서〉를 채택하게 했다. 이 의정서가 국제적으로 합의된 것은 획기적인 일이었다. 그것은 자연환경을 수호하기 위해서, 선진각국이 그들의 산업활동에서 중요한 물질의 생산을 삭감하고 규제하는 데 동의했기 때문이다.

그러나 지구환경문제라는 말이 빈번히 쓰이게 된 것은, 아마도 이산화탄소 등에 의한 지구의 온난화가 본격적으로 문제가 된 1988년 이후의 일일 것이다. 1988년 미국 고다드연구소의 한센은 상원공청회에서 유명한 증언을 했는데, 그로 인해 지구온난화설은 한번에 세계의 주목을 끌었으며, 지구환경문제라는 인식도 일반화한 것처럼 보인다. 이러한 흐름이 리오데자이네로의 소위 지구정상회의(환경과 개발에 관한 국제

연합회의)로 이어지는데, 이쯤 되면 '지구환경'은 완전히 '최상급' 문제가 되었다. '지구에 친화적이다'느니 '자연친화적'이니, 더구나 '에콜로지'까지도 거의 상품화되어, 나 같은 사람은 그만 갈피를 못잡을 정도였다.

이 책을 쓰는 작업을 통해서, 1970년대에서 1980년대 전반을 음지에서 자연과 인간의 관계를 생각한 나로서는 80년대 후반부터 갑작스런 폭발처럼 일어난 지구환경문제의 유행은 눈부신 감이 있었다. 아이러니 같지만, 지금 패션이 되고 있는 '에콜로지'는 그만큼 천박해진 것 같아서, 12년 동안이나 이 책의 개정을 내버려두고 에콜로지의 문제에 좀 거리를 두고 있었던 것이다.

그러나 냉정하게 생각하면, 이러한 태도는 바람직하지 않다. 어쨌든, 사람들이 지구적인 차원에서 지구가 병들어 있다는 것을 인식하게 되면서 자연에 대해서 더 깊이 생각하고 라이프 스타일에 어느 정도 반영시킬 수 있는 분위기가 된 것이다. 거기서 희망의 싹 같은 것도 많이 보인다. 이러한 상황을 진지하게 받아들이고, 이 책의 입장에서 새삼스럽게 지금 자연을 어떻게 볼 것인가, 다시 말해서 닥쳐오는 시대를 내다보며 자연과 인간의 관계를 어떻게 구상하는가에 해답을 주는, 설령 여기까지 가지 않더라도 자기 나름대로 문제를 정리해 두기 위해서, 좋은 기회라고 생각할 만하다. 이것이 바로 증보를 쓰는 목적이기도 하다.

2. 근원적 전환을 위하여

'지구환경'에 대해서

여기서, 나중으로 미루어 두었던 '지구환경문제'라는 말에 담긴 사고방식에 대한 나의 불만을 말해 두고 싶다.

애당초 '환경문제'라는 인식에 문제가 있다는 것을, 이미 다른 데서 언급했고, 이 책에서도 이 말을 거의 쓰지 않으려고 했다. 내 생각은 기본적으로 제5장에서 모두 말했는데, 환경이라는 말에 관해서 말한다면, 이것은 인간중심적인 말이라고 생각한다. 사람이 있고, 그 주위에 사람이 살기 위해서 필요한 그들의 주위 = 둘레가 있다는 것이 서양의 환경 — 즉 영어의 environment(둘러싸고 있는 것) 독일어의 Umwelt(주위의 세계) — 이라는 의미설정이다. 따라서 환경문제라는 것은, 인간이 살아가는 데 필요한 주위의 자연조건이 지금 파괴되어 인간이 살기 어렵게 되었다, 그래서 문제가 생겼다는 발상이다.

그러한 인간중심주의의 발상이야말로 전환되지 않으면 안된다. 자연이라는 커다란 전체가 있어, 그것을 구성하는 모든 것이 공생함으로써 그 전체가 성립되고, 인간은 자연의 한 구성원에 지나지 않는다. 이 책에서 나는 그렇게 썼다. 그러나 우리가 숨쉬는 공기, 마시는 물이 이상하게 되었다는 우리 신변의 일을 계기로 해서 자연환경에 대해서 생각하기 시작한다 — 그것 자체는 물론 탓해서는 안된다. 그리고 '환경'문제가 시작된 것은 실제로 우리가 사는 지역의 공해나 환경파괴 때문이었으니까, 거기서 문제의식이 생긴 것은 지극히 자연스러운 일이었다고 할 수 있다.

그러나 이제 문제의 차원은 확실히 달라지고 말았다. 글로벌 = 지구 차원의 문제가 된 것이다. 자연파괴의 문제를 생각할 때에, 이제 인간 중심적인 사고방식은 안된다. 그러한 의미에서, 지구환경—global environment—이라는 말은 언어적 모순이 아닌가. 이산화탄소에 의한 지구온난화를 예로 들면, 문제가 되고 있는 것은 지구 전체의 기후이며, 원인물질은 지구를 둘러싸고 있는 대기 중의 온실효과 가스, 특히 이산화탄소이다. 지구가 병들어 있다고 표현한 것처럼, 그것은 이제 인간을 둘러싸고 있는 환경이 악화되었다는 차원에서는 인식할 수 없는 문제가 된 것이다.

게다가 그 원인을 만들어내고 있는 것은, 지상에서 이루어지는 인간의 활동이다. 좀더 강조하면, 이것은 지구환경의 문제가 아니라 지구에 사는 사람의 문제라고 할 수 있을 것 같다. 다시 말해서, 지구에 대해서 인간이 문제를 일으키고 있으니까, 문제는 인간에게 있는 것이다. 이렇게 생각하면, 지구환경문제라는 말에 대한 위화감이 명확해진다.

전환

왜 지구환경문제라는 말에 이처럼 위화감을 갖느냐면, 실은 내가 최근에 체험한 것 때문이다. 1997년 12월, 나는 잠시 동안 교토에서 열린 유엔의 COP3(기후변화협약 제3차 당사국총회)에 참가할 기회가 있었다. 회의는 이산화탄소 배출삭감의 폭을 둘러싸고, 마치 선진공업국의 상거래시장처럼 되는 바람에 본질적인 문제가 흐려진 감이 있었다.

애당초, 이 유엔 주최의 국제회의장에서 본질적으로 무엇이 문제가 되어야 하는지를 확실히 했어야 했다. 즉, 온실효과 가스(특히, 이산화탄소) 배출량의 대폭적 삭감과 억제를 위해서는, 에너지절약, 자원절약의 방향에서 공업선진국의 산업이나 문명의 존재양식에 대해서 명확하게 방향을 제시하고, 또 지금까지의 산업・에너지 정책, 사람들의 라이프 스타일로부터 근본적인 전환을 지향해야 한다. 그것이 지구 전체 생명의 미래를 위태롭게 만들어버린 인류의 책임이며, '지구환경문제의 본질'이다. 이것은 이미 몬트리올에 이르는 흐름 속에서 싹이 텄어야 했던 것이다.

그리고 교토에서는 몬트리올 의정서 이래의 국제적 흐름을 이어받아 거기에서 한발 더 나아가 인간의 활동 전체를 재검토할 필요가 있었다. 그것은 현재 공업국에서의 인간활동의 중심과 관련된 이산화탄소의 배출에 관계하고 있기 때문이다. 조금이라도 그런 방향에서 논의했더라면, 그 결과로 합의된 수치가 아무리 낮은 것이라 해도 COP3는 획기적인 회의가 되었을 것이다.

그러나 앞에서 언급한 바와 같이, 실제로는 수치의 거래로 끝났다. 내가 가장 낙심한 것은 이를테면, '온난화 대책으로 이산화탄소를 배출하지 않는 원자력발전소를' 따위의 발상이었다. 이것은 일본의 통산성이나 원자력산업이 열심히 선전한 것인데, 역시나 각국 정부에 의해서 무시되었다. 그러나 주지하는 바와 같이, '2010년까지 원자력발전소 20기를 증설하여 온난화를 방지하자'는 것이 아직도 정부의 방침이다. 이렇듯 정떨어지는 빈곤한 에너지정책에 대해서 새삼 여기서 논평하지 않겠지만, 그 근본에 있는 발상에 대해서는 비판해 두지 않으면 안된다.

이산화탄소의 배출은 무섭지만, 방사성물질의 방출이나 핵폐기물의 축적은 무섭지 않다는 논의의 난폭성에 놀라지 않을 수 없으며, 제일로 문제시하지 않으면 안되는 것은 그 근저에 있는 발상이다. 이런 종류의 논자는 '지구환경'을 이산화탄소(정확하게 말해서 온실효과 가스)라는 잣대만 가지고 재고 있는 것이다. 자기들에게 유리한 잣대를 만들어, 그

잣대로 자연을 수량화해서 '환경대책'을 세우겠다는 것이 이들의 기본적 발상이다. 거기에는 굉장히 수상쩍은 것이 느껴진다. 되풀이할 필요도 없지만, 진짜 문제점은 A, B, C 등 생산기술의 선택이 아니라 지구에 대한 인간의 활동을 어떠한 방향에서 다시 보는가, 앞으로 어떠한 방향으로 향하는가 하는 것이다. 발상이라는 점에서는, 이를테면 화력발전소를 원자력발전소로 대치한다는 것은 완전히 같은 지평에 있다. 이러한 발상이나 가치관을 전환하자는 것이 이 책의 입장이었다. 그때부터 시대가 한바퀴 돌아서, 누구나 지구적인 문제라는 것을 알게 되었다. 글로벌 = 지구차원이라는 것은 근원적이라는 것이기도 하다. 교토에서, 아직도 화석과 같은 발상에 사로잡혀 있다는 것을 나는 통감했다.

공생

이제 전환을 구체적으로 어떻게 방향잡아 가는가 하는 것도 자주 논의되기에 이르렀다. 이 책의 입장에서 흥미로운 것은, 공생에 대한 사색이다. 일찍이 알도 레오폴드가 Land ethics(토지윤리)라고 한 것과 같이 에콜로지즘에 기초해 자연에 대한 인간의 삶의 방식이 지녀야 할 원칙을, 최근에는 환경윤리(Environmental ethics, 또다시 '환경'!)라고 부르는 일이 많아졌다. 나는 이 책의 흐름을 따라, 그것을 공생의 문제로 생각하고 싶다.

앞에서 지구환경에 문제가 있는 게 아니라 인간에게 문제가 있다고 했다. 실은, 초판의 종장 '자연에 살다'에서 "자연을 어떻게 볼 것인가, 그것은 결국 보여져야 하는 자연 측의 문제가 아니라, 우리 측의 문제이다. 그렇다면 문제는 요컨대, 우리가 어떻게 살아가고, 어떻게 운동하는지가 된다"라고 썼는데, 이것은 공생의 문제라는 연장선상에 있었다. 그리고 자연계 생물의 공생모델에서 배우면서 평화적 공생, 적극적 공생에 대해서 말했다. 이 단계에서 그후에 논의하게 된 대개의 것은 시야에 있었다고 생각하지만, 논의 자체는 불충분했다.

그후 공생에 대해서 세상에서는 대단히 많은 말이 오갔으며, 나 자신도 《핵의 세기말》(1991년 간행)에서 야스키모토 이치로(保木本一郎)에게 배워서, '세가지 공생'에 대해서 썼다. 세가지 중 첫째는, 지상에 있는 모든 생명의 공생인데, 나는 이것을 에콜로지적 공생이라고 부른다. 둘째는, 동시대적인 다른 지역간의 사회, 문화, 에스니시티(ethnicity, 종족·인종)간의 공생, 말하자면 사람들의 공생이다. 셋째는, 과거와 미래의 세대들과 나누는 통시대적(通時代的) 공생, 주요한 것은 미래세대와의 공생이다. 이러한 것들은, 사상적으로는 이 책을 처음 썼을 때 머리 속에 있었던 것으로 이미 이 책의 저류를 관통하고 있었지만, 야스키모토의 시사에 의해서 세가지 공생으로 정리할 수 있었다.

미래를 되찾는다

이것들 중에서 최근의 전개에 비춰서 특히 언급해 둬야 할 점은, 셋째인 미래세대와 어떻게 공생할 것인가의 문제일 것이다. 이 문제에 대해서는, 최근 여러가지 말로 논의가 오가게 되었다. 이른바, 지속가능성(sustainability), 세대간 공정, 세대책임, 세대간 윤리 등등. 이것은 뉘앙스의 차이는 있지만, 모두 미래세대에 대한 공평성이 유지될 수 있는 삶의 방법을 지금 어떻게 가능하게 할까의 문제와 관련되어 있다. 물론 이것이 문제시되는 배경에는, 우리가 이 세기에 영위한 삶이 앞으로 이어지는 세대에게 허용될 수 없는 불공평을 주게 되리라고 생각하는, 이른바 다분히 고통에 찬 공통된 인식이 있다.

이 책의 관심사인 자연과 인간의 관계에서 볼 때, 그 불공평성에는 주로 세가지 문제가 있다. (1) 유한한 천연자원(특히 석유 등 지하의 에너지자원)의 일방적 소비에 따르는 자원고갈의 문제 (2) 현세대가 배출하는 유해폐기물을 그냥 그대로 차세대에게 떠넘기는 것의 문제 (3) 회복불가능한 환경파괴를 남겨두는 것의 문제.

이 문제 자체는 전부터 존재했던 것이지만, 지구상에서 인류의 존속 그 자체가 위태롭다는 것이 명확해졌기 때문에, 책임이나 윤리의 문제로 문제제기 되기에 이른 것이다. 하기는 (1)의 자원고갈의 문제는 일찍부터 있었으며, 이 문제는 세대책임의 의식으로 이어진다기보다 에너지위기의 공포 등으로 오히려 인간을 더욱 개발로 나아가게 했다고 할 수 있다. 그러나 '위기'는, 자원부족보다 과용에 의한 폐기물축적이 가져온 지구포화(펑크)의 위기(원자력발전소 폐기물이나 화석연료의 소비에 따른 폐기물인 이산화탄소 등), 그리고 그것과 관련된 오염에 의한 생존환경의 파괴(다이옥신 등의 독성물질이나 환경호르몬 등)로 인한 위기상황으로 현재화하게 되었다. 다시 말하면, 위의 (2), (3)의 문제이다.

이런 것과 관련해서 현대에서 가장 중요한 키워드는, '미래'이다. '지속가능한 발전(sustainable development)'이라는 말을 전세계에 알린 유엔의 '환경과 개발에 관한 세계위원회'(통칭 부르트란트위원회)의 보고서 명칭은 *Our Common Future* (우리 공동의 미래)이고, 환경호르몬 문제를 지적해서 세계적으로 유명해진 콜 본 등의 책은 *Our Stolen Future* (우리의 도둑맞은 미래)이다. 책 제목이 단적으로 보여주는 바, 인간의 행위가 인간 자신의 미래를 빼앗고 있다는 게 명백하다.

그렇다면 미래를 되찾지 않으면 안된다. 이것이 바로 우리세대의 책임이라고 할 수 있다. 그리고 그렇게 하려면 눈앞에 닥친 문제를 허둥지둥 대처하기보다, 어느 정도 긴 안목으로 미래세대와 지구의 모습을 예측하고 거기서부터 거꾸로 현재 우리의 삶을 바라보는(미래에서 거꾸로 현재를 보는) 방법이 효과적이지 않을까. 이것은 일시적으로 유행했던 미래학의 역(逆)발상이다. 적어도 나는 그렇게 생각하고, 1994년에 《플루토늄의 미래—2041년의 메시지》라는 책을 썼다. 내가 거기서 다룬 것은 반세기 후의 플루토늄을 둘러싼 문제인데, 나의 관심은 현재의 우리 삶을 역(逆)조명하는 데 있었다. 이 책이 성공하든 못하든 간에, 이러한 사고방식은 더욱 필요해졌다고 생각한다. 그렇게 함으로써 새삼 바람직한 미래를 위해서 우리의 미래를 구상하는 것도 가능해진다고 생각한다.

전환기의 과학

서양에서 자연을 보는 방법에 관한 역사를 짚어온 이 책의 전반은, 필연적으로 서양 근대의 '자연과학적으로 사물을 보는 방법'을 비판적으로 검토하는 데에 많은 페이지를 할애하게 했다. 그 연장선상에서, 이 증보를 끝내면서도 과학의 현재에 대해서 조금 더 생각해 보고자 한다.

전환의 시대에, 과학도 또한 커다란 전환이 요구되고 있다. 지식이 지식을 부르는 형태로, 지식의 확대를 향해가는 것처럼 과학자의 노력이 소모되어 왔지만, 그 과학의 존재양식은 이미 시대적 요청에 부응하지 못하고 있다. 나는 이에 대해서 20년이 넘게 말을 해왔는데, 이러한 인식은 이제 이단적인 생각이 아니라 현실이 보여주는 것이 되었다. 오존홀이나 지구온난화 문제 등에 대한 대처에서 알 수 있듯이, 현실의 지구와 우리 사회가 직면한 문제를 해결하는 것이, 다시 과학의 커다란 목표가 되고 있다. 과학이란 본디 그러한 것이었지만 말이다.

"과학은 현실의 문제에서 출발해야 한다"라고 말하면, 독자들은 대개 당연한 것을 이제 와서 무슨 말이냐고 할지도 모른다. 그러나 실은 이것은 결코 당연한 애기가 아니다. 오늘에 와서도 아카데미 내부의 사람들이 갖고 있는—그것도 양질의 연구자들의—주요한 관심은 지식의 확대이고, 이에 따라서 '양질의' 논문을 더 많이 써야 한다는 것이다. 그것이 기본적인 가치규범이 되어 있다. 그것을 전환하는 것이다. 이를테면, 공생의 윤리나 지구윤리를 가치규범으로 하는 과학으로 전환하는 것은 상상을 초월할 만큼 큰 일이다.

그러나 전환을 요구하는 소리가 시민들 사이에서 커지고 있는 지금이야말로, 전환의 좋은 기회이다. 나는 지금 내가 지향하는 과학을 '얼터너티브(alternative, 대안) 과학'이라고 부른다. 물론, 나는 이것을 일반론으로서, 평론적으로 말하지는 않을 것이다. 다소 자신있게 말하는 것을 용서한다면, 나는 적어도 지난 4반세기 동안 보잘것없는 사무실에 버티고 앉아서 얼터너티브한 과학을 위해서 인생을 걸고 살아왔다고 자부한다. 그러면서 조그만 시험이기는 하나 많은 시민들에게 지지를 얻어, 이른바 시민의 눈높이에서 과학의 공간을 어느 정도 확보해오고 있다. 이것을 아카데믹한 과학에 대한 시민의 얼터너티브한 실천의 하나라고 생각해왔다. 최근에는, 같은 실천이 더욱 본격적인 규모로 NGO에 의해서 전세계적으로 시도되고 있으며, 그것은 확실히 하나의 얼터너티브한 과학의 존재양식을 보여주면서 무시할 수 없는 것이 되었다.

'얼터너티브한 과학'은 커다란 실험시설이나 연구설비를 가지고 있지 않지만, 자연과 사회에 관한 여러가지 분야의 정보를 집적・분석하고, 시민의 입장에서 종합적으로 평가하는 '어세스먼트 과학'으로 충분히 유효한 것이 된 것이다. 이것은 환경, 인권, 평화 등의 문제에서 NGO의 캠페인활동과 연계해서 연구하면서 문제제기하고 사회적으로 행동하는 과학이며, 그러한 의미에서 기존의 과학에 대해서 얼터너티브한 것이다. 특히 지금 지구의 미래를 되찾기 위한 NGO의 활동이 세계적으로 주목받고 있는데 그것은 중요한 부분을 차지하게 될 것이다.

나 자신은 지금 그러한 분야에서 젊은 '얼터너티브한 과학자'를 육성하는 문제로 자기세대의 책임을 이행하는 것이 중요하다고 생각하고 '다카기학교(高木學校)'의 구상을 가다듬고 있다. 한마디로 말하면, 21세기의 지구와 인간과 과학이 껴안게 될 문제를 예견하고, 그러한 문제에서 출발해서 과학자이며 활동가(이상적으로 말하면, 그때에는 이미 과학자와 활동가라는 구분은 그다지 의미가 없어진다)인 사람을 키우자는 실천이다. 이 실천은 먼저 내가 미래를 되찾고 거기서부터 생각하자고 한 것과 밀접하게 관련되어 있다.

12년 전 "지금 자연을 어떻게 볼 것인가"라는 의식에서 시작한 이 책의 시도는, 이제 독자였던 젊은 세대들과 어우러져 내 속에서 새로운 전개를 맞이하고 있다.

인용문헌 및 참고문헌

서장

1) 小川二郎 옮김, 丸山薫 엮음 《世界の名詩》 集英社에 수록.
2) ルソー (Rousseau, Jean Jacques) 《エミール》 今野一雄 옮김, 岩波文庫.
   ► 장 자크 루소 《에밀》 김중현 옮김, 한길사, 2003 등.
3) 高木仁三郎 《わが内なるエコロジー》 農文協.

제1장

4) ソフォクレース (Sophocles) 《アンティゴネー(*Antigone*)》 呉茂一 옮김, 岩波文庫.
   ► 소포클레스 외 《오이디푸스 왕·안티고네》 천병희 옮김, 문예출판사, 2001 등.
5) プラトン (Plato) 《プロタゴラス(*Protagoras*)》 藤沢令夫 옮김, 筑摩世界文学大系 《プラトン》에 수록.
   ► 플라톤 《프로타고라스》 최현 옮김, 범우사, 2002.
6) カール・ケレーニィ (Kerenyi, Karoly) 《プロメテウス(프로메테우스)》 辻村誠二 옮김, 法政大学出版局에서.
7) アイスキュロス (Aiskhulos) 《縛られたプロメーテウス (결박당한 프로메테우스)》 呉茂一 옮김, 岩波文庫.
   ► 아이스퀼로스 《아이스퀼로스 비극 : 아가멤논·코에포로이·자비로운 여신들·결박된 프로메테우스》 천병희 옮김, 단국대학교출판부, 1998.
8) 藤縄謙三 《ギリシア神話の世界観》 新潮選書.
9) J. P. ヴェルナン (Vernant, Jean Pierre) / 吉田敦彦 《プロメテウスとオイディプス (프로메테우스와 오이디푸스)》 みすず書房.
10) ヘシオドス (Hesiodus) 《神統記》 廣川洋一 옮김, 岩波文庫.
   ► 헤시오도스 《신통기》 천병희 옮김, 한길사, 2004 등.
11) 廣川洋一 《ヘシオドス研究序説》 未来社. 또, 廣川洋一 / 山崎賞選考委員会 《ギリシア思想の生誕》 河出書房新社.
12) 인용은 11)의 《ヘシオドス研究序説》 권말에 첨부된 廣川 옮김에 따른다.
13) 関曠野 《プラトンと資本主義》 北斗出版.
14) K. Hübner: *Kritik der wissenschaftlichen Vernunft*, Verlag Karl Alber.
15) 6)에 따른다.

○ **앞에 나온 책 이외에 주로 참고한 문헌**

- F. ギラン (Guirand, Felix) 《ギリシア神話(그리스 신화)》 中島健 옮김, 青土社.
- T. ブルフィンチ (Bulfinch, Thomas) 《ギリシア·ローマ神話》 大久保博 옮김, 角川文庫.
  ► 토머스 불핀치 《그리스 로마 신화》 손명현 옮김, 신원, 2003 등.
- D. H. Hughes "Early Greek and Roman Environmentalists", *The Ecologist*, vol. 11. No. 1, 1981.
- M. Bookchin: *Ecology of Freedom*, Cheshire Books.
- 坂本賢三 〈自然の自然史〉 講座現代の哲学4 《自然と反自然》 田島 외 엮음, 弘文堂에 수록.

제2장

16) アリストテレス (Aristoteles)《自然学》藤沢令夫 옮김, 〈世界の名著9〉 中央公論社에 수록.
17) 関曠野, 앞의 책.
18) アリストテレス (Aristoteles)《形而上学第一巻》16)과 같음.
19) R. G. コリングウッド (Collingwood, Robin George)《自然の観念 (*The Idea of Nature*)》平林康之 / 大沼忠弘 옮김, みすず書房.
  ► R. G. 콜링우드《자연이라는 개념》유원기 옮김, 이제이북스, 2004.
20) 廣川洋一《プラトンの学園アカデメイア》岩波書店.
21) G. トムソン (Thomson, George Derwent)《最初の哲学者たち (*The society of ancient Greek society: the first philosophers*)》出隆 / 池田薫 옮김, 岩波書店.
  ►《고대사회와 최초의 철학자들》조대호 옮김, 고려원, 1992.
22) A. ゾーン=レーテル (Sohn-Rethel, Alfred)《精神労働と肉体労働 (*Intellectual and manual labout*)》寺田光雄 / 水田洋 옮김, 合同出版.
  ►《정신노동과 육체노동》황태연·윤길순 공역, 학민사, 1986.
23) アリストテレス (Aristoteles)《形而上学第一巻》앞의 책.
24) 今道友信《アリストテレス》〈人類の知的遺産8〉講談社.
25) アリストテレス (Aristoteles)《自然学》앞의 책.
26) アリストテレス (Aristoteles)《形而上学第十二巻》松永雄二 옮김, 〈世界の名著8〉 中央公論社에 수록.
27) コリングウッド (Collingwood), 앞의 책.
28) ダンテ (Dante Alighieri)《神曲 (*La divina commedia*)》山下丙三郎 옮김, 岩波文庫.
  ► 단테 알리기에리《신곡》한형곤 옮김, 서해문집, 2005 등.
29) オマル·ハイヤーム (Omar Khayyam)《ルバイヤート》小川亮作 옮김, 岩波文庫.
  ►《루바이야트》Edward Fitzgerald 편저, 김주영 역편, 태학당, 1995 등.
30) E. グラント (Grant, Edward)《中世の自然学 (*Physical science in the middle ages*)》横山雅彦 옮김, みすず書房.
  ►《중세의 과학》홍성욱·김영식 공역, 民音社, 1992.

○ 앞에 나온 책 이외에 주로 참고한 문헌

- 根井康之《東西思想の超克》農文協.
- 《初期ギリシア哲学者断片集》山本光雄 옮기고 엮음, 岩波書店.
- F. M. コーンフォード (Cornford, Francis Macdonald)《宗教から哲学へ (*From religion to philosophy*)》廣川洋一 옮김, 東海大学出版会.
- 藤沢令夫《ギリシア哲学と現代》岩波新書.
- 《プラトン (*Plato*) I, II》〈世界の名著6,7〉中央公論社.

제3장

31) 포프의 묘비석. B. ウィリー (Willey, Basil)《十八世紀の自然思想》三田 외 옮김, みすず書房에서.
32) ウィリー (Willey), 앞의 책.
33) コリングウッド (Collingwood), 앞의 책.
34) コペルニクス (Copernicus, Nicolaus)《天体の回転について (*On the revolutions of the heavenly spheres*)》矢島祐利 옮김, 岩波文庫.
  ► 니콜라우스 코페르니쿠스《천체의 회전에 관하여》민영기·최원재 공역, 서해문집, 1998.

35) H. バターフィールド (Butterfield, Herbert)《近代科学の誕生(上) (*The origins of modern science*)》渡辺正雄 옮김, 講談社学術文庫.
► 허버트 버터필드《근대과학의 기원》차하순 옮김, 탐구당, 1980.
36) 村上陽一郎《近代科学と聖俗革命》新曜社.
37) バターフィールド (Butterfield), 앞의 책.
38) ブルーノ (Bruno, Giordano)《無限, 宇宙および諸世界について》清水純一 옮김, 岩波文庫.
39) コリングウッド (Collingwood), 앞의 책.
40) E. ブロッホ (Bloch, Ernst)《希望の原理 (*Das Prinzip Hoffnung*)》山下 외 옮김, 白水社.
► 에른스트 블로흐《희망의 원리》박설호 옮김, 열린책들, 2004.
41) コリングウッド (Collingwood), 앞의 책.
42) J. ニーダム (J. Needham) 〈歴史と人間的価値〉의 주(注), 成定薫 옮김, H. ローズ / S. ローズ 엮음《ラジカル·サイエンス》社会思想社에 수록.
43) J. シャロン (Charon, Jean E.)《宇宙論の歩み (*La conception de l'univers depuis 25 siecles*)》中山茂 옮김, 平凡社.
44) 佐藤文隆《ビッグバンの発見》NHKブックス.
45) ガリレオ (Galilei, Galileo)《新科学対話》(下) 今野武雄 / 日田節次 옮김, 岩波文庫. 또, 여기서 제기된 문제에 대해서는 近藤洋逸 〈近代力学の形成(下)〉,《思想》298호(1949)에 수록된 것을 참조.
46) ニュートン (Newton, Sir Isaac)《プリンシピア》中野猿人 옮기고 엮음, 講談社.
► 아이작뉴턴《프린키피아》이무현 옮김, 교우사, 1998 등.
47) 〈ヨハネ福音書〉塚本虎二 옮김, 岩波文庫.
48) 伊東俊太郎《近代科学の原流》中央公論社. 또, ベルジャーエフ (Berdiaev, Nikolai Aleksandrovich)에 관해서는, ベルジャーエフ著作集1《歴史の意味 (*Der Sinn der Geshichte*)》白水社.
49) 그리스도교의 자연관은, 곧 유대의 자연관·우주관의 문제이다. 이 점에서 다음 지적이 아주 흥미롭다. 제이콥스는 ブラッカー(Blacker, Carmen) / ローウェ(Loewe, Michael) 엮음《古代の宇宙論》(矢島祐利 / 矢島文夫 옮김, 海鳴社)에서 이렇게 말한다. "유대의 자료에서 찾아보면, 유대인은 역사를 통해서 자기의 우주론을 가진 적이 없었다. (중략) 확실히 자연현상에 깊은 관심을 보였다. 그러나 자연현상을 만든 것은 신이며, 자연현상에 의해서 신의 위대함이 계시되는 데에 관심이 있었던 것이다." 그리고 유대의 자연관에 대해서는 N. Pollard의 뛰어난 고찰이(*The Ecologist*, vol. 14, No. 3, 1984) 참고가 된다. 여기에 의하면 유대의 자연관에는 오늘의 환경문제와 연관되는 데가 있다고 하는데, 그렇더라도 그리 단순하게 생각할 수 없는 측면도 있을 것 같다.
또 환경파괴와 유대-그리스도교를 안이하게 결부시키는 데 대해서 R. デュボス (Dubos, Rene Jules)의 반론이 있다.《いま自然を考える (*The wooing of earth*)》長野敬 옮김, 思索社. 이 책의 권말에는 좋은 문헌리스트가 있다. 그리고 그리스도교회 내부에서도 에콜로지적인 관점에서 자연과 인간에 대한 고찰이 시작되고 있는 것에 대해서는 타케하라시(竹原市)의 야스다 하루오(安田治夫) 씨에게 좋은 가르침을 받았다. 특히, G. Liedke: *Im Bauch des Fisches*, Kreuz Verlag를 볼 것.
► Rene Dubos《지구는 구제될 수 있을까》김용준 옮김, 정우사, 1986.
50) 村上陽一郎, 앞의 책.
51)《ワーズ ワース (*Wordsworth, William*) 詩集》田部重治 옮김, 岩波文庫.
► W. 워즈워드《무지개》유종호 옮김, 민음사, 1974 등.

○ 앞에 나온 책 이외에 주로 참고한 문헌

- カンパネッラ (Campanella, Tommaso)《太陽の都·詩篇 (*Civitas solis*)》坂本鉄男 옮김, 現代思潮社.
- 佐藤文隆《相対論と宇宙論》サイエンス社.
- 村上陽一郎《歴史としての科学》筑摩書房.
- 藤田祐幸〈プレシオスの鎖〉《新日本文学》1984년 7월호에 수록.
- 岡本春彦《哲人ブルノー》弘文堂書店.
- 玉虫文一 엮음《科学史入門》培風館.
- 玉文 / 木村 / 渡辺《原典による自然科学の歩み》講談社.
- ホワイトヘッド (Whitehead, Alfred North)《科学と近代世界 (*Science and the modern world*)》上田泰治 / 村上至孝 옮김, 松籟社.
  - ► A. N. Whitehead《과학과 근대세계》오영환 옮김, 서광사, 1989 등.
- 野田又夫 엮음《デカルト》〈世界の名著27〉中央公論社.

제4장

52) 上村勝彦《インド神話》東京書籍에서.

53) ガリレオ (Galilei, Galileo)《天文対話》青木靖三 옮김, 岩波文庫.

54) J. Jeans "The Mysterious Universe", K. Wilber (ed.): *Quantumn Questions*, Shambhala Pub.

55) 内山龍雄《物理学はどこまできたか》岩波書店.

56) K. Hübner', 앞의 책.

57) 〈創世記〉塚本虎二 옮김, 岩波文庫.

58) Y. Elkana "The Myth of Simplicity", Holton and Elkana (ed.): *Albert Einstein*, Princeton Univ. Press.

59) P. C. Davies: *God and the New Physics*, Dent.

60) 이 책을 기본적으로 쓰고 나서 新岩波講座哲学5《自然とコスモス》(大森荘蔵 외 엮음, 岩波書店)가 간행되었다. 이 책과 나의 문제의식이 겹쳐지는 부분도 있다. 특히 코스몰로지에 대해서는, 이 책에 나오는 坂本賢三〈コスモロジー再興〉을 참조.

61) F. カプラ (Capra, Fritjof)《タオ自然学 (*The Tao of physics*)》吉福 외 옮김, 工作舎. 《ターニングポイント (*The turning point*)》吉福 외 옮김, 工作舎.
- ► 《현대 물리학과 동양 사상》이성범·김용정 공역, 범양사 출판부, 1993 등.
- ► 《새로운 과학과 문명의 전환》이성범·구윤서 공역, 범양사, 1985.

62) K. ウィルバー (Wilber, Ken) 엮음《空像としての世界 (*The holographic paradigm and other paradoxes*)》井上忠 외 옮김, 青土社.

63) ボブ·サンプルズ〈全体学的な知識〉, 앞서 나온《空像としての世界》에 수록.

64) 김지하〈생명의 문화〉高崎宗司 옮김,《現代文明の危機と時代の精神》岩波書店에 수록.

○ 앞에 나온 책 이외에 주로 참고한 문헌

- P. C. W. ディヴィス (Davies, P. C. W)《ブラックホールと宇宙の崩壊 (*The edge of infinity*)》松田卓也 / 二間瀬敏史 옮김, 岩波書店.
- 佐藤文隆《ビッグバンの発見》NHKブックス.
- H. R. Pagels: *The Cosmic Code*, Bantham Books.
  - ► Heinz R. Pagels《우주의 암호》이호연 옮김, 범양사 출판부, 1991.
- S. ワインバーグ (Weinberg, Steven)《宇宙創成はじめの三分間》小尾信弥 옮김, ダイヤモンド社.

► 스티븐 와인버그 《최초의 3분 (*The first three minutes*)》 신상진 옮김, 양문, 2005 등.
- W. ハイゼンベルク (Heisenberg, Werner) 《部分と全体》 山崎和夫 옮김, みすず書房.
  ► 하이젠베르크 《부분과 전체》 김용준 옮김, 지식산업사, 1982.
- 西尾成子 엮음 《アインシュタイン研究》 中央公論社.
- 広重徹 엮음 《科学史のすすめ》 筑摩書房.

제5장

65) ブルーノ (Bruno, Giordano), 앞의 책.
66) 高木仁三郎 《科学は変わる》 東経選書.
67) P. クラウド (Cloud, Preston Ercelle) 《宇宙, 地球, 人間 (*Cosmos, earth, and man*)》 II, 一国 외 옮김, 岩波現代選書.
68) 中山茂 〈環境史の可能性〉, 〈歴史と社会〉 第一号에 수록.
69) 玉野井芳郎 《生命系のエコノミー》 新評論.
70) エンツェンスベルガー (Enzensberger, Hans Magnus) 《政治的生態学批判》 田中幸夫 옮김, H. ローズ / S. ローズ 엮음 《ラジカルサイエンス》 社会思想社에 수록.
71) メドゥズ (Meadows, Donella H) 외 《成長の限界 (*The limits to growth*)》 大来佐武郎監 옮김, ダイヤモンド社.
  ► D. H. 메도우즈 外 《인류의 위기》 김승한 옮김, 삼성문화문고, 1972.
72) 玉野井芳郎 《エコノミーとエコロジー》 みすず書房.
73) 槌田敦 《資源物理学入門》 NHKブックス.
74) 槌田敦 《石油と原子力に未来はあるか》 亜紀書房.
75) 槌田敦, 앞의 책.
76) 玉野井芳郎, 〈朝日新聞〉 昭和 53년(1978년) 6월 8일자.
77) 일본어 번역은 《地球生命圏(*Gaia*)》 スワミ・プレム・プラブッダ 옮김, 工作舎.
  ► 제임스 러브록 《가이아》 홍욱희 옮김, 갈라파고스, 2004 등.
78) B. コモナー (Commoner, Barry) 《なにが環境の危機を招いたか》 安部喜也 / 半谷高久 옮김, 講談社.
79) 나는 아래의 논문을 통해서 러브록의 모델에 대해 알았다.
D. Sagen and L. Margulis "The Gaian Perspective of Ecology", *The Ecologist*, vol. 13, No. 5, 1983.
80) J. E. ラヴロック (Lovelock), 앞의 책.
81) 今西錦司 《自然学の提唱》 講談社.
82) 栗原康 《有限の生態学》 岩波新書.
83) 김지하 〈생명의 문화〉, 《現代文明の危機と時代の精神》에 수록.
84) 〈新東亜〉 1984년 6월호에 실림. 번역은 中田久仁子(私信)에 의함.
85) 〈海〉 1983년 4월호.

○ 앞에 나온 책 이외에 주로 참고한 문헌

- 藤田祐幸 / 槌田敦 《エントロピー》 現代書館.
- 今西錦司 / 柴谷篤弘 《進化論も進化する》 リブロポート.
- P. シアーズ (Sears, Paul Bigelow) 《エコロジー入門》 柳田為正 옮김, 現代新書.
- 室田武著 《雑木林の経済学》 樹心社.
- A. Leopold: *A Sand County Almanac*, Ballantine Books.
  ► 알도 레오폴드 《모래 군의 열두 달》 송명규 옮김, 따님, 2003 등.

- D. Abram "The Perceptual Implications of Gaia", *The Ecologist*, vol. 15, No. 3, 1985.

제6장

86) I. イリイチ (Illich, Ivan D)《シャドウ・ワーク (*Shadow work*)》玉野井芳郎 / 栗原彬 옮김, 岩波書店.
 ► 《그림자 노동》 박홍규 옮김, 분도출판사, 1988 등.
87) レヴィ=ストロース (Levi-Strauss, Claude)《野生の思考》人橋保夫 옮김, みすず書房
 ► C. 레비-스트로스 《야생의 사고》 안정남 옮김, 한길사, 1996.
88) E. アイアンクラウド (Iron Crloud, Elaine) / 菊地敬一《鷲の羽衣の女》現代史出版会.
89) R. シルヴァーバーグ (Silverberg, Robert)《地上から消えた動物 (*The dodo, the auk and the oryx*)》佐藤高子 옮김, ハヤカワ文庫.
90) 《反原発全国集会1983報告集》에 수록.
91) 石牟礼道子《苦海浄土ーわが水俣病》講談社文庫.
92) 渡辺京二, 앞의 책《苦海浄土》講談社文庫版 해설.
93) 羽生康二《近代への呪術師・石牟礼道子》雄山閣.
94) 青野聰・高木仁三郎対談, 〈世界〉 1985년 3월호에 수록.
95) 前田俊彦 엮음《三里塚 : 廃港の論理》柘植書房에 수록.
96) 東峰統一被告団〈權力を見てしまった者たち〉《新地平》 1983년 10월호에 수록.
97) 花崎皋平《生きる場の風景》朝日新聞社.

○ 앞에 나온 책 이외에 주로 참고한 문헌

- 真木悠介《気流の鳴る音》筑摩書房.
- 安里清信《海はひとの母である》晶文社.
- 石牟礼道子《天の魚》講談社文庫.
- 色川大吉 엮음《水俣の啓示》不知火海総合調査報告(上)(下), 筑摩書房.
- 特集〈先住民は現代世界を撃つ〉《世界から》 1985년 여름, アジア太平洋資料センター.
- 〈海とにんげん〉織田が浜の入浜慣行集. 入浜権運動推進全国連絡会議 엮음, 新宿書房.
- レヴィ=ストロース (Levi-Strauss, Claude)《悲しき熱帯》川田順造 옮김, 〈世界の名著59〉中央公論社에 수록.
 ► C. 레비-스트로스 《슬픈 열대》 박옥줄 옮김, 한길사, 1998 등.

제7장

98) M. Bookchin: *Ecology of Freedom*, Cheshire Books.
99) 高木仁三郎《わが内なるエコロジー》農文協, 또는 〈自然観の解放と解放の自然観〉講座現代と変革4《現代科学技術と社会変革》新地平社에 수록.
100) A. シュミット (Schmidt, Alfred)《マルクスの自然概念》元浜清海 옮김, 法政大学出版局.
101) マルクス (Marx, Karl Heinrich)《資本論(九)》向坂逸郎 옮김, 岩波文庫.
 ► K. 마르크스 《자본론》 김수행 옮김, 비봉출판사, 1990 등.
102) マルクス (Marx, Karl Heinrich)《経済学・哲学草稿》城塚登 /田中吉六 옮김, 岩波文庫.
 ► 《칼맑스 프리드리히엥겔스 저작선집 1》 박종철출판사 편집부 엮음, 김세균 감수, 박종철출판사, 1997 등.
103) 맑스의 자연관에 대한 포이에르바하의 영향은 무시할 수 없다. 이에 대해서는 A.

Schmidt: *Emanzipatorische Sinnlichkeit*, Reihe Hanser, 1973이라는 좋은 책이 있다.
104) 中岡哲郎《人間と労働の未来》中公新書.
105) A. ゴルツ (Gorz, Andre)《エコロジスト宣言》高橋武智 옮김, 緑風出版.
► 앙드레 고르《현대의 과학기술과 인간해방》, 〈에콜로지스트 선언〉 조홍섭 편역, 한길사, 1984.
106) A. ゴルツ (Gorz, Andre)《エコロジー協働体への道 (*Les chemins du paradis*)》 辻由美 옮김, 技術と人間.
107) 中山茂《科学と社会の現代史》岩波書店.
108) A. Michel: La révolution du temps choisi. 번역은 106)에 의함.
109) 본장 98)과 같음.
110) M. Cooley and M. Johnson: *Science for People*. 23, 1981/82 Winter.
111) R. Serafin, *The Ecologist*, vol. 12, No. 4, 1982를 참조. 저자는 '솔리데리티'의 사상은 에콜로지즘의 '자연의 윤리'라는 관점에는 도달하지 못하고 맑스주의의 꼬리를 끊지 못하고 있다고 말했는데, 그러한 생각은 지나치게 소박하다는 관점을 벗어나지 못한다.

○ 앞에 나온 책 이외에 주로 참고한 문헌

- いいだもも《エコロジーとマルクス主義》緑風出版.
- 花崎皋平〈弁証法的自然 — 人間と社会との関連における〉《われわれにとって自然とは何か》社会思想社에 수록.
- 椎名重明《マルクスの自然と宗教》世界書院.
- 中岡哲郎《工場の哲学》平凡社.
- クロポトキン (Kropotkin, Petr Alekseevich, kniaz')〈田園·工場·仕事場〉《クロポトキンII》長谷川進/磯谷武郎 옮김, 三一書房에 수록.
  ► 크로포트킨《田園, 工場, 作業場》하기락 옮김, 형설출판사, 1983.
- C. E. Gunn: *Worker's Self-Management in the United States,* Cornell Univ. Press.
- ジャン=ポール·リブ (Ribes, Jean Paul) 엮음, ラロンド/モスコヴィシ/デュモン《エコロジストの実験と夢 (*Pourquoi les ecologistes font-ils de la politique?*)》辻由美 옮김, みすず書房, 특히 モスコヴィシ의 논의.
- 河宮信郎《エントロピーと工学社会の選択》海鳴社.

종장

112) ソーロー (Thoreau, Henry David)《森の生活 — ウォールデン(*Walden*)》神吉三郎 옮김, 岩波文庫.
► 헨리 데이빗 소로우《월든》강승영 옮김, 이레, 1993 등.
113) K. ローレンツ (Lorenz, Konrad)《人間性の解体 (*Der Abbau des Menschlichen*)》谷口茂 옮김, 思索社.
114) 〈新東亜〉 1984년 6월호에 실림. 번역은 中田久仁子(私信)에 의함.
115) M. Cartmill "Four Legs Good, Two Legs Bad", *Natural History* 92, No. 11, 1983.
116) C. Merchant: *The Death of Nature: Women, Ecology and the Scientific Revolution*, Harper & Row.
► 캐롤린 머천트《자연의 죽음 : 여성과 생태학, 그리고 과학혁명》전규찬 외 옮김, 미토, 2005.
117) トゥレーヌ (Touraine, Alain) 외《反原子力運動の社会学 (*La prophetie antinucleaire*)》伊藤るり 옮김, 新泉社.
118) M. W. フォックス (Fox, Michael W)《動物と神のあいだ (*Between Animal and Man*)》

小原秀雄 옮김, 講談社.
119) 小原秀雄/岩城正夫《自己家畜化論》群羊社.

○ 앞에 나온 책 이외에 주로 참고한 문헌

- E. モラン《失われた範例》吉田幸男 옮김, 法政大学出版局.
- 小原秀雄《人[ヒト]に成る》大月書店.
- 市川浩《精神としての身体》勁草書房.
- つるまきさちこ《からだぐるみのかしこさを》野草社.
- 菅孝行《身体論》れんが書房新社.

'증보'에 나오는 참고문헌

최근 환경문제에 대한 관심이 높아지면서 끝이 없을 만큼 관련 문헌이 출판되고 있는데, 솔직히 필자도 전부 보았다고 하기에는 너무 많다. 읽으면서 무언가 자극을 받은 서적·논문을 소개하는 것만으로도 제한된 지면을 훨씬 넘어선다. 그래서 총망라하는 소개는 그만두고, '증보'의 관심에서 중요하다고 생각되는 서적을 아래에 소개하겠다.

체르노빌 원전사고

- A. ヤロシンスカヤ (Yaroshinska, Alla)《チェルノブイリ極秘—隠された事故報告(*Чернобыль*)》和田あき子 옮김, 平凡社.
- 七沢潔《原発事故を問う》岩波新書.
- 今中哲二ほか《チェルノブイリ10年》原子力資料情報室.

지구환경문제, 지구온난화

- 大来佐武郎監修《地球の未来を守るために (*Our common future*)》福武書店.
  - ▸ The World Commission on Environment and Development《우리 공동의 미래》조형준·홍성태 공역, 새물결, 1994.
- 米本昌平《地球環境問題とは何か》岩波新書.
- 臼井久和·綿貫礼子 엮음《地球環境と安全保障》有信堂.
- 佐和隆光《地球温暖化を防ぐ》岩波新書.
- 《IPCC地球温暖化第二次レポート》'気候変動に関する政府間パネル' 엮음, 中央法規.
- 松本泰子《南極のオゾンホールはいつ消えるか》実教出版.

에콜로지, 공생 등

- D. オースター (Worster, Donald)《ネイチャーズ·エコノミー (*Nature's economy*)》中山茂ほか 옮김, リブロポート.
  - ▸ 도널드 워스터《생태학, 그 열림과 닫힘의 역사》강헌·문순홍 공역, 아카넷, 2002.
- 高木仁三郎《核の世紀末》農山漁村文化協会.
- 富坂キリスト教センター 엮음《エコロジーとキリスト教》新教出版.
- 岩波講座 転換期における人間2《自然とは》藤沢令夫ほか, 岩波書店.
- H. イムラー (Immler, Hans)《経済学は自然をどうとらえてきたか (*Natur in der okonomischen Theorie*)》栗山純 옮김, 農山漁村文化協会.
- 花崎皋平《アイデンティティと共生の哲学》筑摩書房.
- 鬼頭秀一《自然保護を問い直す》筑摩新書.
- P. シンガー (Singer, Peter)《動物の権利 (*In defence of animals*)》《動物の解放

(Animal liberation)》 두권 모두 戸田清 옮김, 技術と人間.
► 피터 싱어 《동물해방》 김성한 옮김, 인간사랑, 2002.
■ C. マーチャント (Merchant, Carolyn) 《ラジカル・エコロジー (*Radical ecology*)》 川本隆史ほか 옮김, 産業図書.
► 캐롤린 머천트 《래디컬 에콜로지》 허남혁 옮김, 이후, 2001.
■ D. モリス (Morris, Desmond) 《動物との契約 (*Animal contract*)》 渡辺政隆 옮김, 平凡社.
■ 川那部浩哉 《生物界における共生と多様性》 人文書院.
■ 古沢広祐 《地球文明ビジョン》 NHKブックス.

과학, 미래

■ J. ワイナー (Weiner, Jonathan) 《次の百年·地球はどうなる? (*The next one hundred years*)》 根本順吉 옮김, 飛鳥新社.
► Jonathan Weiner 《100년 후, 그리고 인간의 선택》 이용수·홍욱희 공역, 김영사, 1994.
■ 高木仁三郎 《プルトニウムの未来》 岩波新書.
► 다카기 진자부로 《플루토늄의 미래》 박은희 옮김, 따님, 1996.
■ 池内了 《転回の時代に》 岩波科学ライブラリー.
■ 佐々木力 《科学論入門》 岩波新書.
■ T. コルボーン (Colborn, Theo), D. ダマノスキ (Dumanoski, Dianne), J. P. マイヤーズ (Myers, John Peterson) 《奪われし未来 (*Our stolen future*)》 長尾力 옮김, 翔泳社.
► 테오 콜본, 다이앤 듀마노스키, 존 피터슨 마이어 《도둑맞은 미래》 권복규 옮김, (주)사이언스북스, 1997.
■ U. von Weizsäcker, A Lovins, H. Lovins "Faktor Vier" 1994 Droener Knauer.
■ F. シュミット・ブレーク (Schmidt-Bleek, F) 《ファクター10 (*Wieviel Umwelt braucht der Mensch*)》 シュプリンガー・フェアラーク東京.

후기

이 책의 근원이 된 것은, 2년도 더 전에 어느 연구회에 제출한 〈에콜로지즘 자연론의 시도〉라는 보고서이다. 그 보고서 자체는 400자 원고지로 25매쯤 되는 일종의 레주메(개요・요약본)였는데, 이 책의 대강의 줄거리는 그 보고서를 준비하는 과정에서 이루어졌다.

자연과 인간의 관계가 위기에 직면한 지금, 여러 사람이, 여러 곳에서, 여러가지 실천을 시작하고 있다. 그것은 거의 모두가 에콜로지운동이라고 해도 좋을 만큼 공통성을 갖는데, 그러면 에콜로지란 무엇인가 하고 물으면, 대답은 아무래도 명쾌하지 않다.

문제의 근저에, 자연과 인간의 관계를 어떻게 생각하는가, 그 미래를 어떻게 구상하는가, 이와 같은 물음이 있다. 이것이 다양하게 논의되는 것 같지만 의외로 깊이 있는 고찰은 적은 것 같아서, 나름대로 정리해볼 필요가 있어서 자연론의 작업을 하게 된 것이 직접적인 동기이다.

그 작업은, 자연과 인간의 주위를 맴돌면서 눈앞에서 일어나는 여러가지 풍경을 정리한다고나 할까, 그러한 기분에서 이루어졌다. 작업을 진행하다 보니까, 내가 하는 일의 준비의 과도성(過渡性)을 알게 되었다. 그러나 이 과도성은 나만의 고유한 것이라기보다는, 상황 전체를 반영한 것처럼 생각되었다. 그렇다면, 과도성이야말로 이 책을 세상에 내놓고 앞으로 담론의 소재가 되는 것에 의미를 주지 않을까 하고 생각하게 되었다. 다행히도 나의 방자한 뜻을 이렇게 하쿠슈샤(白水社)가 받아주었다. 하쿠슈샤의 이나이 요스케(稻井洋介) 씨가 애쓰신 데 힘입은 바가 크다.

이 책의 기저에 있는 문제의식에 대해서는 서장에서 꽤 자세히 썼기 때문에 되풀이하지 않지만, 마음가짐으로서는 문명론이나 과학론 같은 것이 아니라, 가능한 한 현대를 사는 민중의 실천과 결부된, 그리고 나 자신에게도 신변의 문제로 자연을 논해보고 싶었다. 그리고 그러한 의미에서, 당초의 구상으로는 이 책의 2부 〈지금 자연을 어떻게 볼 것인가〉만을 중심으로 하고, 동양이나 일본의 자연관, 아이누의 자연관 등에 대해서도 논의하고 싶었지만, 공부가 부족하고 힘이 모자라서 작업은 거기까지 미치지 못했다. 이 점은 앞으로의 과제로 하겠다.

한편, 애초에 내 구상은 아주 간단한 스케치로 끝내는 것이었는데, 서양의 자연관의 흐름에 대해서 의외로 많은 지면이 필요하게 되었다. 서장에서 썼지만, 이런 종류의 논의에 흥미가 없는 분은 제1부를 생략하고, 곧 제2부부터 읽어도 좋다.

'과도적인 작업'이라고 했지만, 과도적이기 때문에 도리어 힘든 부분도 있고, 특히 선인들의 작업을 될 수 있는 대로 많이 관련시키는 데 유의했다. 그래서 천성이 게으름뱅이인 나로서는 보통 때와 달리 많은 문헌을 보게 되었다. 그 모든 것을 주(註)에서 제시하지는 않았지만, 특히 중요하다고 생각한 참고문헌은 인용문헌과 함께 권말에 정리했다.

책을 쓴다는 것은 결국 선행하는 실천적인 작업의 뒤를 쫓는 것이라고 전부터 생각하고 있다. 뒤를 쫓는 것이기는 하지만, 문제를 정리함으로써 새로운 행동으로 나가는 교량이 될 수도 있다. 그러한 의미에서, 이 책이 독자들과의 사이에 새로운 담론을 유발하게 되기를, 저자로서는 혼자서 크게 기대하고 있다.

1985년 10월
다카기 진자부로

증보신판에 붙이는 후기

1986년 4월 29일, 체르노빌 원자력발전소 사고에 대한 일본 최초의 보도를 나는 남보(南房)에 있는 친구 집에서 들었다. 그곳에서 친구들과 공동작업을 하는 중이었는데, 연휴를 이용해서 모내기를 도와주러 모였던 것이다. 원자로의 노심(爐心)에서나 나올 수 있는 방사능이 멀리 스웨덴에서 발견되었다는 보고를 듣고, 나는 전신에 충격이 흐르는 것을 느꼈다. 놀라서 돌아온 도쿄에 나를 기다리고 있던 것은, 사고 정보에 대한 대응 때문에 밤잠도 잘 수 없는 나날이었다.

이 책의 초판원고를 탈고한 지 얼마 되지 않은 무렵이었다. 자연을 어떻게 볼 것인가, 하는 작업의 자연스러운 귀결로, 그때 나는 도시의 생활에 종지부를 찍고 대지 위에서 살면서 자연과 인간에 대해서 더 깊은 사색과 실천을 하려고 생각하고 있었다. 그래서 사고가 났을 때, 모내기를 하고 있었다는 것도 우연이 아니었다.

그러나 체르노빌 사고는 나를 원자력 문제에 붙들어매고 말았다. 나는 《우리는 체르노빌의 포로》(三一新書)라는 책의 출판에도 관계했지만, 나 자신이 어느 때엔가 제목처럼 체르노빌 원자력발전소 사고의 포로가 된 것 같았다. 그리고 12년 후, 말하자면 시대가 일회전한 때에, 겨우 다시 "지금 자연을 어떻게 볼 것인가"의 세계로 돌아올 수 있었다.

나의 문제의식을, 다시 한번 자연관의 문제로 돌아가게 한 하나의 요소는 1997년 12월에 교토에서 열린 COP3(유엔 기후변화협약 제3차 당사국총회)이다. 거기서 나는, "지구온난화방지를 위해서 원자력발전소 20기를 건설하자"는, 서글플 정도로 시대착오적인 일본정부와 원자력 산업계의 캠페인과 싸우지 않을 수 없었지만, 그러한 체험은 나로 하여금 새삼스럽게, 자연과 인간, 지구와 인간의 문제를 깊이 생각하게 했다.

생각해 보면, 지난 12년 동안 내가 자연관에 대한 작업을 내버려두고 있었던 것은, 원자력발전소와 플루토늄 문제에 대한 대응으로 바빴던 것 뿐만이 아니었다. 그간에 리우의 〈지구서미트〉(1992년)를 큰 계기로 '지구환경문제'에다가 '에콜로지'가 갑자기 사람들의 관심을 끄는 테마가 되고, 환경과 자연에 관한 논의가 붐을 일으켰다. 이러한 것을 좀 지켜보기로 한 것이었다. 솔직히 말해서, 관심이 많아지고 유행을 타게 되면서, 그만큼, 말하자면 '에콜로지'는 얄팍한 문제가 된 감이 있었다. 나는 이러한 유행 밖에 있고 싶었다. 동시에, 붐을 타고 일어난 담론은 모두 이 책의 초판작업을 할 때 시야에 넣었다는 자부심도 있었다.

그러나 시대는 흘러가고 상황에 극적인 변화가 있었다. 언제까지나 방관자 같은 태도를 취할 수는 없다. '증보'에서도 언급한 바와 같이, 지금은 지구의 미래 자체가 위험해졌다는 예감에 사로잡힌 시대이다. 미래를 확실한 것으로 되찾기 위해서 여러가지 구체적 행동이, 현대를 살아있는 사람들의 세대적 책임으로 요구되고 있다. 그리고 실제로 많은 사람들이 생활의 차원에서 진지하게 모색을 시작했다는 것을 실감할 수 있다.

그러한 시대상황에 나름대로 대응하기 위해서, 자연과 인간을 문제로 한 지난 12년 동안의 새로운 흐름을 정리해서 '증보'를 내놓으면서, 새롭게 이 책을 세상에 묻기로 한 것이다. 작은 증보이기는 하지만, 거기에 나의 새로운 행동에 대한 결의를 담았다고 생각한다.

1998년 5월
다카기 진자부로

역자 후기

이 책을 번역·출판하자는 말이 오긴 뒤 꽤 오랜 시간이 흘렀다. 그동안 녹색평론사가 다카기 진자부로 박사의 《시민과학자로 살다》와 《원자력 신화로부터의 해방》 등을 나의 번역으로 먼저 내게 되면서 이 책이 뒤로 미루어져왔다가, 드디어 출간을 앞두고 있다는 소식을 들었다.

이 책 《지금 자연을 어떻게 볼 것인가》는 다카기 선생과 나와의 교분에서 볼 때, 비교적 초기(1989년 무렵)와 관계가 있다. 그런데 몇해 뒤 나는 이 책을 계기로 다카기 선생을 다시 새롭게 보게 되었다.

1993년 여름에 나는 도쿄에 갈 일이 있었는데, 그때 나는 토다 키요시(《환경학과 평화학》 저자) 씨의 안내로 다카기 선생의 '원자력자료정보실'에 들렀다. 10시에 만나기로 전화약속을 하고 한 15분쯤 일찍 사무실에 도착했다. 들어가서 응접실에서 기다리고 있는데 토다 씨가 서가에 있는 책을 한권 꺼내들고 "이 책이 바로 다카기 선생이 아나키스트라는 것을 말해주는 겁니다" 했다. 내가 책을 받아들고 보니 그것은 《지금 자연을 어떻게 볼 것인가》였다. 나는 "아니 이 책은 내가 처음 다카기 선생을 만났을 때 그가 자필서명까지 해서 내게 준 책인데…" 하면서, 그가 아나키스트라는 토다 씨의 말에 적잖이 놀랐다. 그런가, 그랬던가 하고 나는 새삼스럽게 다카기 선생을 다시 보게 되었던 것이다.

그가 타계한 지 만 5년이 지났다. 일생을 바쳤던 '원자력자료정보실'도 이제 창립 25주년을 맞는다고 한다. 다카기 선생 서거 5주년과 '원자력자료정보실' 창립 25주년 기념행사를 금년 12월에 열기로 했으니 꼭 와 달라는 말을 '원자력자료정보실'의 현 대표 3인 중의 한 사람인 니시오 바쿠 씨에게서 직접 들었다. 지난해 겨울이다.

다카기 선생이 한명의 아나키스트로서 일생을 '원자력산업'과 싸운 것은 이제 세상이 다 알고 있다. 내가 여기서 다시 다카기 선생에 대해서 길게 말하는 것은 사족이고 덧칠이 될지도 모른다. 다만 이 책과 관련해서, 몇가지 떠오르는 이야기를 하고자 한다.

먼저 다카기 선생이 '미야자와 켄지상'을 탔다는 사실과 함께, 미야자와 켄지에 대해 다시 한번 떠올려 본다. 미야자와 켄지가 자기 고향 야마가타현 하나마키라는 고장에서 농민들과 농촌운동을 할 때(1920년대), 농민들이 경지(耕地)를 좀더 확장해보자는 생각에서 두메산골로 들어갔다. 필요한 연장들을 준비했다. 그리고 적당한 지점에 다다라서 그들은 지신제(地神祭)를 올렸다. 모두가 고개를 숙이고 마음을 가다듬고 "산신이시여! 우리가 여기다가 밭을 일궈서 농사를 짓고 싶은데 그래도 괜찮겠습니까?" 하면서 한참 동안 묵념을 올렸다는 이야기가 생각난다.

새만금 방조제를 쌓고 어쩌고 저쩌고 하면 많은 돈이 남는다면서 국토를 마구 파괴하는 한국의 자본주의적 개발을 내세우는 정치가나 자본가, 학자(전문가) 등의 작태 — 더구나 그것을 군사기지로 사용하자는 말까지 해가면서 —, 이것은 곧 자본주의(돈)의 마지막 그림이 아니겠는가.

그 다음 떠오르는 이야기 — 후쿠시마현의 나미에초에는 태평양 연안에 10개의 원자력발전소가 있다. 이것을 현지 농민들이 반대하고 있었다. 나도 그곳에 가서 하룻밤 묵으면서 소박한 농민들과 대화를 한 적이 있다. 나는 한국의 원자력발전소 반대운동을 소개하면서 그곳의 실상을 배우러 간 것이다. 그때 만난 마스쿠라 노인은 이미 나이가 아흔에 가까운 분이었는데 "땅을 팔고 사고 한다는데 어디서 그런 생각을 하는가. 땅은 우리를 낳아 기른 어머니나 다름 없는데, 그것을 팔라니? 땅을 사겠다고 전력회사에서 수도 없이 찾아왔지만 나는 그것을 거절했다. 나에게는 땅을 팔 수 있는 권한이 없는데 어떻게 팔겠는가?" 하고 말했다. 그때 나는 숙연해질 수밖에 없었다. 일본의 원자력산업은 정부가 80군데나 입지 지정을 했지만, 15군데만 원자력발전소가 들어서고 60여군데는 아예 발을 붙이지 못했다. 다카기 선생은《원자력 신화로부터의 해방》에서, 원자력은 그들이 지어낸 신화(거짓말)로 지탱한다고 말한 바 있다.

체르노빌 사고 19년이 지나서 러시아의 유리 시체르바크(러시아 최고회의 의장고문)는 소련의 붕괴는 체르노빌 사고가 직간접적으로 영향을 주었다는 글을 쓴 적이 있다. 또 금년 4월 11일 러시아 정부 보건사회발전상은 체르노빌 사고의 피폭자 명단을 작성하고 사고로 건강을 그르친 사람이 러시아에서만 145만명에 이른다고 명백히 밝혔다. 명부의 피폭자 중 102만8천명은 러시아 서북부의 오염지대 거주자이고 현지 제염작업자가 8만6천명, 중증피폭자 중에서 4만6천명이 신체장애자로 인정되었다고 한다. (이러한 새로운 사실을 통해 다카기 선생을 추념하기 위해서, 최근의 외지에서 인용했다.)

다카기 선생은 생전에 "원자력의 종말은 시작되었다"고 했다. 그러나 최근의 움직임을 보면 아직도 원자력산업은 살아남기 위해서 발버둥을 치고 있다. 미국의 부시 대통령이 에너지자원 고갈에 대비해서 원자력발전을 다시 추진하자고 촉구했으며, 중국은 지금 50개의 원자력발전소를 건설하겠다고 나섰다. 죽음의 길로 가자는 것이다. 그러나 원자력시대는 끝나가고 있다.

다카기 선생은 1985년에 이 책을 쓰고 1998년에 증보신판을 내면서, "초판에서 12년의 세월이 지나는 동안에 체르노빌 사고, 냉전의 종식, 지구환경문제의 심각화와 이에 대한 관심이 고조되는 등 자연과 인간, 지구와 인간에 관해서 커다란 변화가 있었다. 이런 것은 초판에서 기본적으로 예견한 것이었지만 예견 이상으로 극적인 변화가 일어나고 있는 것도 또 사실이다. 이런 것들을 정리해서 지구의 미래를 위해서 무엇을 해야 하는가를 생각한다"는 취지의 말을 했다.

체르노빌 사고에 관해서는 위에서 얘기했다. 유리 시체르바크가 얘기한 대로 사고 19년 만에 밝혀진 그 진상은, 일관된 '비밀주의'가 오늘의 러시아를 망쳐버린 원인이었다는 것을 이제 와서 알게 한다.

다카기 선생은 이 책에서 '근원적 전환'을 지향하자고 말했다. 오늘도 미국을 비롯한 제국주의 세력은 여전히 자연을 파괴하는 데 혈안이 되어 있다. 한국도 마찬가지다. 원자력폐기물 처리를 둘러싼 최근의 작태, 새만금과 천성산에서 발악하고 있는 개발망령들은 아직도 제정신을 못 차리고 묘혈(지구멸망)을 파고 있다.

내 나이 어느덧 80을 넘었지만 나는 앞날을 똑바로 바라보고, 오늘도 자본주의와 싸우려고 한다.

이 책이 출판되기까지 애쓰신 편집실 식구들에게 감사드리며, 나의 번역을 다듬고 고쳐준 정유선 동지에게 깊은 감사의 인사를 드린다.

2005년 7월
김원식

역자

김원식(金源植)

1923년 충북 괴산에서 출생.
1948년 서울대 문리대 정치학과 제명.
1980년을 전후해서 환경문제, 핵문제를 공부하면서 사회에 진출.
1990년대 반핵운동에 참여.
다카기 진자부로 박사와 교류하며 한일 반핵운동 연대활동에 헌신.
다카기 박사의 저서 《원자력 신화로부터의 해방》, 《시민과학자로 살다》 등을 우리말로 번역, 소개하였다.
현재 아나키즘에 기반한 반전·평화운동 등 여러 활동에 참여하고 있다.
역서로 《환경학과 평화학》, 《환경정의를 위하여》, 《위험한 이야기》, 《지구를 파괴하는 범죄자들》, 《암과 전자파》 등이 있고, 그외 편서 및 팜플렛 다수.

지금 자연을 어떻게 볼 것인가

2006년 1월 3일 제1쇄 발행
2007년 3월 12일 제2쇄 발행

저자 다카기 진자부로
역자 김원식
발행처 녹색평론사

대구시 수성구 범어4동 202-13
전화 (053)742-0663, 0666
팩스 (053)741-6168
출판등록 1991년 9월 17일 제6-36호

값 10,000원

ISBN 89-90274-31-1 03400